VDE-Schriftenreihe **168**

Zum Autor

Dipl.-Ing. Dipl.-Wirtsch.-Ing. **Rolf Rüdiger Cichowski**, MBA ist als Autor und Managementberater tätig. Die ersten Jahre seiner beruflichen Laufbahn war er bei den Vereinigten Elektrizitätswerken AG in Dortmund (heute fusioniert mit RWE AG) in verschiedensten Funktionen im Bereich „Elektrische Verteilungsnetze" aktiv. Nach der politischen Wende in Deutschland unterstützte er für einen Zeitraum von fünf Jahren die Entwicklungsprozesse ostdeutscher Unternehmen, und zwar als Leiter der elektrischen Verteilungsnetze bei der Mitteldeutschen Energieversorgung AG, MEAG in Halle/Saale und als Geschäftsführer der damals neu gegründeten Energieversorgung Industriepark Bitterfeld/Wolfen GmbH, ein Unternehmen, das den Industriestandort mit Strom, Gas, Wasser und Fernwärme versorgte.

Mitte der 1990er-Jahre stiegen die Energieversorgungsunternehmen in das Geschäftsfeld Telekommunikation ein, und Rolf Rüdiger Cichowski gründete und leitete als Geschäftsführer für VEW das Tochterunternehmen VEW TELNET, ein Regional-Carrier in Dortmund. Nachdem VEW dieses Tochterunternehmen 1999 an die jetzige versatel verkaufte, schied der Autor nach 30 Jahren aus dem Konzern aus und war danach ein Jahr als Leitender Consultant bei der Detecon in Bonn, einem Tochterunternehmen der Deutschen Telekom, tätig.

Von 2001 bis zum Frühjahr 2011 war er Geschäftsführer der SSS Starkstrom- und Signal-Baugesellschaft mbH in Essen, einem mittelständischen Dienstleistungsunternehmen für Strom, Daten, Gas und Wasser mit 30 Standorten und etwa 600 Mitarbeitern.

Im Rahmen des BDEW Bundesverband der Energie- und Wasserwirtschaft und der DKE Deutsche Kommission Elektrotechnik Elektronik Informationstechnik in DIN und VDE arbeitete er in Ausschüssen und Komitees mit. Als Autor hat Rolf Rüdiger Cichowski in den letzten Jahrzehnten Fachaufsätze und Fachbücher veröffentlicht und sich als Referent in Seminaren und Kongressen betätigt. Darüber hinaus war er über mehrere Jahre Lehrbeauftragter an den Fachhochschulen Dortmund und Berlin. Rolf Rüdiger Cichowski ist auch Initiator und Herausgeber der Buchreihe „Anlagentechnik für elektrische Verteilungsnetze", die bei ew Medien und Kongresse sowie dem VDE VERLAG seit mehr als 30 Jahren erscheint.

Kontakt zum Autor: E-Mail: rolf@cichowski.de, Internet: www.cichowski.de.

VDE-Schriftenreihe Normen verständlich **168**

Der rote Faden durch die Gruppe 700 der DIN VDE 0100

Errichten elektrischer Anlagen in Betriebsstätten,
Räumen und Anlagen besonderer Art

Dipl.-Ing. Dipl.-Wirtsch.-Ing. Rolf Rüdiger Cichowski, MBA

2., neu bearbeitete Auflage

VDE VERLAG GMBH

ICS 29.020; 29.240.01; 91.140.50

Die zusätzlichen Erläuterungen geben die Auffassung der Autoren wieder. Maßgebend für das Anwenden der Normen sind deren Fassungen mit dem neuesten Ausgabedatum, die bei der VDE VERLAG GMBH, Bismarckstr. 33, 10625 Berlin, www.vde-verlag.de, erhältlich sind.

Bibliografische Information der Deutschen Nationalbibliothek
Die Deutsche Nationalbibliothek verzeichnet diese Publikation in der Deutschen Nationalbibliografie; detaillierte bibliografische Daten sind im Internet über http://dnb.dnb.de abrufbar.

ISBN 978-3-8007-4923-2 (Buch)
ISBN 978-3-8007-4924-9 (E-Book)
ISSN 0506-6719

Satz: Text- und Software-Service Manuela Treindl, Fürth
Druck: GGP Media GmbH, Pößneck

Printed in Germany 2019-05

Vorwort

Die Gruppe 700 beschreibt im Einzelnen die Besonderheiten, die für bestimmte Betriebsstätten in besonderer Umgebung unter außergewöhnlichen Umwelteinflüssen oder besonderen Betriebsverhältnissen zu beachten sind. Dies bedeutet in den meisten Fällen, dass die Anforderungen aus den Gruppen 100 bis 600 erweitert oder verschärft sind, nur in Einzelfällen werden die Anforderungen aus den Gruppen 100 bis 600 in der Gruppe 700 vermindert. Die Einwirkungen der Umgebung auf die elektrischen Anlagen und Betriebsmittel müssen durch die Normenanforderungen abgedeckt werden, wie erhöhte Feuchtigkeit, Staubablagerungen, zusätzliche mechanische Beanspruchungen, erhöhte Korrosion und Überspannungen durch Schaltüberspannungen oder Blitzeinschläge. Auf der anderen Seite gilt es, ebenso vor Auswirkungen der Anlagen auf die Umgebung vorzubeugen, wie erhöhte Brandgefahr, leitfähige Umgebung, und das Verhalten der Nutzer der Anlagen vorauszudenken.

Das Buch ist in seiner Gestaltung und Gliederung an den Band 144 der VDE-Schriftenreihe „Der Lotse durch die DIN VDE 0100“ angelehnt, da es von den Lesern sehr gut angenommen wurde, und die Inhalte in ähnlicher Weise zu einem schnellen Einstieg in die Anforderungen aus der Gruppe 700 der DIN VDE 0100 verhelfen sollen. Immer, wenn es um die Errichtung von Niederspannungsanlagen, speziell um die Anforderungen für Betriebsstätten, Räume und Anlagen besonderer Art, geht, kann der Errichter, der Installateur, die Elektrofachkraft sich dieses Buchs bedienen und auch für Ausbildungs-, Weiterbildungsmaßnahmen und für Unterrichtszwecke ist das Buch sehr gut geeignet. In einigen Fällen bzw. Teilen der Gruppe 700 (zurzeit sind 25 Teile innerhalb der Gruppe 700 gültig) sind die Anforderungen sehr vielfältig, sodass ein schneller Überblick nicht immer leichtfällt. Daher bietet das Buch auch eine Rubrik *Kurzübersicht zur schnellen Information* an und für viele Teile eine Tabelle mit den *Anforderungen kurzgefasst*, um den Lesern zu den Erläuterungen zusätzlichen Service zu bieten.

Die vorliegende VDE-Schriftenreihe 168 „Der rote Faden durch die Gruppe 700 der DIN VDE 0100“ ergänzt somit den Band 144 „Der Lotse durch die DIN VDE 0100“ der VDE-Schriftenreihe optimal.

Die Inhalte sind eine schnelle Hilfe bei der Planung, der Errichtung und dem Betrieb von Elektroinstallationen bei besonderen Verhältnissen, sie können jedoch das Studium der betreffenden gültigen Norm nicht ersetzen.

Gerne möchte ich an dieser Stelle Dipl.-Ing. *Michael Kreienberg* danken, der meine Idee, dieses Thema als Buch für die 1. Auflage umzusetzen, gefördert und mich in gewohnter Weise bei dem Manuskript als Lektor auch für die Bearbeitung der 2. Auflage des Buchs unterstützt hat.

Holzwickede, Frühjahr 2019 *Rolf Rüdiger Cichowski*

… für unsere Enkeltochter Antonia Cichowski

Inhaltsverzeichnis dieses Buchs

DIN VDE 0100-730	Elektrischer Landanschluss für Fahrzeuge der Binnenschifffahrt
DIN VDE 0100-731	Abgeschlossene elektrische Betriebsstätten
DIN VDE 0100-737	Feuchte und nasse Bereiche und Räume und Anlagen im Freien
DIN VDE 0100-740	Vorübergehend errichtete elektrische Anlagen für Aufbauten, Vergnügungseinrichtungen und Buden auf Kirmesplätzen, Vergnügungsparks und für Zirkusse
DIN VDE 0100-753	Heizleitungen und umschlossene Heizsysteme

Wichtige Anmerkung

Die Normen der Gruppe 700 gelten als Anforderungen für Betriebsstätten, Räume und Anlagen besonderer Art immer dann, wenn zusätzliche Anforderungen, hervorgerufen durch besondere Umgebungen, außergewöhnliche Umwelteinflüsse oder besondere Betriebsverhältnissen, zu berücksichtigen sind. Grundlage für die Errichtung aller elektrischer Anlagen und Betriebsmittel sind jedoch in jedem Fall die Normen der Gruppen 100 bis 600, deren Anforderungen immer gelten. Die 25 Normen der Gruppe 700 behandeln den Einzelfall der jeweiligen Besonderheit, z. B. Teil 704 Baustellen, und erhöhen im Regelfall die Anforderungen an die Errichtung, d. h. immer dann, wenn es um die Errichtung von Niederspannungsanlagen in Betriebsstätten, Räumen und Anlagen besonderer Art geht, muss der Anwender auf die zusätzlichen Normen der Gruppe 700 zurückgreifen.

DEUTSCHE NORM Oktober 2008

DIN VDE 0100-701
(VDE 0100-701)

DIN

Diese Norm ist zugleich eine **VDE-Bestimmung** im Sinne von VDE 0022. Sie ist nach Durchführung des vom VDE-Präsidium beschlossenen Genehmigungsverfahrens unter der oben angeführten Nummer in das VDE-Vorschriftenwerk aufgenommen und in der „etz Elektrotechnik + Automation“ bekannt gegeben worden.

VDE

ICS 91.140.50

Ersatz für
DIN VDE 0100-701
(VDE 0100-701):2002-02 und
DIN VDE 0100-701/A1
(VDE 0100-701/A1):2004-02
Siehe jedoch Beginn der Gültigkeit

Errichten von Niederspannungsanlagen –
Teil 7-701: Anforderungen für Betriebsstätten, Räume und Anlagen besonderer Art –
Räume mit Badewanne oder Dusche
(IEC 60364-7-701:2006, modifiziert);
Deutsche Übernahme HD 60364-7-701:2007

Anwendungsbereich

Die besonderen Anforderungen dieses Teils der DIN VDE 0100 gelten für Räume, die dem Baden oder Duschen von Personen dienen. Die Badewanne oder Dusche muss fest errichtet sein, und es gelten für die Errichtung elektrischer Anlagen und Betriebsmittel die umgebenden Bereiche, die in dieser Norm detailliert festgelegt sind. Die Räume sind so definiert, dass es sich um von Wänden, Böden und Decken umschlossene Teile in Gebäuden handelt, aber auch in Duschcontainern oder in Caravans (siehe DIN VDE 0100-721) können sich diese Räume befinden. Auch Bade- und Duschräume in Schwimmhallen zählen zum Anwendungsbereich der DIN VDE 0100-701, allerdings unter zusätzlicher Berücksichtigung der DIN VDE 0100-702. Werden die Räume mit Badewanne oder Dusche zur medizinischen Behandlung eingesetzt, können noch weitere besondere Anforderungen (z. B. DIN VDE 0100-710) gelten. Werden Wannen oder Duschen verwendet, die fabrikfertig hergestellt werden, so gelten die Anforderungen aus DIN VDE 0700-105, es sei denn, diese sind ebenfalls elektrisch fest angeschlossen.

Die Anforderungen dieser Norm gelten nicht, wenn es sich um Einrichtungen für den Notfall handelt, wie es in den industriellen Bereichen oder in Prüffeldern und Laboratorien vorkommen kann, also für sog. Notduschen muss DIN VDE 0100-704 nicht angewendet werden.

Eingliederung des Teils 701 in die Struktur der Normen der Reihe DIN VDE 0100

Gruppe 100 Anwendungsbereich, Allgemeine Grundsätze				
Gruppe 200 Begriffe				
Gruppe 400 Schutzmaßnahmen	Gruppe 500 Auswahl und Errichtung	Gruppe 600 Prüfungen		
Gruppe 700 Anforderungen für Betriebsstätten, Räume und Anlagen besonderer Art				
Teil 701 Räume mit Badewanne oder Dusche	Teil 702 Becken von Schwimmbädern, begehbaren Wasserbecken und Springbrunnen	Teil 703 Räume und Kabinen mit Saunaheizungen	Teil 704 Baustellen	Teil 705 Elektrische Anlagen von landwirtschaftlichen und gartenbaulichen Betriebsstätten
Teil 706 Leitfähige Bereiche mit begrenzter Bewegungsfreiheit	Teil 708 Caravanplätze, Campingplätze und ähnliche Bereiche	Teil 709 Marinas und ähnliche Bereiche	Teil 710 Medizinisch genutzte Bereiche	Teil 711 Ausstellungen, Shows und Stände
Teil 712 Solar-Photovoltaik-(PV-)Stromversorgungssysteme	Teil 713 Möbel und ähnliche Einrichtungsgegenstände	Teil 714 Beleuchtungsanlagen im Freien	Teil 715 Kleinspannungs-Beleuchtungsanlagen	Teil 717 Ortsveränderliche oder transportable Baueinheiten
Teil 718 Öffentliche Einrichtungen und Arbeitsstätten	Teil 721 Elektrische Anlagen von Caravans und Motorcaravans	Teil 722 Stromversorgung Elektrofahrzeuge	Teil 723 Unterrichtsräume mit Experimentiereinrichtungen	Teil 729 Bedienungsgänge und Wartungsgänge
Teil 730 Elektrischer Landanschluss für Fahrzeuge der Binnenschifffahrt	Teil 731 Abgeschlossene elektrische Betriebsstätten	Teil 737 Feuchte und nasse Bereiche und Räume und Anlagen im Freien	Teil 740 Vorübergehend errichtete elektrische Anlagen für Aufbauten, Vergnügungseinrichtungen und Buden auf Kirmesplätzen, Vergnügungsparks und für Zirkusse	Teil 753 Heizleitungen und umschlossene Heizsysteme
Gruppe 800 Energieeffizienz, Intelligente Niederspannungsanlagen				

Inhaltsverzeichnis der DIN VDE 0100-701

Wesentliche Änderungen in der Ausgabe 2008 gegenüber der Ausgabe 2002 und 2004

- Für die Errichtung von Niederspannungsanlagen in Räumen mit Badewanne oder Dusche sind die Anforderungen erstmalig europäisch harmonisiert worden,
- es ist definiert worden, was als „fest angebrachte Abtrennung" gilt und Maße für die Abtrennungen sind festgelegt,
- wenn ein fest angebrachter Brausekopf oder Wasserauslass mehr als 225 cm über Oberkante Fertigfußboden angebracht ist, dann sind die Bereiche 1 und 2 in der Höhe vergrößert bzw. an diese Auslässe angepasst,
- die Begriffe aus DIN VDE 0100-410 und DIN VDE 0100-540 und die Gliederung dieser Normen sind für die Bezugnahme übernommen worden,
- ist in dem jeweiligen Gebäude der Schutzpotentialausgleich über die Haupterdungsschiene für die Verbraucheranlagen vorhanden, so wird ein zusätzlicher Schutzpotentialausgleich nicht mehr gefordert,
- unter bestimmten Bedingungen wird gefordert, dass kunststoffumhüllte Metallrohre in den zusätzlichen Schutzpotentialausgleich einzubeziehen sind,
- der Mindestquerschnitt für den Schutzleiter zum Zweck des zusätzlichen Schutzpotentialausgleichs ist erhöht worden, er beträgt bei geschützter Verlegung mindestens 2,5 mm^2 Cu,
- im Bereich 2 sind alle Installationsgeräte zugelassen, Steckdosen sind weiterhin im Bereich 2 nicht zulässig,
- im Bereich 2 sind auch Installationsgeräte einschließlich Steckdosen für Betriebsmittel der Signal- und Kommunikationstechnik mit SELV oder PELV zulässig,
- im Bereich 1 sind Duschpumpen und Handtuchtrockner zugelassen,
- für die Errichtung von Fußboden-Flächenheizungen gelten geänderte Anforderungen,
- für „raumfremde" Kabel oder Leitungen, bei denen die Mindestverlegetiefe von 6 cm nicht eingehalten werden kann, sind Alternativen zur Anwendung von Fehlerstromschutzeinrichtungen (RCDs) mit einem Bemessungsdifferenzstrom nicht über 30 mA in der Norm enthalten.

Termine

Anwendungsbeginn der DIN VDE 0100-701:2008-10	**ab: 1. Oktober 2008**
Übergangsfrist der Vorgängernorm DIN VDE 0100-701:2004-02	**bis: 1. September 2009**

Zum Inhalt der DIN VDE 0100-701:2008-10

Kurzübersicht zur schnellen Information

- In „Räumen mit Badewanne und/oder Dusche“ erhöht sich das Gefahrenpotenzial bei elektrischen Anlagen und Betriebsmitteln durch die Feuchtigkeit bzw. Nässe, die das Isoliervermögen mindern kann. Außerdem kann sich die Gefahr der Durchströmung des menschlichen Körpers erhöhen, weil sich in diesen Räumen Menschen aufhalten, deren Körperwiderstand gemindert sein kann (nasse bzw. unbekleidete Haut).
- Es wurden die Schutzbereiche (in der Norm Bereiche genannt) 0, 1 und 2 eingeführt, diese sind definiert durch ein räumliches Maß, das den jeweiligen Schutzbereich zu den anderen Bereichen abgrenzt und in denen besondere Anforderungen zum Schutz gegen elektrischen Schlag und zu Schutzarten aus dem Teil 701 gelten.
- Die Anwendbarkeit der bestimmten Maßnahmen zum Schutz gegen elektrischen Schlag ist von den Bereichen und den Verbrauchsmitteln abhängig.
- In Räumen mit Badewannen oder Duschen müssen alle mit Netzspannung betriebenen Stromkreise (nicht nur Steckdosen) mit einer oder mehreren Fehlerstromschutzeinrichtungen (RCDs) mit einem Bemessungsdifferenzstrom 30 mA geschützt sein (Ausnahmen nur für Stromkreise: mit Schutz durch Kleinspannung SELV oder PELV/mit Schutztrennung eines einzelnen Verbrauchsmittels oder Steckdose/ausschließliche Versorgung von z. B. Durchlauferhitzern).
- Schutz durch SELV oder PELV: in den Bereichen 0, 1 und 2 muss ein Basisschutz (Schutz gegen direktes Berühren) durch Abdeckungen oder Umhüllungen oder durch geprüfte Isolierungen gewährleistet sein.
- Schutztrennung: nur für ein einzelnes Verbrauchsmittel oder eine einzelne Steckdose (z. B. Rasiersteckdose).
- Zusätzlicher Schutzpotentialausgleich: kein zusätzlicher Schutzpotentialausgleich erforderlich (Erläuterungen).
- Schutzarten: IPX7 im Bereich 0; IPX4 bzw. IPX5 in den Bereichen 1 und 2.

Erläuterungen zu den Bereichen

Für die Errichtung elektrischer Anlagen und Betriebsmittel in Räumen mit Badewanne oder Dusche sind besondere Installationsbestimmungen einzuhalten. In Abhängigkeit der verschiedenen Gefährdungspotenziale sind die Räume in Bereiche eingeteilt. Die Begrenzungen der Bereiche können der **Tabelle 701.1** entnommen werden. Außerdem sind zur Veranschaulichung die Abmessungen der Bereiche 0, 1 und 2 in **Bild 701.1** und **Bild 701.2** enthalten.

Lfd. Nr.	Bereiche	Bereiche machen die unterschiedlichen Gefahrenzonen deutlich
1	0	das Innere der Bade- oder Duschwanne[1), 2)], der Bereich also, der bei verschlossenem Abfluss mit Wasser gefüllt werden kann
2	1 [5), 6)]	waagerechte Fläche/Ausdehnung: • Oberfläche des fertigen Fußbodens bis zur Höhe von 225 cm oder alternativ • bis oberhalb der Höhe des höchsten fest angebrachten Brausekopfes bzw. Wasserauslasses[3)]; • senkrechte Fläche/Ausdehnung: • senkrecht gedachte Fläche um die Bade- oder Duschwanne (Begrenzung Bereich 1) oder • bei Duschen ohne Wanne Begrenzung des Bereichs 1 durch senkrechte Fläche mit Abstand 120 cm vom Mittelpunkt der festen Wandaustrittsstelle des Wasseranschlusses[4)]
3	2	Bereich 2 verläuft: senkrechte Fläche an der Grenze des Bereichs 1 und die dazu parallelen senkrechten Flächen in 60 cm Abstand von der Grenze des Bereichs 1[7)]
4	3	der Bereich 3 ist seit Inkrafttreten der DIN VDE 0100-701:2008-10 entfallen und wird hier nur der Vollständigkeit halber erwähnt (für Elektrofachkräfte, die den Bereich 3 noch in Erinnerung haben); ein sog. Sprühbereich, wie er in früheren Normen enthalten war, ist ebenfalls entfallen
5	sonstige Raumbereiche bzw. der gesamte Raum	über die Bereiche 0, 1 und 2 hinweg müssen auch im restlichen Anteil des Raums bzw. im gesamten Raum zusätzliche Anforderungen an die Errichtung elektrischer Anlagen und Betriebsmittel berücksichtigt werden

Anmerkungen:

1) bei Duschen ohne Wanne entfällt der Bereich 0,
2) aus Sicherheitsgründen kann ein gedachter Bereich von 5 cm Höhe als Bereich 0 angenommen werden,
3) bewegliche Brauseköpfe oder bewegliche Brauseschläuche sind für die Bereichsfestlegungen nicht relevant, d. h. die Länge des Schlauchs muss nicht berücksichtigt werden,
4) es gilt als bereichsrelevant der jeweils höchste Punkt vor Ort im Raum, d. h. die Höhe kann über 225 cm hinausgehen,
5) der Bereich 0 gehört nicht zu Bereich 1,
6) der Bereich unter der Bade- oder Duschwanne bis zur Oberfläche des Fertigbodens gehört immer zum Bereich 1, auch bei Abmauerungen,
7) bei Duschen ohne Wanne entfällt der Bereich 2

Tabelle 701.1 Definition der Bereiche

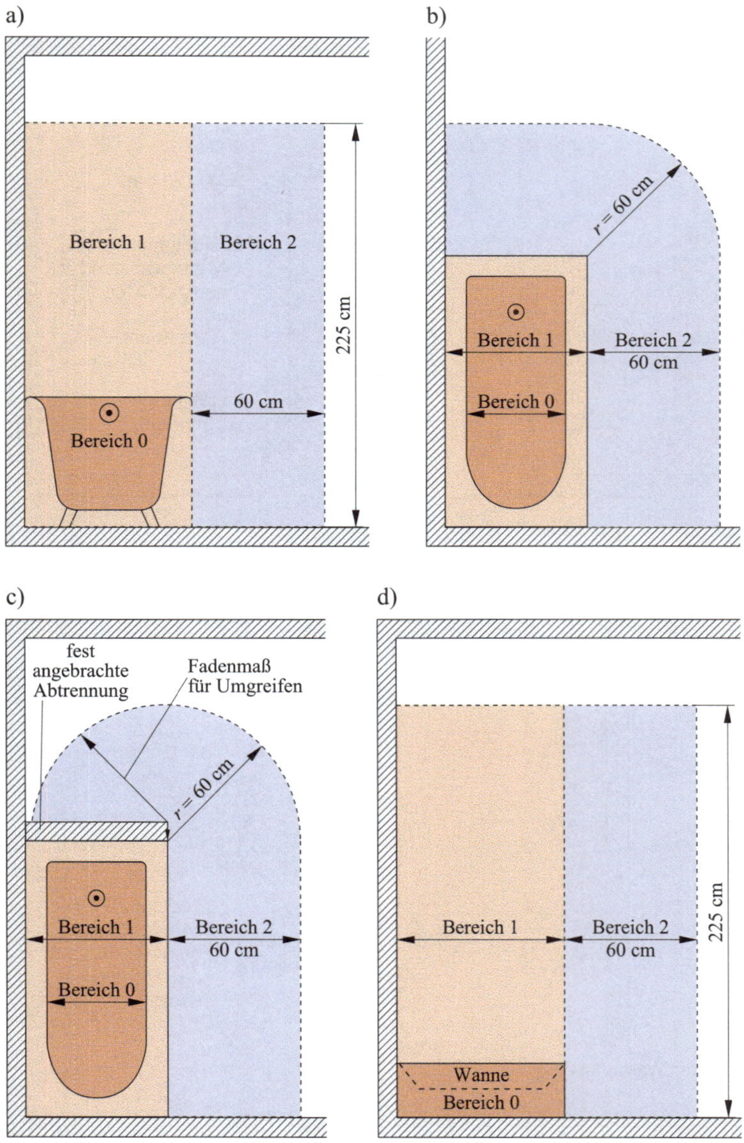

Bild 701.1 Abmessungen der Bereiche 0, 1 und 2 in Räumen mit Bade- oder Duschwanne – a) Seitenansicht Bad, b) Draufsicht Bad, c) Draufsicht (mit fest angebrachter Abtrennung und Radius für Mindestabstand beim Greifen um die Abtrennung herum), d) Seitenansicht Dusche (DIN VDE 0100-701:2008-10, Bild 701-1)

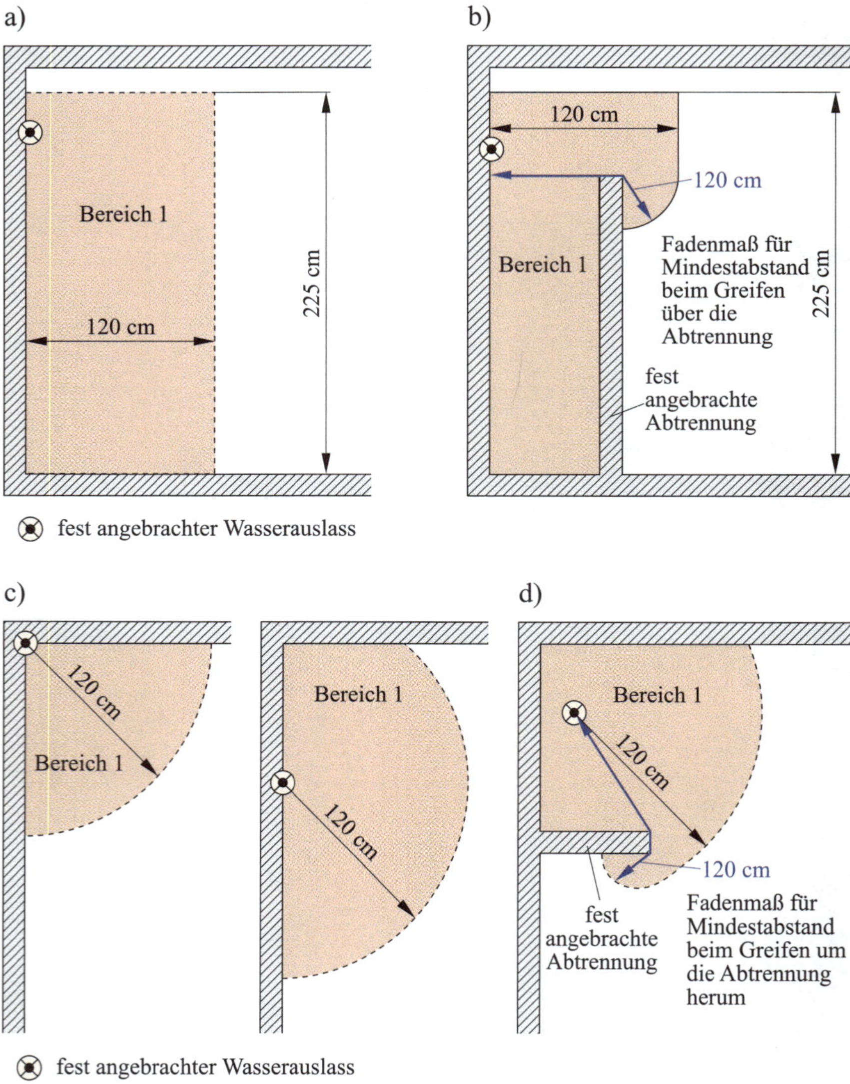

Bild 701.2 Abmessungen des Bereichs 1 in Räumen mit Dusche ohne Wanne – a) Seitenansicht ohne Abtrennung, b) Seitenansicht (mit fest angebrachter Abtrennung sowie Radius für den Mindestabstand beim Greifen über die Abtrennung), c) Draufsicht (mit unterschiedlicher Anordnung des fest angebrachten Wasserauslasses), d) Draufsicht (mit fest angebrachtem Wasserauslass sowie fest angebrachter Abtrennung und Radius für Mindestabstand beim Greifen um die Abtrennung herum) (DIN VDE 0100-701:2008-10, Bild 701-2)

Besonderheiten zu den Bereichen:

- *Bereich unterhalb des Fertigfußbodens* unter einer Wanne gehört nicht zum Badezimmer, d. h. hier gelten die grundsätzlichen Anforderungen der Hauptteile der DIN VDE 0100. Der Bereich direkt unter der Badewanne und oberhalb des Fertigfußbodens ist dem Bereich 1 zuzuordnen.
- *Duschen ohne Wanne:* hier entfallen die Bereiche 0 und 2.
- *Höhe des Bereichs 1:* In der Regel gilt als Höhe nach DIN VDE 0100-701 ein Maß von 225 cm. Wenn jedoch der Wasserauslass für einen Brausekopf in einer Höhe > 225 cm an der Decke oder der Wand angebracht ist, dann vergrößert sich der Bereich 1 bis zur gedachten waagerechten Fläche in Höhe des höchsten fest angebrachten Wasserauslasses oder Brausekopfs.
- *Toleranzen der Bereichsmaße:* Toleranzen sind nicht festgelegt, d. h. alle Abmessungen gelten so, wie sie in Teil 701 angegeben sind.
- *Abtrennungen:* Es werden fest angebrachte (entfernen bedeutet eine bauliche Maßnahme) und nicht fest angebrachte Abtrennungen (z. B. Duschvorhänge, Duschtrennwände, Möbel und Einrichtungsgegenstände, Badewannenfaltwände) unterschieden. Sind die Abtrennungen bzw. Abmauerungen kleiner als die Maße der jeweiligen Bereiche, so muss ein Fadenmaß (Übergreif- oder Umgreifradius) in waagerechter oder senkrechter Richtung berücksichtigt werden (Handhabung siehe Bild 701.2).
- *Hilfsmittel Fadenmaß:* Soll bei einer Abtrennung oder Abmauerung der Bereich genau ermittelt werden, so wird das Hilfsmittel Fadenmaß eingesetzt, indem man von einem gedachten festen Punkt mit einem Faden einen Radius um die Abtrennung schlägt. Sinn des Fadenmaßes ist es, ein mögliches Umgreifen oder Übergreifen bei Trennwänden, die die Bereiche an Bade- oder Duschwannen begrenzen, mit zu berücksichtigen und somit den jeweiligen Bereich zu erweitern, denn durch das Fadenmaß kann sich auf der Außenseite einer Trennwand zur Dusche der Bereich fortsetzen, und dort gelten dann die Anforderungen, z. B. für den Bereich 2, um Personen vor einem elektrischen Schlag zu schützen (**Bild 701.3**). Dieser Radius gilt nicht für fest angebrachte Türen und Fenster in den Raumumgrenzungsflächen, d. h. der Bereich endet an der Tür vom Badezimmer zum Nachbarzimmer (weitere detaillierte Beispiele finden sich in der VDE-Schriftenreihe 67a [1]).
- *Länge des Duschschlauchs:* Ausschlaggebend für die Bestimmung des Bereichs ist der fest angebrachte Wasserauslass, die Länge des Duschschlauchs hat keinen Einfluss auf die Abmessungen der Bereiche.

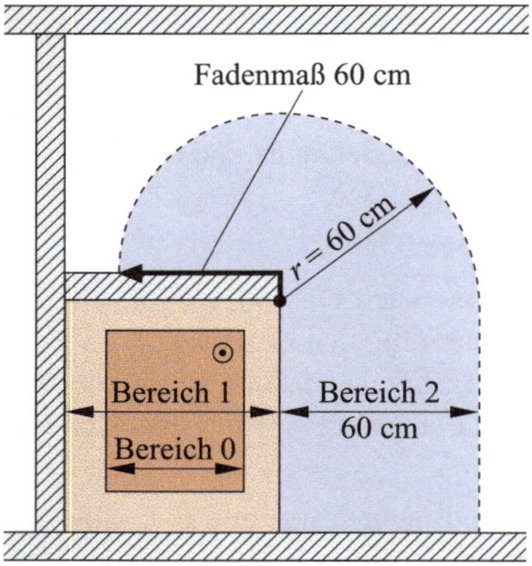

Bild 701.3 Begrenzung von Bereich 2 – Beispiel Umgreifradius, Fadenmaß (aus VDE-Schriftenreihe 67a [1])

- *Bodengleiche Duschen* sind als Duschen ohne Wanne zu betrachten, d. h. es gelten die Einteilungen der Bereiche wie bei Räumen mit Dusche ohne Wanne (Bild 701.2). Ein langer beweglicher Brauseschlauch vergrößert den Bereich 1 nicht.
- *Dusche in der Wanne:* Bezüglich der Bereiche und auch der übrigen Anforderungen gelten die gleichen Bedingungen, wie sie für Badewannen anzuwenden sind.

Erläuterungen zu den Anforderungen

Schutz gegen direktes Berühren (Basisschutz): In den Bereichen 0, 1 und 2 muss für alle elektrischen Betriebsmittel der Schutz gegen direktes Berühren unabhängig von der Höhe der Nennspannung durch Isolierung, Abdeckung oder Umhüllung sichergestellt werden, eine Isolierung, die einer effektiven Prüfwechselspannung von 500 V mindestens 1 min standhält.

Zusätzlicher Schutzpotentialausgleich: Ein zusätzlicher Schutzpotentialausgleich ist mit Inkrafttreten der DIN VDE 0100-701:2008-10 für Räume mit Badewanne oder Dusche nicht mehr zwingend gefordert und nur noch durchzuführen, wenn ein funktionsfähiger Schutzpotentialausgleich über die Haupterdungsschiene für die gesamte elektrotechnische Anlage fehlt bzw. keine Nachrüstung erfolgt. Zum zusätzlichen Schutzpotentialausgleich werden alle fremden leitfähigen Teile, die in Räume mit Badewanne oder Dusche hineinführen, untereinander und mit dem Schutzleiter verbunden. Zu den fremden leitfähigen Teilen zählen:

- Teile der Frischwasserversorgung und Abwassersysteme,
- Heizungs-, Lüftungs- und Klimaanlagen,
- Teile der Gasversorgung.

Die fremden leitfähigen Teile sind durch Schutzpotentialausgleichsleiter, die den Anforderungen an Schutzleiter entsprechen, miteinander zu verbinden. Querschnitte der Schutzpotentialausgleichsleiter bei ungeschützter Verlegung: $\geq 4\ mm^2$ Cu, und bei geschützter Verlegung: $\geq 2{,}5\ mm^2$ Cu. Die Schutzleiter der elektrischen Betriebsmittel sollten mit den fremden leitfähigen Teilen, die sich in Bade- und Duschräumen befinden, über einen separaten Schutzpotentialausgleichsleiter mit der Schutzleiterschiene im Verteiler oder direkt mit der Haupterdungsschiene verbunden sein.

Merke: Kunststoffumhüllte, metallene Rohe müssen nicht in den zusätzlichen Potentialausgleich einbezogen werden, wenn sie in den Bade- oder Duschräumen nicht berührt werden können, und die Rohre dürfen nicht mit berührbaren leitfähigen Teilen verbunden sein, die selbst nicht in den Schutzpotentialausgleich einbezogen sind. Bade- oder Duschwannen müssen nicht in den zusätzlichen Schutzpotentialausgleich einbezogen werden.

Anmerkung zum zusätzlichen Schutzpotentialausgleich: Wenn auch in Räumen mit Badewanne oder Dusche der zusätzliche Schutzpotentialausgleich nicht zwingend nach der Norm gefordert ist, so handelt es sich bei DIN VDE 0100-701 um die Mindestanforderungen, d. h. der Fachmann kann dennoch einen zusätzlichen Schutzpotentialausgleich vorsehen, wenn er das Risiko als zu hoch erachtet.

Der Autor Dipl.-Ing. *Herbert Schmolke* hat z. B. in der Schriftenreihe 35 „Potentialausgleich, Fundamenterder, Korrosionsgefährdung“ [2] und in der VDE-Schriftenreihe 45 „Elektroinstallation in Wohngebäuden“ [3] den zusätzlichen Schutzpotentialausgleich mit zwei Begriffen gut definiert, um die Bedeutung klar herauszustellen. Einmal geht es bei dem zusätzlichen Schutzpotentialausgleich um eine sog. **Ersatzmaßnahme**, die dann angewendet wird, wenn für die Schutzmaßnahme „Schutz durch automatische Abschaltung im Fehlerfall“ die Abschaltzeiten nach DIN VDE 0100-410:2018-10, Tabelle 41.1 nicht eingehalten werden können. Zum anderen kann es möglich sein, dass eine besondere Gefährdung vorausgesetzt werden muss, wie es z. B. bei der in diesem Buch beschriebenen Gruppe 700 von DIN VDE 0100 in einigen Teilen möglich ist, d. h., obwohl der Schutz durch automatische Abschaltung funktioniert, wird dennoch aufgrund des erhöhten Risikos der zusätzliche Schutzpotentialausgleich gefordert. Dipl.-Ing. *Herbert Schmolke* wendet dann den Begriff **Ergänzungsmaßnahme** an. **Bild 701.4** macht die begriffliche Unterteilung deutlich.

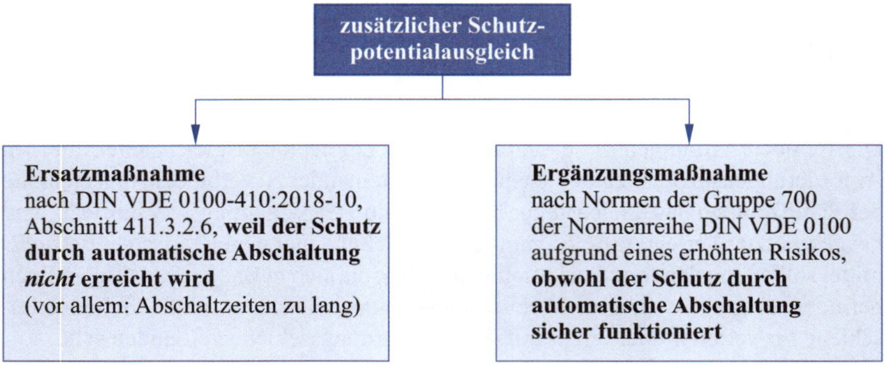

Bild 701.4 Darstellung der Unterteilung der verschiedenen Forderungen nach einem zusätzlichen Schutzpotentialausgleich (aus VDE-Schriftenreihe 45 [3])

Ausführliche Details zum zusätzlichen Schutzpotentialausgleich können dem Kapitel 26.5 der VDE-Schriftenreihe 45 [3] entnommen werden.

Zusatzschutz durch Fehlerstromschutzeinrichtungen (RCDs): In Räumen mit Badewannen oder Duschen müssen alle Stromkreise (nicht nur Steckdosenstromkreise) mit einer oder mehreren Fehlerstromschutzeinrichtung(en) (RCDs) mit einem Bemessungsdifferenzstrom $I_{\Delta n} \leq 30$ mA geschützt sein.

Ausnahmen: Stromkreise

- für Wassererwärmer, z. B. Durchlauferhitzer,
- mit Schutztrennung zur Versorgung eins einzelnen Verbrauchsmittels oder einer Steckdose,
- mit Schutz durch Kleinspannung SELV oder PELV.

Schutz gegen elektrischen Schlag: **nicht** erlaubt sind:

Basisschutz/Schutz gegen direktes Berühren	Fehlerschutz/Schutz bei indirektem Berühren
• Hindernisse, • Anordnung außerhalb des Handbereichs	• nicht leitende Umgebung, • durch erdfreien örtlichen Schutzpotentialausgleich, • Schutz durch Schutztrennung mit mehr als einem Stromverbraucher

Äußere Einflüsse: Schutzart elektrischer Betriebsmittel:

- Bereich 0: IPX7,
- Bereich 1: IPX4, für Duschen ohne Wanne bis 10 cm über dem Fußboden IPX7,
- Bereich 2: IPX4, bei Strahlwasser, z. B. für Reinigungszwecke, IPX5 (z. B. öffentliche Bäder oder Sportanlagen),
- sonstige Raumbereiche: IPX1.

Kabel- und Leitungsanlagen für die Versorgung elektrischer Betriebsmittel in Bade- oder Duschräumen: Kabel- und Leitungsanlagen dürfen in Räumen mit Badewannen und Duschen am gesamten Ort und in Wänden oder Abtrennungen, die die Bereiche 0, 1 oder 2 begrenzen, nur dann errichtet werden, wenn sie elektrische Betriebsmittel in diesen Bereichen versorgen und einen Schutzleiter enthalten, der mit dem Schutzleiter der elektrischen Anlage leitend verbunden ist. Stromkreise für SELV, PELV und Schutztrennung müssen keinen Schutzleiter enthalten.

Für Kabel- oder Leitungsanlagen für die Versorgung anderer Stromkreise außerhalb der Räume für Badewannen und Duschen: Diese müssen mindestens 6 cm tief gegenüber der Wandfläche des Raums für Wannen und Duschen in der Wand verlegt sein. Kann diese Forderung nicht erfüllt werden, ist eine der nachstehenden Maßnahmen vorzusehen:

- Stromkreise mit der Schutzmaßnahme SELV oder PELV,
- zusätzlicher Schutz mit Fehlerstromschutzeinrichtung mit einem Bemessungsdifferenzstrom $I_{\Delta n} \geq 30$ mA,
- Schutz der Kabel und Leitungen durch metallene und geerdete Abdeckung, Schutzrohr oder -kanal.

Stegleitungen dürfen in Wänden, Decken, Dachschrägen und in fest angebrachten Abtrennungen in diesen Räumen bis zu einer Tiefe von 6 cm nicht verlegt werden.

Kabel und Leitungen: Verlegung auf den Rohfußboden unterhalb von Wannen oder Duschen: Es gibt keine Einschränkungen nach DIN VDE 0100-701, d. h. Leitungen können dort verlegt werden, auch wenn es sich um Leitungen für die Versorgung anderer Räume handelt. Es gelten aber für die Verlegung die Anforderungen aus DIN VDE 0100-520.

Installationsgeräte: Schalter, Steckdosen, Verbindungs- und Anschlussdosen sind im Bereich 0 nicht zugelassen.

Im Bereich 1 dürfen Abzweig- und Anschlussdosen für die Versorgung der zulässigen Verbrauchsmittel in Bereich 1 installiert werden. Schalter und Steckdosen für Kleinspannung (SELV und PELV) dürfen im Bereich 1 eingesetzt werden, ihre Stromquellen müssen sich jedoch außerhalb der Bereiche 0 und 1 befinden. Im Bereich 2 sind alle Installationsgeräte erlaubt, außer Steckdosen mit Netzspannung.

Merke: Grundsätzlich dürfen im Bereich 2 und außerhalb der Bereiche alle elektrischen Betriebsmittel und Verbrauchsmittel errichtet werden.

Elektrische Fußbodenheizsysteme: Es dürfen nur Heizkabel oder -leitungen mit metallener Umhüllung oder mit feinmaschigem Metallgitter verwendet werden. Metallene Umhüllung oder Metallgitter müssen mit dem Schutzleiter des versorgenden Stromkreises verbunden werden. Es können auch Heizsysteme mit der Schutzmaßnahme SELV eingesetzt werden. Nicht erlaubt ist für Fußbodenheizsysteme der Schutz durch Schutztrennung. Anmerkung: Auch eine Sitzheizung in der Dusche darf mit 230 V oder mit Kleinspannung ausgeführt sein, es muss aber eine geeignete leitfähige Abdeckung über den Heizleitern und unterhalb des Fliesen-Fertigbodens angebracht werden.

Anforderungen kurzgefasst	
Bereich 0	**Anforderungen**
Stromversorgung mit Nennspannungen TN-S-System 230/400 V, 50 Hz	nicht zulässig
Schutzart[1)]	mindestens IPX7
Stromversorgung mit Kleinspannung	SELV AC 12 V oder DC 30 V
Schalt- und Installationsgeräte	nicht zulässig
elektrische Verbrauchsmittel	fest und dauerhaft verbundene Betriebsmittel, die nach den entsprechenden Normen und Herstellerangaben im Bereich 0 eingesetzt werden dürfen und die durch SELV mit einer Bemessungsspannung, die AC 12 V oder DC 30 V nicht überschreitet, geschützt sind; die Stromquelle muss sich außerhalb der Bereiche 0 und 1 befinden; die Anforderungen gelten auch für Beleuchtungsanlagen, die im Bereich 0 installiert werden
Kabel und Leitungen	die Leitungsverlegung auf dem Rohfußboden (unter der Oberfläche des Fertigfußbodens) unterhalb von Duschen in Räumen mit Badewanne oder Dusche ist zulässig; siehe Bereiche 1 und 2
Zusatzschutz	alle Stromkreise (nicht nur Steckdosenstromkreise) mit einer oder mehreren Fehlerstromschutzeinrichtungen (RCDs) mit einem Bemessungsdifferenzstrom $I_{\Delta n} \leq 30$ mA schützen; Ausnahmen: siehe Erläuterungen
1) Schutzarten gelten unabhängig von den Fehlerschutzmaßnahmen, z. B. auch bei Schutz durch SELV oder PELV	

Tabelle 701.2 Anforderungen kurzgefasst Bereich 0 aus DIN VDE 0100-701

Anforderungen kurzgefasst	
Bereich 1	**Anforderungen**
Stromversorgung mit Nennspannungen TN-S-System 230/400 V, 50 Hz	nicht zulässig, aber Ausnahmen; Ausnahme mit RCD (30 mA): Handtucherwärmer, Whirlpool, Duschpumpen, Lüftung; Ausnahme ohne RCD: Wassererwärmer
Schutzart[1)]	mindestens IPX4; IPX5 in öffentlichen Bädern bzw. bei zu erwartendem Strahlwasser
Stromversorgung mit Kleinspannung	SELV oder PELV AC 25 V oder DC 60 V
Schalt- und Installationsgeräte	nur für elektrische Verbrauchsmittel des Bereichs (z. B. Installationsdosen, die den zulässigen Verbrauchsmitteln im Bereich 1 dienen); Zubehör zu SELV- oder PELV-Stromkreisen mit einer Bemessungsspannung von AC 25 V und DC 60 V (z. B. für Signal- und Kommunikationseinrichtungen); die Stromquelle muss außerhalb der Bereiche 0 und 1 angeordnet werden
elektrische Verbrauchsmittel	Verbrauchsgeräte (nach Herstellerangaben ausdrücklich für Bereich 1 zugelassen), fest angebracht und angeschlossen, wie Wassererwärmer, Handtuchtrockner, Whirlpooleinrichtungen, Duschpumpen, Lüftungseinrichtungen, dürfen im Bereich 1 errichtet werden; sonstige, wie Leuchten, nur mittels SELV oder PELV (AC 25 V oder DC 60 V); Stromquelle muss außerhalb der Bereiche 0 und 1 liegen
Kabel und Leitungen für Versorgung **innerhalb** der Räume	Müssen einen Schutzleiter enthalten, der mit dem Schutzleiter der elektrischen Anlage leitend verbunden ist; SELV- und PELV- und Schutztrennungsstromkreise müssen keinen Schutzleiter enthalten; Anschlüsse für fest montierte Verbrauchsmittel **über** Wannen-, Duschen-, Stellflächen-**Oberkante**: Leitungen senkrecht von **oben** oder rückseitig waagerecht von hinten durch angrenzende Wand heranführen; Anschlüsse für fest montierte Verbrauchsmittel **unter** Wannen-, Duschen-, Stellflächen-**Oberkante**: Leitungen senkrecht von **unten** oder rückseitig waagerecht von hinten durch angrenzende Wand heranführen
Kabel und Leitungen für Versorgung **außerhalb** der Räume	raumfremde Leitungen dürfen durch diese Räume außerhalb der Bereiche 0, 1 und 2 verlegt werden, müssen jedoch RCD-geschützte Stromkreise sein oder SELV, PELV oder Schutztrennung; alternativ auch in metallenen, geerdeten Elektroinstallationsrohren oder Kanalsystemen oder anderem mechanischen Schutz
Zusatzschutz	alle Stromkreise (nicht nur Steckdosenstromkreise) mit einer oder mehreren Fehlerstromschutzeinrichtungen (RCDs) mit einem Bemessungsdifferenzstrom $I_{\Delta n} \leq 30$ mA schützen; Ausnahmen: siehe Erläuterungen
[1)] Schutzarten gelten unabhängig von den Fehlerschutzmaßnahmen, z. B. auch bei Schutz durch SELV oder PELV	

Tabelle 701.3 Anforderungen kurzgefasst Bereich 1 aus DIN VDE 0100-701

Anforderungen kurzgefasst	
Bereich 2	**Anforderungen**
Stromversorgung mit Nennspannungen TN-S-System 230/400 V, 50 Hz	nicht zulässig
Schutzart[1)]	mindestens IPX4; IPX5 in öffentlichen Bädern bzw. bei zu erwartendem Strahlwasser
Stromversorgung mit Kleinspannung	SELV oder PELV AC 50 V oder DC 120 V
Schalt- und Installationsgeräte	es dürfen alle Installationsgeräte mit Ausnahme von Steckdosen verwendet werden; außerdem Installationsgeräte einschließlich Steckdosen mit Kleinspannung bis AC 50 V oder DC 120 V in SELV- oder PELV-Stromkreisen, die Stromquelle darf sich nicht im Bereich 0 und 1 befinden; auch Rasiersteckdosen dürfen installiert werden und Installationsgeräte, einschließlich Steckdosen für die Kommunikationstechnik (SELV und PELV)
Schutzkontaktsteckdosen und Antennensteckdosen	sind im Bereich 2 nicht zulässig; auch Antennensteckdosen ohne sichere Trennung sind unzulässig, weil Spannungsverschleppungen auftreten könnten
elektrische Verbrauchsmittel	alle Verbrauchsmittel sind im Bereich 2 zugelassen, allerdings müssen die Anforderungen an den Schutz gegen elektrischen Schlag erfüllt sein; Verbrauchsmittel, die über Steckdosen anzuschließen (z. B. Waschmaschine) sind, sollten außerhalb des Bereichs 2 aufgestellt werden; wenn aus Platzgründen nicht möglich, dann Steckdose auf jeden Fall RCD-geschützt außerhalb der Bereiche 1 und 2
Kabel und Leitungen für Versorgung **innerhalb** der Räume	müssen einen Schutzleiter enthalten, der mit dem Schutzleiter der elektrischen Anlage leitend verbunden ist; SELV- und PELV- sowie Schutztrennungsstromkreise müssen keinen Schutzleiter enthalten
Kabel und Leitungen für Versorgung **außerhalb** der Räume	raumfremde Leitungen dürfen durch diese Räume außerhalb der Bereiche 0, 1 und 2 verlegt werden, müssen jedoch RCD-geschützte Stromkreise sein oder SELV, PELV oder Schutztrennung; alternativ auch in metallenen, geerdeten Elektroinstallationsrohren oder Kanalsystemen oder anderem mechanischen Schutz
Zusatzschutz	alle Stromkreise (nicht nur Steckdosenstromkreise) mit einer oder mehreren Fehlerstromschutzeinrichtungen (RCDs) mit einem Bemessungsdifferenzstrom $I_{\Delta n} \leq 30$ mA schützen; Ausnahmen: siehe Erläuterungen
[1)] Schutzarten gelten unabhängig von den Fehlerschutzmaßnahmen, z. B. auch bei Schutz durch SELV oder PELV	

Tabelle 701.4 Anforderungen kurzgefasst Bereich 2 aus DIN VDE 0100-701

Besonderheiten zu den Anforderungen: Der Bereich unterhalb der Fläche des Fertigbodens gehört **nicht** zu den Räumen mit Badewanne oder Dusche und damit auch nicht zu den Anforderungen aus DIN VDE 0100-701, sondern hier gilt DIN VDE 0100-520. Bei der Verlegung von Kabeln und Leitungen auf der Rückseite von Wänden in angrenzenden Räumen des Bade- oder Duschzimmers muss eine Mindestverlegetiefe von 6 cm eingehalten werden. Stegleitungen dürfen in Wänden, Decken, Dachschrägen und fest angebrachten Abtrennungen in diesen Räumen bis zu einer Tiefe von 6 cm, von der Wandoberfläche aus betrachtet, **nicht** verlegt werden. Sonstige Raumbereiche außerhalb der definierten Bereiche: Es gelten die Anforderungen nach DIN VDE 0100 entsprechend den dort auftretenden Umgebungseinflüssen; im Wohnbereich Schutzart: IP20.

Merke: Die Einschränkungen bei der Errichtung und die damit erhöhten Anforderungen in Bade- oder Duschräumen müssen dringend eingehalten werden. Es gibt auch keine Toleranzen. Ganz wichtig sind die Vorgaben für Steckdosen und ihre räumliche Anordnung in den Bereichen. Auch wenn die Steckdosen durch Fehlerstromschutzeinrichtungen (RCDs) mit einem Bemessungsdifferenzstrom von nicht größer als 30 mA geschützt sein müssen, dürfen im Bereich 2 keine Steckdosen errichtet werden, sie dürfen auch nicht um einige Millimeter in den Bereich 2 hineinragen. Das gilt ebenfalls für Steckdosen, die in Leuchten, Spiegelschränken und anderen Betriebsmitteln enthalten sind. Nur Rasiersteckdoseneinheiten nach DIN EN 61558-2-5 (**VDE 0570-2-5**), also Steckdosen mit Schutz durch Schutztrennung, dürfen verwendet werden.

Literatur

[1] *Hörmann, W.*; *Schröder, B.*; *Schulze, B.*: Errichten von Niederspannungsanlagen in Räumen mit Badewanne oder Dusche. VDE-Schriftenreihe 67a. Berlin · Offenbach: VDE VERLAG, 2010. – ISBN 978-3-8007-3134-3, ISSN 0506-6719

[2] *Schmolke, H.*: Potentialausgleich, Fundamenterder, Korrosionsgefährdung. VDE-Schriftenreihe 35. Berlin · Offenbach: VDE VERLAG, 2013. – ISBN 978-3-8007-3545-7, ISSN 0506-6719

[3] *Schmolke, H.*: Elektroinstallation in Wohngebäuden. VDE-Schriftenreihe 45. Berlin · Offenbach: VDE VERLAG, 2018. – ISBN 978-3-8007-4641-5, ISSN 0506-6719

[4] *Luber, G.*; *Rudnik, S.*: Badezimmer-Fibel – Elektrische Anlagen für Räume mit Badewanne oder Dusche. VDE-Schriftenreihe 141. Berlin · Offenbach: VDE VERLAG, 2012. – ISBN 978-3-8007-3435-1, ISSN 0506-6719

[5] *Rudnik, S.*; *Pelta, R.*: Der Lotse durch die DIN VDE 0100. VDE-Schriftenreihe 144. Berlin · Offenbach: VDE VERLAG, 2018. – ISBN 978-3-8007-4373-5, ISSN 0506-6719

[6] DIN VDE 0100-410 (**VDE 0100-410**):2018-10 Errichten von Niederspannungsanlagen – Teil 4-41: Schutzmaßnahmen – Schutz gegen elektrischen Schlag. Berlin · Offenbach: VDE VERLAG

[7] DIN VDE 0100-540 (**VDE 0100-540**):2012-06 Errichten von Niederspannungsanlagen – Teil 5-54: Auswahl und Errichtung elektrischer Betriebsmittel – Erdungsanlagen und Schutzleiter. Berlin · Offenbach: VDE VERLAG

[8] DIN VDE 0100-701 (**VDE 0100-701**):2008-10 Errichten von Niederspannungsanlagen – Teil 7-701: Anforderungen für Betriebsstätten, Räume und Anlagen besonderer Art – Räume mit Badewanne oder Dusche. Berlin · Offenbach: VDE VERLAG

[9] DIN EN 61558-2-5 (**VDE 0570-2-5**):2011-03 Sicherheit von Transformatoren, Drosseln, Netzgeräten und entsprechenden Kombinationen – Teil 2-5: Besondere Anforderungen und Prüfungen an Transformatoren für Rasierer, Netzgeräte für Rasierer und Rasiersteckdosen-Einheiten. Berlin · Offenbach: VDE VERLAG

Weitere Informationen enthalten die Bücher

Hörmann, W.; *Schröder, B.*; *Schulze, B.*: Errichten von Niederspannungsanlagen in Räumen mit Badewanne oder Dusche
(VDE-Schriftenreihe 67a, ISBN 978-3-8007-3134-3)

Luber, G.; *Rudnik, S.*: Badezimmer-Fibel – Elektrische Anlagen für Räume mit Badewanne oder Dusche
(VDE-Schriftenreihe 141, ISBN 978-3-8007-3435-1)

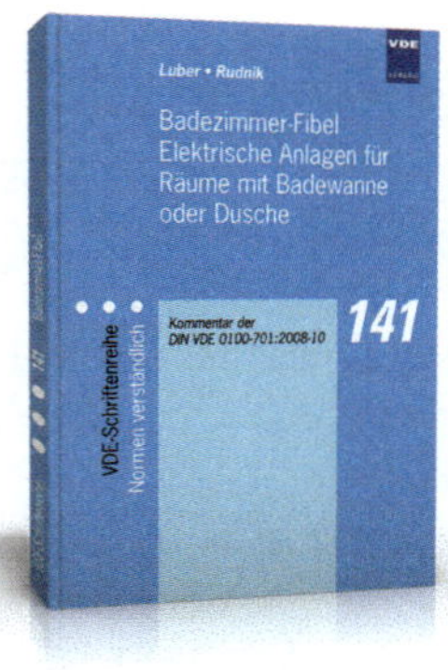

DEUTSCHE NORM März 2012

DIN VDE 0100-702 (VDE 0100-702)

DIN

Diese Norm ist zugleich eine **VDE-Bestimmung** im Sinne von VDE 0022. Sie ist nach Durchführung des vom VDE-Präsidium beschlossenen Genehmigungsverfahrens unter der oben angeführten Nummer in das VDE-Vorschriftenwerk aufgenommen und in der „etz Elektrotechnik + Automation" bekannt gegeben worden.

VDE

ICS 91.140.50

Ersatz für
DIN VDE 0100-702
(VDE 0100-702):2003-11
Siehe Anwendungsbeginn

Errichten von Niederspannungsanlagen –
Teil 7-702: Anforderungen für Betriebsstätten, Räume und Anlagen besonderer Art –
Becken von Schwimmbädern, begehbare Wasserbecken und Springbrunnen

Anwendungsbereich

Die besonderen Anforderungen des Teils 702 der DIN VDE 0100 gelten für Becken von Schwimmbädern und Planschbecken und deren umgebende Bereiche. Außerdem müssen diese Anforderungen auch für Bereiche und ihre Umgebung angewandt werden, wie in

- natürlichen Gewässern, Seen in Kiesgruben, in Küstenbereichen, in Schwimmteichen oder ähnlichen Bereichen, die dafür vorgesehen sind, von Personen zum Schwimmen oder Planschen oder ähnlichen Absichten betreten zu werden,
- begehbaren Wasserbecken,
- Springbrunnen mit und ohne Becken,

Auch mobile Becken, die nur zeitweise, z. B. im Garten, aufgestellt werden, fallen unter die Anforderungen aus DIN VDE 0100-702, d. h. die elektrischen Anlagen und Betriebsmittel müssen auch bei den mobilen Becken den erhöhten Anforderungen genügen. Außerdem wird in der Norm unterschieden zwischen begehbaren Wasserbecken und begehbaren Springbrunnen, die bei den Anforderungen so zu behandeln sind wie Becken von Schwimmbecken und nicht begehbaren Springbrunnen (sind von Personen nicht ohne Leiter oder ähnliche Hilfsmittel erreichbar oder diese Bereiche sind nur unterwiesenen Personen zugänglich).

Für die Errichtung von fabrikfertigen Schwimmbecken sind die Anforderungen dieser Norm ebenfalls anwendbar.

0100-702 Die erhöhten Anforderungen werden in diesen Bereichen erforderlich, weil durch die Verringerung des elektrischen Widerstands des menschlichen Körpers infolge von nassen Hautoberflächen und seiner Verbindung mit Erdpotential die Wirkung eines elektrischen Schlags größer ist und sich die Gefährdung des Menschen schon bei normalem Gebrauch erhöht. Gefahrenpotenziale sind also in Schwimmbädern und anderen Becken größer als in anderen Anwendungsbereichen. Auch die elektrischen Anlagen und Betriebsmittel sind einer höheren Gefährdung ausgesetzt durch Feuchtigkeit und Nässe, die das Isoliervermögen mindern können.

Spezielle Anforderungen können notwendig sein in Bereichen bei Becken für medizinische Zwecke. Zum Anwendungsbereich zählt nicht die Verwendung von ortsveränderlichen Betriebsmitteln, wie Schwimmbeckenreinigungsgeräte.

Die Anforderungen gelten nur für die Bereiche der Becken und deren direkte Umgebung, nicht aber für die Gebäude, in denen sie sich befinden, bzw. für Nebenräume o. Ä. Dort gelten die allgemeinen Anforderungen der DIN VDE 0100.

Eingliederung des Teils 702 in die Struktur der Normen der Reihe DIN VDE 0100

Gruppe 100 Anwendungsbereich, Allgemeine Grundsätze		
Gruppe 200 Begriffe		
Gruppe 400 Schutzmaßnahmen	Gruppe 500 Auswahl und Errichtung	Gruppe 600 Prüfungen
Gruppe 700 Anforderungen für Betriebsstätten, Räume und Anlagen besonderer Art		

Teil 701 Räume mit Badewanne oder Dusche	**Teil 702** **Becken von Schwimmbädern, begehbaren Wasserbecken und Springbrunnen**	Teil 703 Räume und Kabinen mit Saunaheizungen	Teil 704 Baustellen	Teil 705 Elektrische Anlagen von landwirtschaftlichen und gartenbaulichen Betriebsstätten
Teil 706 Leitfähige Bereiche mit begrenzter Bewegungsfreiheit	Teil 708 Caravanplätze, Campingplätze und ähnliche Bereiche	Teil 709 Marinas und ähnliche Bereiche	Teil 710 Medizinisch genutzte Bereiche	Teil 711 Ausstellungen, Shows und Stände
Teil 712 Solar-Photovoltaik-(PV-)Stromversorgungssysteme	Teil 713 Möbel und ähnliche Einrichtungsgegenstände	Teil 714 Beleuchtungsanlagen im Freien	Teil 715 Kleinspannungs-Beleuchtungsanlagen	Teil 717 Ortsveränderliche oder transportable Baueinheiten
Teil 718 Öffentliche Einrichtungen und Arbeitsstätten	Teil 721 Elektrische Anlagen von Caravans und Motorcaravans	Teil 722 Stromversorgung Elektrofahrzeuge	Teil 723 Unterrichtsräume mit Experimentiereinrichtungen	Teil 729 Bedienungsgänge und Wartungsgänge
Teil 730 Elektrischer Landanschluss für Fahrzeuge der Binnenschifffahrt	Teil 731 Abgeschlossene elektrische Betriebsstätten	Teil 737 Feuchte und nasse Bereiche und Räume und Anlagen im Freien	Teil 740 Vorübergehend errichtete elektrische Anlagen für Aufbauten, Vergnügungseinrichtungen und Buden auf Kirmesplätzen, Vergnügungsparks und für Zirkusse	Teil 753 Heizleitungen und umschlossene Heizsysteme

Gruppe 800 Energieeffizienz, Intelligente Niederspannungsanlagen

Inhaltsverzeichnis der DIN VDE 0100-702

Wesentliche Änderungen in der Ausgabe 2012 gegenüber der Ausgabe 2003

- Der formale Aufbau und die Abschnittsnummerierungen sind an die gültigen Teile 100 bis 600 der DIN VDE 0100 angeglichen.
- Die Verweise sind aktualisiert.
- Einige Begriffe sind geändert: begehbare und nicht begehbare Wasserbecken, begehbare und nicht begehbare Springbrunnen werden unterschieden, Planschbecken wurde als neuer Begriff aufgenommen, Begriff „Schwimmbad mit kleinem Umgebungsbereich“ ist entfallen, die Festlegungen dafür weiterhin enthalten, Begriff „andere Becken“ ersetzt.
- Anforderungen an elektrische Betriebsmittel, die sich in Teilen von Wänden, Decken oder Fußböden als Begrenzung der festgelegten Bereiche befinden, sind spezifiziert.
- Schutz durch Kleinspannung darf als Schutzmaßnahme nicht verwendet werden.
- Konkrete Anforderungen an den zusätzlichen Schutzpotentialausgleich.
- Wird der Bereich 0 mit Hochdruckreinigern gesäubert, so gilt für elektrische Betriebsmittel die Schutzart IPX5 bzw. IPX8.
- Die Errichtungsanforderungen an elektrische Verbrauchsmittel sind überarbeitet.
- Die Errichtung von Kabel- und Leitungsanlagen wurde konkretisiert.
- Die Bilder des Anhangs A sind an den Text angepasst worden.

Termine

Anwendungsbeginn der DIN VDE 0100-702:2012-03	**ab: 1. März 2012**
Übergangsfrist der Vorgängernorm DIN VDE 0100-702:2003-11	**bis: 1. September 2013**

Zum Inhalt der DIN VDE 0100-702:2012-03

Kurzübersicht zur schnellen Information

- In „Räumen besonderer Art – Becken von Schwimmbädern, begehbare Wasserbecken und Springbrunnen“ erhöht sich das Gefahrenpotenzial bei elektrischen Anlagen und Betriebsmitteln durch die Feuchtigkeit bzw. Nässe, die das Isoliervermögen mindern kann. Außerdem kann sich die Gefahr der Durchströmung des menschlichen Körpers erhöhen, weil sich in diesen Räumen Menschen aufhalten, deren Körperwiderstand gemindert sein kann (nasse bzw. unbekleidete Haut).
- Es wurden die Schutzbereiche (in der Norm Bereiche genannt) 0, 1 und 2 eingeführt, diese sind definiert durch ein räumliches Maß, das den jeweiligen Schutzbereich zu den anderen Bereichen abgrenzt und in denen besondere Anforderungen zum Schutz gegen elektrischen Schlag und zu Schutzarten aus dem Teil 702 gelten, in Tabelle 702.1 „Schwimmbäder mit kleinem Umgebungsbereich und für nicht begehbare Becken“ entfällt der Bereich 2.
- Bei Schutz durch Kleinspannung SELV (PELV nicht anwendbar) muss Basisschutz gegeben sein durch Abdeckungen oder Umhüllungen oder durch Isolierung unter Einhaltung einer Prüfspannung.
- Alle fremden leitfähigen Teile in den Bereichen 0, 1 und 2 müssen über einen zusätzlichen Schutzpotentialausgleich miteinander verbunden sein.
- IP-Schutzarten: Bereich 0: IPX8; Bereich 1: IPX4; Bereich 2: IPX2 bis IPX5, Details siehe Tabellen 702.2 bis 702.4.
- Leitungsführung: In den Bereichen 0 und 1 dürfen nur Kabel und Leitungen verlegt werden, die zur Versorgung von Betriebs- und Verbrauchsmitteln in diesem Bereich notwendig sind.
- Installationsgeräte: In den Bereichen 0 und 1 dürfen keine Schalter, Steuergeräte, Steckdosen errichtet werden.
- Im Bereich 2 sind Steckdosen und Schalter unter bestimmten Bedingungen erlaubt.
- Die gängigen Schutzmaßnahmen: SELV, Schutztrennung und automatische Abschaltung in Fehlerfall, 30 mA RCD.
- In den Bereichen 0 und 1 dürfen nur fest angebrachte Verbrauchsmittel errichtet werden, die vom Hersteller dazu ausgewiesen sind.
- Elektrische Fußbodenheizung: Mit SELV-Stromkreisen betrieben oder alternativ Abdeckungen mit RCD 30 mA.

Erläuterungen

Schutz gegen elektrischen Schlag: Bei der Schutzmaßnahme Schutz durch Kleinspannung mittels SELV (PELV darf nicht angewendet werden) muss unabhängig von der Spannungshöhe der Schutz gegen direktes Berühren (Basisschutz) gesichert sein durch Abdecken oder Umhüllen mindestens der Schutzart IPXXB oder einer Isolierung, die einer Prüfspannung von AC 500 V 1 min standhält.

Zusätzlicher Schutzpotentialausgleich: ist in den Bereichen 0, 1 und 2 (siehe Definition Tabelle 702.1) durchzuführen. Alle fremden leitfähigen Teile sind untereinander und mit den Schutzleitern aller Körper von Betriebsmitteln, die in den Bereichen installiert sind, an der Schutzleiterschiene im Installationsverteiler oder an der Haupterdungsschiene zu verbinden, z. B. durch Cu-Leiter $\geq 6\ mm^2$. Fremde leitfähige Teile sind zwar leitfähig, sind aber Teile, die nicht zur elektrischen Anlage gehören, wie metallene Rohrleitungen für Frischwasser, Abwasser, Gas, Heizung, Klima, Metallteile für Gebäude- und Schwimmbeckenkonstruktionen, Bewehrungen von nicht isolierenden Fußböden und von Betondecken, Treppen oder Leuchtenmasten. Wenn leitfähige Teile in Schwimmbädern kein Potential in die Bereiche 0, 1 und 2 von außen einführen können (muss von der Elektrofachkraft überprüft werden), müssen sie auch nicht in den zusätzlichen Schutzpotentialausgleich einbezogen werden, wie leitfähige Einstiegsleitern oder leitfähige Handläufe.

Anmerkung zum zusätzlichen Schutzpotentialausgleich: Der Autor Dipl.-Ing. *Herbert Schmolke* hat z. B. in der Schriftenreihe 35 „Potentialausgleich, Fundamenterder, Korrosionsgefährdung“ [1] und in der VDE-Schriftenreihe 45 „Elektroinstallation in Wohngebäuden“ [2] den zusätzlichen Schutzpotentialausgleich mit zwei Begriffen gut definiert, um die Bedeutung klar herauszustellen. Einmal geht es bei dem zusätzlichen Schutzpotentialausgleich um eine sog. **Ersatzmaßnahme**, die dann angewendet wird, wenn für die Schutzmaßnahme „Schutz durch automatische Abschaltung im Fehlerfall“ die Abschaltzeiten nach DIN VDE 0100-410:2018-10, Tabelle 41.1 nicht eingehalten werden können. Zum anderen kann es möglich sein, dass eine besondere Gefährdung vorausgesetzt werden muss, wie es z. B. bei der in diesem Buch beschriebenen Gruppe 700 von DIN VDE 0100 in einigen Teilen möglich ist, d. h., obwohl der Schutz durch automatische Abschaltung funktioniert, wird dennoch aufgrund des erhöhten Risikos der zusätzliche Schutzpotentialausgleich gefordert. Dipl.-Ing. *Herbert Schmolke* wendet dann den Begriff **Ergänzungsmaßnahme** an. **Bild 702.1** macht die begriffliche Unterteilung deutlich.

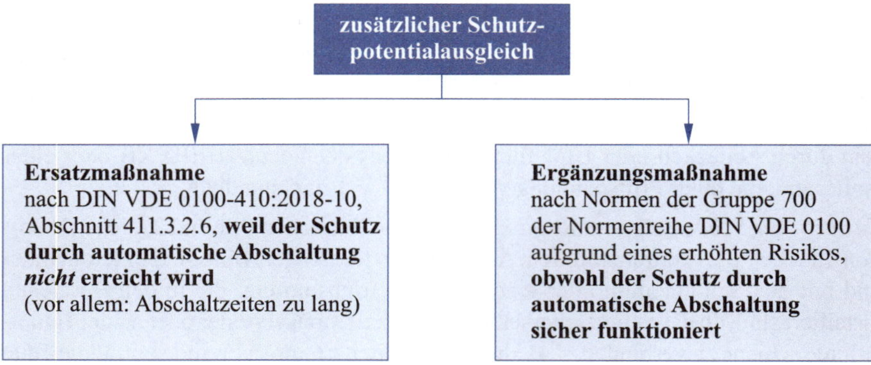

Bild 702.1 Darstellung der Unterteilung der verschiedenen Forderungen nach einem zusätzlichen Schutzpotentialausgleich (aus VDE-Schriftenreihe 45 [2])

Ausführliche Details zum zusätzlichen Schutzpotentialausgleich können dem Kapitel 26.5 der VDE-Schriftenreihe 45 [2] entnommen werden.

IP-Schutzarten: Elektrische Betriebsmittel sind gegen mechanische Beschädigungen und gegen eindringendes Wasser zu schützen. In Abhängigkeit der Bereiche 0, 1 und 2 sind IP-Schutzarten festgelegt, die den **Tabellen 702.2, 702.3 und 702.4** zu entnehmen sind.

Begriffe: In DIN VDE 0100-702 werden die Anforderungen auch nach verschiedenen Arten der Becken bzw. Springbrunnen unterschieden, daher eine kurze Erläuterung der Begriffe:

- *Becken von Schwimmbädern* sind Wasserbecken, die zum Schwimmen oder Tauchen vorgesehen sind, nicht zur persönlichen Reinigung; Planschbecken sind Wasserbecken mit geringer Wassertiefe zum Spielen für Kinder oder zum Waten aus Gesundheitsgründen.
- *Springbrunnen:* dekorative Zwecke: das Wasser tritt aus einer Quelle (Wasserauslass) aus; Becken von Springbrunnen sind Teile des Springbrunnens, in dem Wasser gesammelt wird.
- *Begehbare Wasserbecken und begehbare Springbrunnen:* begehbar bedeutet, dass sie von Personen ohne Verwendung von Leitern bzw. anderen Hilfsmitteln begangen werden können und dass eine Person mit beiden Beinen das Becken betreten kann.
- *Nicht begehbare Springbrunnen:* hier ist ein Zugang zum Wasser nicht möglich, entweder durch eine fehlende Leiter oder durch die Anordnung, sodass diese Bereiche nur durch entsprechend unterwiesene Personen zugänglich sind.

Lfd. Nr.	Bereiche	Bereiche machen die unterschiedlichen Gefahrenzonen deutlich
1	0	das Innere der Becken und das Volumen[1] unter Wasserfontänen oder Wasserfällen in Springbrunnen, der Bereich also, der den im Becken sich aufhaltenden Personen zugänglich[2] ist, einschließlich Öffnungen in den Beckenwänden oder Aussparungen in den Fußböden; auch das Innere von Becken zur Fußreinigung gehört zum Bereich 0; einen Schutzbereich unterhalb des Beckenbodens gibt es nicht
2	1 [3]	Der Bereich 1 ist begrenzt durch den Bereich 0. Waagerechte Fläche/Ausdehnung: • in 2,5 m Höhe über dem Fußboden oder • Fußboden oder eine Standfläche, die von Personen betreten werden kann. Senkrechte Fläche/Ausdehnung: • senkrechte Fläche in 2 m Abstand vom inneren Rand des Beckens. Die Breite von Bereich 1 darf durch feste Abtrennungen mit einer Mindesthöhe von 2,5 m begrenzt sein[5]
3	2 [4]	Bereich 2 verläuft in 1,5 m Abstand um den Bereich 1, d. h. der Bereich 2 ist begrenzt • durch den Bereich 1 (1,5 m parallel von dessen seitlich begrenzter Fläche), • den Fußboden oder eine Fläche, die von Personen betreten werden kann und • die waagerechte Fläche 2,5 m über dem Fußboden oder eine Standfläche, die betreten werden kann. Die Breite von Bereich 2 darf durch feste Abtrennungen mit einer Mindesthöhe von 2,5 m begrenzt sein[5]
4	sonstige Raumbereiche außerhalb der definierten Bereiche	über die Bereiche 0, 1 und 2 hinweg, also außerhalb der Bereiche, kann z. B. in einer Schwimmhalle der übrige Raum als nasser Raum oder als Raum im Freien (DIN VDE 0100-737) betrachtet werden; ist sichergestellt, dass der übrige Raum nicht abgespritzt wird und sich keine Betauung bildet, kann der Bereich außerhalb der definierten Bereiche als trockener Raum angesehen werden
5	Nebenräume	Umkleideräume, Aufenthaltsräume, Toiletten, Räume für Getränkeausschank gelten als trockene Räume[6]

Anmerkungen:

[1] Bestimmung des Volumens: seitliche Volumenbegrenzung ist die seitliche Begrenzung des Auffangbeckens und Höhenbegrenzung die max. Höhe der Wasserfontäne,
[2] dazu zählt auch das Innere von Überlaufrinnen und Skimmern (Oberflächenabsaugern),
[3] bei Erhöhungen, wie Sprungtürmen, Startblöcken und Rutschbahnen, gehört zum Bereich 1 der Raum, der durch die senkrechte Fläche in 1,5 m Abstand und waagerechte Fläche in 2,5 m Höhe begrenzt ist,
[4] bei nicht begehbaren Becken entfällt der Bereich 2,
[5] feste Trennwände, Wände einschließlich Türen und Fenster; Begrenzung durch Decken, Dachschrägen und Fußböden; sind die festen Abtrennungen niedriger als 2,5 m, haben sie nur eine begrenzende Wirkung, wenn sie an einer Decke oder Dachschräge enden,
[6] wenn sichergestellt ist, dass sie nicht abgespritzt werden

Tabelle 702.1 Definition der Bereiche aus DIN VDE 0100-702

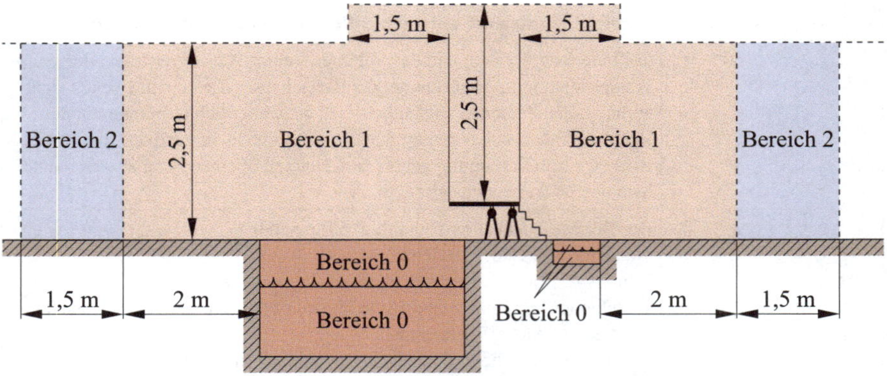

Bild 702.2 Abmessungen der Bereiche von Becken von Schwimmbädern und Planschbecken (DIN VDE 0100-702:2012-03, Bild A.702.1)

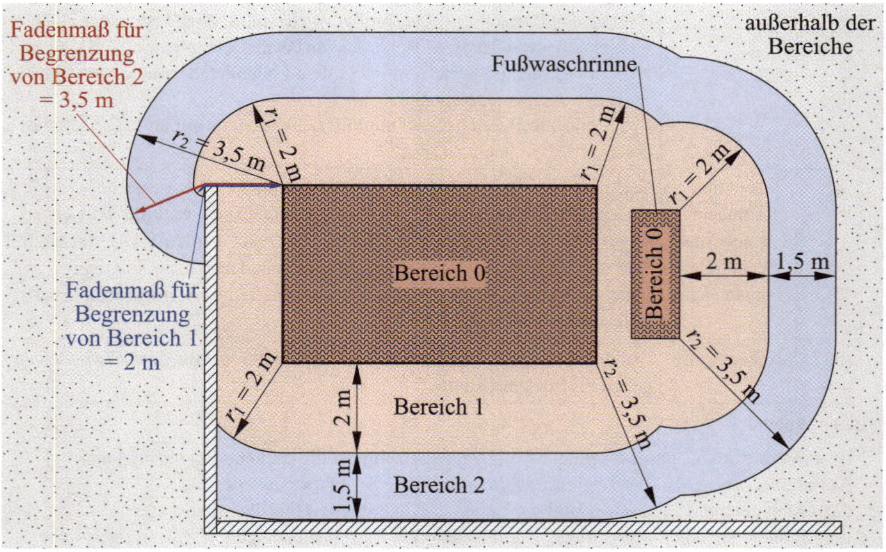

Bild 702.3 Beispiele für die Abmessungen der Bereiche (Draufsicht) (DIN VDE 0100-702:2012-03, Bild A.702.3)

Anforderungen kurzgefasst	
Bereich 0	**Anforderungen**
Schutzart	mindestens IPX5/IPX8 [1)]
Schutz (Stromversorgung) durch Kleinspannung[2)] bei **Becken von Schwimmbädern**	SELV AC 12 V oder DC 30 V; die Stromquelle muss außerhalb der Bereiche 0 und 1 errichtet werden; wenn die Stromquelle für SELV im Bereich 2 errichtet wird, muss der versorgende Stromkreis durch RCD 30 mA geschützt sein
Schutz (Stromversorgung) durch Kleinspannung[2)] von **nicht begehbaren Springbrunnen**	Folgende Schutzmaßnahmen: • SELV, die Stromquelle für SELV muss außerhalb der Bereiche 0 und 1 errichtet werden, eine Spannungsbegrenzung ist nicht angegeben, • automatische Abschaltung Stromversorgung RCD 30 mA, • Schutztrennung; Stromquelle muss außerhalb der Bereiche 0 und 1 liegen und nur ein einziges Verbrauchsmittel darf angeschlossen sein
zusätzlicher Schutzpotentialausgleich	alle fremden leitfähigen Teile sind einzubeziehen; Cu-Leiter ≥ 6 mm^2; Schutzleiter aller Körper in diesem Bereich mit dem zusätzlichen Schutzpotentialausgleich verbinden, z. B. an der Haupterdungsschiene
Betriebsmittel	Installationsgeräte wie Schalter, Steuergeräte, Abzweig- oder Verbindungsdosen, Steckdosen sind nicht erlaubt
Betriebsmittel, die im Innern von Becken betrieben werden	• dürfen nur betrieben werden, wenn sich keine Personen im Becken befinden, • Betrieb der Betriebsmittel über Steckdosen: Warnungen vor Inbetriebsetzung durch Hinweise (Schilder) für die Anwender, wenn sich Personen im Becken befinden, • SELV-Stromquelle im Bereich 2, dann muss der Stromkreis durch RCD 30 mA geschützt werden, • Alternativen zu SELV: Schutztrennung oder RCD 30 mA. Auch wenn sich keine Personen im Becken befinden, gelten dennoch die gleichen Anforderungen
Installationsgeräte	• es dürfen keine Geräte errichtet werden wie Schalter, Steuergeräte, Abzweigdosen, Verbindungsdosen, Steckdosen
Verbrauchsmittel	• es dürfen nur fest angebrachte Verbrauchsmittel errichtet werden, die vom Hersteller dazu besonders gekennzeichnet sein müssen, • mechanischer Schutz muss vorgesehen werden
elektrische Fußbodenheizung	• darf mit Kleinspannung SELV betrieben werden, Stromquelle außerhalb 0, 1 und 2, • alternativ: Abdecken mit einem geerdeten Metallgitter (Achtung: dann zusätzlicher Schutzpotentialausgleich und RCD 30 mA)

Tabelle 702.2 Anforderungen kurzgefasst – Bereich 0 aus DIN VDE 0100-702

Anforderungen kurzgefasst	
Bereich 0	**Anforderungen**
Kabel und Leitungen	• im Bereich 0 dürfen nur Kabel und Leitungen verlegt werden, die zur Versorgung von Verbrauchsmitteln in diesem Bereich erforderlich sind, • im Bereich 0 dürfen nur Kabel und Leitungen der Bauart H07RN8-F oder ein gleichwertiger Leitungstyp verwendet werden, • in den Bereichen 0, 1 und 2 dürfen Kabel und Leitungen keine berührbare metallene Umhüllung haben, • metallene Umhüllungen, die nicht berührbar sind, oder Abdeckungen müssen in den zusätzlichen Schutzpotentialausgleich einbezogen werden, empfohlen wird die Verlegung der Kabel und Leitungen in Kunststoffrohren, • Stromkreise für die Versorgung elektrischer Betriebsmittel außerhalb der Bereiche mit Kabel und Leitungen, die die Bereiche 0, 1 und 2 begrenzen, müssen mindestens 6 cm tief eingebettet sein oder mit RCDs 30 mA geschützt oder mit Kleinspannung SELV versorgt oder mit Schutztrennung geschützt sein, • Stegleitungen sind grundsätzlich nicht erlaubt
Kabel und Leitungen von nicht begehbaren Becken	Kabel und Leitungen für Betriebsmittel im Bereich 0 sollten möglichst außerhalb des Beckens und innerhalb auf dem kürzesten Wege geführt werden; die verwendeten Kabeltypen muss der Hersteller für eine dauerhafte Verlegung im Wasser vorgesehen haben
Zusatzschutz	alle Stromkreise (nicht nur Steckdosenstromkreise) mit einer oder mehreren Fehlerstromschutzeinrichtungen (RCDs) mit einem Bemessungsdifferenzstrom $I_{\Delta n} \leq 30$ mA schützen; Ausnahmen: siehe Erläuterungen
Anmerkungen: [1] Beide Schutzarten sind notwendig, weil IPX8 nicht den Schutz gegen Strahlwasser einschließt. [2] Schutz durch Kleinspannung mittels PELV darf nicht angewendet werden; bei SELV muss der Basisschutz, unabhängig von der Nennspannungshöhe, sichergestellt werden durch: Abdeckung oder Umhüllung mindestens IPX2 oder Isolierung, die Prüfspannung AC 500 V 1 min standhält.	

Tabelle 702.2 (*Fortsetzung*) Anforderungen kurzgefasst – Bereich 0 aus DIN VDE 0100-702

Anforderungen kurzgefasst	
Bereich 1	**Anforderungen**
Schutzart	mindestens IPX4 für Innenräume und Außenbereiche; IPX5 in Fällen, in denen Strahlwasser für Reinigungszwecke eingesetzt wird
Schutz (Stromversorgung) durch Kleinspannung[1)] bei **Becken von Schwimmbädern**	SELV AC 12 V oder DC 30 V; die Stromquelle muss außerhalb der Bereiche 0 und 1 errichtet werden; wenn die Stromquelle für SELV im Bereich 2 errichtet wird, muss der versorgende Stromkreis durch RCD 30 mA geschützt sein
Schutz (Stromversorgung) durch Kleinspannung[1)] von **nicht begehbaren Springbrunnen**	Folgende Schutzmaßnahmen: • SELV: die Stromquelle für SELV muss außerhalb der Bereiche 0 und 1 errichtet werden, eine Spannungsbegrenzung ist nicht angegeben, • automatische Abschaltung Stromversorgung RCD 30 mA, • Schutztrennung: Stromquelle muss außerhalb der Bereiche 0 und 1 sein und es darf nur ein einziges Verbrauchsmittel angeschlossen werden
zusätzlicher Schutzpotentialausgleich	alle fremden leitfähigen Teile sind einzubeziehen; Cu-Leiter $\geq 6\ mm^2$; Schutzleiter aller Körper in diesem Bereich mit dem zusätzlichen Schutzpotentialausgleich verbinden, z. B. an der Haupterdungsschiene
Betriebsmittel[2)]	Installationsgeräte wie Schalter, Steuergeräte, Abzweig- oder Verbindungsdosen, Steckdosen sind nicht erlaubt, jedoch Abzweig- und Verbindungsdosen von SELV-Stromkreisen und in Verbrauchsmittel eingebaute Schalter
Betriebsmittel, die im Innern von Becken betrieben werden	• dürfen nur betrieben werden, wenn sich keine Personen im Becken befinden, • Betrieb der Betriebsmittel über Steckdosen: Warnungen vor Inbetriebsetzung durch Hinweise (Schilder) für die Anwender, wenn sich Personen im Becken befinden, • SELV-Stromquelle im Bereich 2, dann muss der Stromkreis durch RCD 30 mA geschützt werden, • Alternativen zu SELV: Schutztrennung oder RCD 30 mA. Auch wenn sich keine Personen im Becken befinden, gelten dennoch die gleichen Anforderungen.
Installationsgeräte	• es dürfen keine Geräte errichtet werden, wie Schalter, Steuergeräte, Abzweigdosen, Verbindungsdosen, Steckdosen, • nur Abzweig- und Verbindungsdosen von SELV-Stromkreisen sind im Bereich 1 erlaubt
Verbrauchsmittel	• es dürfen nur fest angebrachte Verbrauchsmittel errichtet werden, die vom Hersteller dazu besonders gekennzeichnet sein müssen, • mechanischer Schutz muss vorgesehen werden

Tabelle 702.3 Anforderungen kurzgefasst – Bereich 1 aus DIN VDE 0100-702

Anforderungen kurzgefasst	
Bereich 1	**Anforderungen**
elektrische Fußbodenheizung	• darf mit Kleinspannung SELV betrieben werden, Stromquelle außerhalb der Bereiche 0, 1 und 2 oder • Alternativ: Abdecken mit einem geerdeten Metallgitter (Achtung: dann zusätzlicher Schutzpotentialausgleich und RCD 30 mA)
Kabel und Leitungen	• in dem Bereich 1 dürfen nur Kabel und Leitungen verlegt werden, die zur Versorgung von Verbrauchsmitteln in diesem Bereich erforderlich sind, • in den Bereichen 0, 1 und 2 dürfen Kabel und Leitungen keine berührbare metallene Umhüllung haben, • metallene Umhüllungen, die nicht berührbar sind, oder Abdeckungen müssen in den zusätzlichen Schutzpotentialausgleich einbezogen werden, empfohlen wird die Verlegung der Kabel und Leitungen in Kunststoffrohren, • Stromkreise für die Versorgung elektrischer Betriebsmittel außerhalb der Bereiche mit Kabel und Leitungen, die die Bereiche 0, 1 und 2 begrenzen, müssen: mindestens 6 cm tief eingebettet sein oder mit RCDs 30 mA geschützt oder mit Kleinspannung SELV versorgt oder Schutztrennung geschützt sein, • Stegleitungen sind grundsätzlich nicht erlaubt
Kabel und Leitungen von nicht begehbaren Becken	im Bereich 1 müssen Kabeln und Leitungen mechanisch geschützt verlegt werden
Zusatzschutz	alle Stromkreise (nicht nur Steckdosenstromkreise) mit einer oder mehreren Fehlerstromschutzeinrichtungen (RCDs) mit einem Bemessungsdifferenzstrom $I_{\Delta n} \leq 30$ mA schützen. Ausnahmen: siehe Erläuterungen

Anmerkungen:

[1] Schutz durch Kleinspannung mittels PELV darf nicht angewendet werden; bei SELV muss der Basisschutz, unabhängig von der Nennspannungshöhe, sichergestellt werden durch: Abdeckung oder Umhüllung mindestens IPX2 oder Isolierung, die Prüfspannung AC 500 V 1 min standhält.

[2] In kleineren Becken gibt es Erleichterungen: notwendige Schalter und Steckdosen, die im Bereich 1 angeordnet werden, müssen: aus nicht metallischer Umhüllung bestehen oder abgedeckt sein und außerhalb des Handbereichs mit 1,25 m und 0,3 m oberhalb des Fußbodens angebracht sein. Außerdem müssen die entsprechenden Stromkreise durch eine oder mehrere Maßnahmen geschützt sein, wie SELV: die Stromquelle innerhalb der Bereiche 0 und 1; Nennspannung AC 25 V oder DC 60 V; Schutztrennung: Stromquelle außerhalb der Bereiche 0 und 1 und es darf nur ein einziges Betriebsmittel versorgt werden; Schutz durch automatische Abschaltung im Fehlerfall: RCD 30 mA.

Tabelle 702.3 (*Fortsetzung*) Anforderungen kurzgefasst – Bereich 1 aus DIN VDE 0100-702

Anforderungen kurzgefasst	
Bereich 2	**Anforderungen**
Schutzart	IPX2 für Innenräume; IPX4 für Außenbereiche; IPX5 in Fällen, in denen Strahlwasser für Reinigungszwecke eingesetzt wird
Schutz (Stromversorgung) durch Kleinspannung bei **Becken von Schwimmbädern**[2)]	• SELV: eine Spannungsbegrenzung ist an dieser Stelle nicht gefordert; die Stromquelle muss sich allerdings außerhalb der Bereiche 0 und 1 befinden; wenn sich die Stromquelle im Bereich 2 befindet, muss der Stromkreis mit RCD 30 mA geschützt sein, • Schutztrennung: die Stromquelle für Schutztrennung darf nur ein einziges Verbrauchsmittel versorgen; die Stromquelle muss sich allerdings außerhalb der Bereiche 0 und 1 befinden; wenn sich die Stromquelle im Bereich 2 befindet, muss der Stromkreis mit RCD 30 mA geschützt sein, • automatische Abschaltung der Stromversorgung: Fehlerstromschutzeinrichtung (RCD) 30 mA
Schutz (Stromversorgung) durch Kleinspannung von **nicht begehbaren Springbrunnen**	nicht begehbare Becken von Springbrunnen haben keinen Bereich 2
Schutz durch Schutztrennung	die Stromquelle darf nur ein einziges Betriebsmittel versorgen und muss außerhalb der Bereiche 0 und 1 errichtet sein; wenn die Stromquelle sich im Bereich 2 befindet, muss der Stromkreis mit RCD 30 mA geschützt sein
Schutz durch automatische Abschaltung im Fehlerfall	Fehlerstromschutzeinrichtung (RCD) mit 30 mA
zusätzlicher Schutzpotentialausgleich	alle fremden leitfähigen Teile sind einzubeziehen; Cu-Leiter $\geq 6\ mm^2$; Schutzleiter aller Körper in diesem Bereich mit dem zusätzlichen Schutzpotentialausgleich verbinden, z. B. an der Haupterdungsschiene
Betriebsmittel[3)]	es sind Steckdosen und Schalter nicht zulässig und nur unter der Voraussetzung erlaubt, wenn eine oder mehrere Schutzmaßnahmen vorgesehen sind: • SELV: Stromquelle außerhalb der Bereiche 0 und 1, wenn im Bereich 2, dann muss der Stromkreis RCD 30 mA geschützt sein; Spannungsbegrenzung nicht gefordert, • Schutztrennung: Stromquelle darf nur ein einziges Betriebsmittel versorgen und außerhalb der Bereiche 0 und 1 installiert werden; wenn im Bereich 2, dann muss der Stromkreis RCD 30 mA geschützt sein, • automatische Abschaltung im Fehlerfall: durch RCD 30 mA

Tabelle 702.4 Anforderungen kurzgefasst – Bereich 2 aus DIN VDE 0100-702

Anforderungen kurzgefasst	
Bereich 2	**Anforderungen**
Kabel und Leitungen	• in den Bereichen 0, 1 und 2 dürfen Kabel und Leitungen keine berührbare metallene Umhüllung haben, • metallene Umhüllungen, die nicht berührbar sind, oder Abdeckungen müssen in den zusätzlichen Schutzpotentialausgleich einbezogen werden; empfohlen wird die Verlegung der Kabel und Leitungen in Kunststoffrohren
Zusatzschutz	
Anmerkungen: [1] Nicht begehbare Becken von Springbrunnen haben keinen Bereich 2. [2] Schutz durch Kleinspannung mittels PELV darf nicht angewendet werden; bei SELV muss der Basisschutz, unabhängig von der Nennspannungshöhe, sichergestellt werden durch: Abdeckung oder Umhüllung mindestens IPX2 oder Isolierung, die Prüfspannung AC 500 V 1 min standhält. [3] Erleichterungen für Betriebsmittel in kleineren Becken: notwendige Schalter und Steckdosen, die im Bereich 1 angeordnet werden, müssen: aus nicht metallischer Umhüllung (Abdeckung) bestehen und außerhalb des Handbereichs (1,25 m) sowie 0,3 m oberhalb des Fußbodens angebracht werden. Außerdem müssen die zugehörigen Stromkreise durch eine oder mehrere Schutzmaßnahmen geschützt werden: SELV AC 25 V oder DC 60 V; Schutztrennung; Schutz durch automatische Abschaltung im Fehlerfall.	

Tabelle 702.4 (*Fortsetzung*) Anforderungen kurzgefasst – Bereich 2 aus DIN VDE 0100-702

Kabel- und Leitungsanlagen: Die Verlegung von Stegleitungen ist nicht erlaubt. Die Festlegungen aus DIN VDE 0100-702 müssen angewendet werden, wenn Kabel und Leitungen in Wänden, Decken und/oder Fußböden bis zu einer Tiefe von 6 cm (bezogen auf die Oberfläche) verlegt sind und auch für die Aufputzinstallation.

Metallene Umhüllung und Abdeckungen von Kabeln und Leitungen müssen in den zusätzlichen Schutzpotentialausgleich einbezogen werden. Vorzugsweise werden Kabel und Leitungen mit einer Isolierung ohne jegliche metallische Abdeckung (z. B. Leitungen in Rohren aus Kunststoff) verwendet. In den Bereichen 0 und 1 dürfen nur Kabel und Leitungen verlegt werden für die Versorgung von Betriebsmitteln, die diesen Bereichen zugeordnet sind. In Becken für Springbrunnen müssen Kabel auf dem kürzestmöglichen Weg zum elektrischen Betriebsmittel geführt werden. Im Bereich 1 ist ein mechanischer Schutz vorzusehen. Es sind Kabel oder Leitungen auszuwählen, die für dauernden Kontakt mit Wasser geeignet sind (DIN EN 50525-1 (**VDE 0285-525-1**) und Herstellerangaben). In den Bereichen 0 und 1 dürfen keine Abzweig- und Verbindungsdosen vorgesehen werden, ausgenommen für SELV-Stromkreise im Bereich 1.

Schalt- und Steuergeräte: In den Bereichen 0 und 1 dürfen keine Schalt- und Steuergeräte und keine Steckdosen angeordnet werden. Wenn es in kleinen Schwimmbädern nicht möglich ist, Schalter und Steckdosen außerhalb des Bereichs 1 anzubringen, dürfen sie im Bereich 1, aber außerhalb des Handbereichs (z. B. 1,25 m Abstand von der Grenze des Bereichs 0 und 0,3 m über dem Fußboden), angeordnet werden, vorausgesetzt, sie haben keine metallische Oberfläche oder Metallabdeckung und werden geschützt durch:

- SELV ≤ AC 25 V bzw. ≤ DC 60 V (Stromquelle außerhalb der Bereiche 0 und 1),
- RCD, $I_{\Delta n} \leq 30$ mA oder
- Schutztrennung mit einzeln zugeordneten Transformatoren (außerhalb der Bereiche 0 und 1).

Im Bereich 2 sind Steckdosen nur zulässig, wenn ihre Stromkreise wie folgt geschützt sind:

- SELV ≤ AC 50 V bzw. ≤ DC 120 V (Stromquelle außerhalb der Bereiche 0 und 1) oder Stromquelle im Bereich 2 mit RCD $I_{\Delta n} \leq 30$ mA,
- RCD, $I_{\Delta n} \leq 30$ mA oder
- Schutztrennung mit einzeln zugeordneten Trenntransformatoren (außerhalb der Bereiche 0, 1 und 2) oder Stromquelle im Bereich 2 mit RCD $I_{\Delta n} \leq 30$ mA.

Betriebs- und Verbrauchsmittel: In den Bereichen 0 und 1 dürfen nur fest angebrachte Verbrauchsmittel angeordnet werden, die für die besondere Verwendung in Schwimmbädern hergestellt sind. Verbrauchsmittel, die nur in Betrieb sind, wenn sich keine Personen im Bereich 0 befinden, können in allen Bereichen über Stromkreise versorgt werden mit den Schutzmaßnahmen SELV, RCD mit $I_{\Delta n} \leq 30$ mA oder Schutztrennung mit nur einem Verbrauchsgerät. Betriebsmittel in den Bereichen 0 und 1 von nicht begehbaren Becken müssen eine mechanische Schutzvorrichtung (z. B. Gitterabdeckung) haben, die nur mit Werkzeug entfernt werden kann.

Schwimmbeckenreinigungsgeräte: Werden sie in den Bereichen 0 und 1 verwendet, müssen sie mit Schutz durch Kleinspannung mittels SELV (AC 12 V oder DC 30 V) versorgt werden. Die Stromquelle für SELV muss außerhalb der Bereiche 0 und 1 liegen.

Elektrische Speisepumpen für die Verwendung von Becken von Schwimmbädern: Untergebracht in einem angrenzenden Raum zum Becken und über eine Luke oder Tür des umgebenden Bereichs 1 eines Beckens angeordnet, müssen durch diese Schutzmaßnahmen geschützt sein: Schutz durch Kleinspannung mittels SELV (AC 12 V oder DC 30 V) oder Schutztrennung oder automatische Abschaltung der Stromversorgung.

0100-702

Gegenstromanlagen: Auch Gegenstromanlagen sind unter bestimmten Voraussetzungen am Beckenrand eines Beckens (Bereich 1) zulässig (siehe Anforderungen *Speisepumpen* oder Details in DIN VDE 0100-702).

Leuchten müssen fest angebracht werden. Bei der Schutzmaßnahme durch automatische Abschaltung sollten nur Betriebsmittel der Schutzklasse I verwendet werden. Für kleine Schwimmbäder, bei denen es nicht möglich ist, Leuchten außerhalb des Bereichs 1 vorzusehen, dürfen Leuchten auch im Bereich 1 angebracht werden, allerdings außerhalb des Handbereichs, 1,25 m von der Grenze des Bereichs 0 entfernt, Schutz durch SELV, RCD $I_{\Delta n} \leq 30$ mA oder Schutztrennung. Die Leuchten müssen der Schutzklasse II entsprechen und einen mechanischen Schutz gegen mittlere mechanische Beanspruchung aufweisen.

Beleuchtungsanlagen für Becken von Schwimmbädern, bei denen es einen Bereich 2 nicht gibt: Schutz durch Kleinspannung mittels SELV (AC 12 V oder DC 30 V) oder durch andere Spannungen, dann gelten jedoch für Wand- oder Deckenleuchten im Bereich 1 folgende zwei Anforderungen: RCD 30 mA und die Höhe des untersten Teils der Leuchte beträgt mindestens 2 m von der unteren Grenze des Bereichs 1.

Unterwasserscheinwerfer: nur hinter unabhängigen Glasscheiben. Sie müssen von hinten bedienbar sein. Es darf keine leitfähige Verbindung zwischen den Körpern der Unterwasserscheinwerfer und anderen leitfähigen Teilen der Konstruktion der unabhängigen Glasscheibe (Bullauge) und deren Umgebung entstehen.

Flächenheizungen sind im Fußboden zulässig, geschützt durch SELV oder RCD mit $I_{\Delta n} \leq 30$ mA mit geerdetem Metallgitter oder metallischer Abdeckung, die mit dem zusätzlichen Potentialausgleich verbunden sind.

Besondere Anforderungen für Betriebsmittel im Bereich 1 (z. B. Filteranlagen): mit SELV ≤ AC 12 V oder DC 30 V:

Anordnung in einem Gehäuse aus Isolierstoff als mechanischer Schutz, Zugang nur mit Werkzeug oder Schlüssel, Versorgungskabel und Haupttrenneinrichtung müssen Schutzklasse II oder einem gleichwertigen Schutz entsprechen. Das Öffnen des Gehäuses muss zwangsläufig zur Abschaltung aller aktiven Leiter führen.

Schutz für den Versorgungsstromkreis:

- SELV ≤ AC 25 V, ≤ DC 60 V,
- RCD mit $I_{\Delta n} \leq 30$ mA oder
- Schutztrennung.

Literatur

[1] *Schmolke, H.*: Potentialausgleich, Fundamenterder, Korrosionsgefährdung. VDE-Schriftenreihe 35. Berlin · Offenbach: VDE VERLAG, 2013. – ISBN 978-3-8007-3545-7, ISSN 0506-6719

[2] *Schmolke, H.*: Elektroinstallation in Wohngebäuden. VDE-Schriftenreihe 45. Berlin · Offenbach: VDE VERLAG, 2018. – ISBN 978-3-8007-4642-2, ISSN 0506-6719

[3] *Hörmann, W.*; *Schröder, B.*; *Schulze, B.*: Errichten von Niederspannungsanlagen in Räumen mit Badewanne oder Dusche. VDE-Schriftenreihe 67a. Berlin · Offenbach: VDE VERLAG, 2010. – ISBN 978-3-8007-3134-3, ISSN 0506-6719

[4] *Hörmann, W.*; *Nienhaus, H.*; *Schröder, B.*: Errichten von Niederspannungsanlagen in feuchter oder nasser Umgebung sowie im Freien, in Bereichen von Schwimmbädern, Springbrunnen oder Wasserbecken. VDE-Schriftenreihe 67b. Berlin · Offenbach: VDE VERLAG, 2003. – ISBN 978-3-8007-2772-8, ISSN 0506-6719

[5] *Rudnik, S.*; *Pelta, R.*: Der Lotse durch die DIN VDE 0100. VDE-Schriftenreihe 144. Berlin · Offenbach: VDE VERLAG, 2018. – ISBN 978-3-8007-4373-5, ISSN 0506-6719

[6] *Hösl, A.*; *Ayx, R.*; *Busch, H.-W.*: Die vorschriftsmäßige Elektroinstallation. Berlin · Offenbach: VDE VERLAG, 2019. – ISBN 978-3-8007-4710-8

[7] DIN VDE 0100-410 (**VDE 0100-410**):2018-10 Errichten von Niederspannungsanlagen – Teil 4-41: Schutzmaßnahmen – Schutz gegen elektrischen Schlag. Berlin · Offenbach: VDE VERLAG

[8] DIN VDE 0100-540 (**VDE 0100-540**):2012-06 Errichten von Niederspannungsanlagen – Teil 5-54: Auswahl und Errichtung elektrischer Betriebsmittel – Erdungsanlagen und Schutzleiter. Berlin · Offenbach: VDE VERLAG

[9] DIN VDE 0100-701 (**VDE 0100-701**):2008-10 Errichten von Niederspannungsanlagen – Teil 7-701: Anforderungen für Betriebsstätten, Räume und Anlagen besonderer Art – Räume mit Badewanne oder Dusche. Berlin · Offenbach: VDE VERLAG

[10] DIN VDE 0100-702 (**VDE 0100-702**):2012-03 Errichten von Niederspannungsanlagen – Teil 7-702: Anforderungen für Betriebsstätten, Räume und Anlagen besonderer Art – Becken von Schwimmbädern, begehbare Wasserbecken und Springbrunnen. Berlin · Offenbach: VDE VERLAG

[11] DIN EN 50525-2-21 (**VDE 0285-525-2-21**):2012-01 Kabel und Leitungen – Starkstromleitungen mit Nennspannungen bis 450/750 V (U_0/U) – Teil 2-21: Starkstromleitungen für allgemeine Anwendungen – Flexible Leitungen mit vernetzter Elastomer-Isolierung. Berlin · Offenbach: VDE VERLAG

[12] DIN EN 60529 (**VDE 0470-1**):2014-09 Schutzarten durch Gehäuse (IP-Code). Berlin · Offenbach: VDE VERLAG

[13] DIN EN 61558-2-5 (**VDE 0570-2-5**):2011-03 Sicherheit von Transformatoren, Drosseln, Netzgeräten und entsprechenden Kombinationen – Teil 2-5: Besondere Anforderungen und Prüfungen an Transformatoren für Rasierer, Netzgeräte für Rasierer und Rasiersteckdosen-Einheiten. Berlin · Offenbach: VDE VERLAG

[14] DIN EN 60335-2-41 (**VDE 0700-41**):2010-11 Sicherheit elektrischer Geräte für den Hausgebrauch und ähnliche Zwecke – Teil 2-41: Besondere Anforderungen für Pumpen. Berlin · Offenbach: VDE VERLAG

[15] DIN EN 60598-2-18 (**VDE 0711-2-18**):2012-09 Leuchten – Teil 2-18: Besondere Anforderungen – Leuchten für Schwimmbecken und ähnliche Anwendungen. Berlin · Offenbach: VDE VERLAG

Weitere Informationen enthält das Buch

Hörmann, W.; *Nienhaus, H.*; *Schröder, B.*: Errichten von Niederspannungsanlagen in feuchter oder nasser Umgebung sowie im Freien, in Bereichen von Schwimmbädern, Springbrunnen oder Wasserbecken
(VDE-Schriftenreihe 67b, ISBN 978-3-8007-2772-8)

DEUTSCHE NORM | Februar 2006

DIN VDE 0100-703
(VDE 0100-703)

DIN

Diese Norm ist zugleich eine **VDE-Bestimmung** im Sinne von VDE 0022. Sie ist nach Durchführung des vom VDE-Präsidium beschlossenen Genehmigungsverfahrens unter der oben angeführten Nummer in das VDE-Vorschriftenwerk aufgenommen und in der „etz Elektrotechnik + Automation“ bekannt gegeben worden.

VDE

0100-703

ICS 29.240.01

Ersatz für
DIN VDE 0100-703
(VDE 0100-703):1992-06
Siehe jedoch Beginn der Gültigkeit

Errichten von Niederspannungsanlagen –
Teil 7-703: Anforderungen für Betriebsstätten, Räume und Anlagen besonderer Art –
Räume und Kabinen mit Saunaheizungen
(IEC 60364-7-703:2004);
Deutsche Übernahme HD 60364-7-703:2005

Anwendungsbereich

Die besonderen Anforderungen des Teils 703 der DIN VDE 0100 gelten für Räume und Kabinen mit Saunaheizungen. Dabei kann es sich um Räume oder Orte handeln, in denen Saunakabinen vor Ort errichtet werden, oder um Räume, in denen Saunaheizungen vorhanden oder Sauna-Heizgeräte errichtet sind. Es wird dann der gesamte Raum als Sauna betrachtet und die speziellen Anforderungen gelten für diese Räume. Dort, wo zusätzliche Einrichtungen, wie Kaltwasserbecken oder Duschen, errichtet sind, gelten die Anforderungen nach DIN VDE 0100-702 bzw. DIN VDE 0100-701. Diese speziellen Anforderungen gelten nicht für fabrikfertige Saunakabinen, sondern diese sind nach entsprechenden Produktstandards herzustellen.

Eingliederung des Teils 703 in die Struktur der Normen der Reihe DIN VDE 0100

Gruppe 100 Anwendungsbereich, Allgemeine Grundsätze				
Gruppe 200 Begriffe				
Gruppe 400 Schutzmaßnahmen	**Gruppe 500** Auswahl und Errichtung	**Gruppe 600** Prüfungen		
Gruppe 700 Anforderungen für Betriebsstätten, Räume und Anlagen besonderer Art				
Teil 701 Räume mit Badewanne oder Dusche	Teil 702 Becken von Schwimmbädern, begehbaren Wasserbecken und Springbrunnen	Teil 703 Räume und Kabinen mit Saunaheizungen	Teil 704 Baustellen	Teil 705 Elektrische Anlagen von landwirtschaftlichen und gartenbaulichen Betriebsstätten
Teil 706 Leitfähige Bereiche mit begrenzter Bewegungsfreiheit	Teil 708 Caravanplätze, Campingplätze und ähnliche Bereiche	Teil 709 Marinas und ähnliche Bereiche	Teil 710 Medizinisch genutzte Bereiche	Teil 711 Ausstellungen, Shows und Stände
Teil 712 Solar-Photovoltaik-(PV-)Stromversorgungssysteme	Teil 713 Möbel und ähnliche Einrichtungsgegenstände	Teil 714 Beleuchtungsanlagen im Freien	Teil 715 Kleinspannungs-Beleuchtungsanlagen	Teil 717 Ortsveränderliche oder transportable Baueinheiten
Teil 718 Öffentliche Einrichtungen und Arbeitsstätten	Teil 721 Elektrische Anlagen von Caravans und Motorcaravans	Teil 722 Stromversorgung Elektrofahrzeuge	Teil 723 Unterrichtsräume mit Experimentiereinrichtungen	Teil 729 Bedienungsgänge und Wartungsgänge
Teil 730 Elektrischer Landanschluss für Fahrzeuge der Binnenschifffahrt	Teil 731 Abgeschlossene elektrische Betriebsstätten	Teil 737 Feuchte und nasse Bereiche und Räume und Anlagen im Freien	Teil 740 Vorübergehend errichtete elektrische Anlagen für Aufbauten, Vergnügungseinrichtungen und Buden auf Kirmesplätzen, Vergnügungsparks und für Zirkusse	Teil 753 Heizleitungen und umschlossene Heizsysteme
Gruppe 800 Energieeffizienz, Intelligente Niederspannungsanlagen				

Inhaltsverzeichnis der DIN VDE 0100-703

Wesentliche Änderungen in der Ausgabe 2006 gegenüber der Ausgabe 1992

- Der Anwendungsbereich wurde erweitert auf alle vor Ort errichteten Saunakabinen und auf Räume mit Saunaheizungen oder Sauna-Heizgeräten.
- Für fabrikfertige Saunakabinen gelten andere Produktstandards.
- Anstatt der vorher vier definierten Bereiche sind nur noch drei Bereiche festgelegt.
- Für Kabel und Leitungen gelten veränderte Temperaturgrenzwerte.
- Es gilt der zusätzliche Schutz mit Fehlerstromschutzeinrichtungen (RCDs) mit einem Bemessungsdifferenzstrom $\leq$ 30 mA für alle Stromkreise, außer denen, die ausschließlich zur Versorgung der Saunaheizungen bestimmt sind.

Termine

Anwendungsbeginn der DIN VDE 0100-703:2006-02	**ab: 1. Februar 2006**
Übergangsfrist der Vorgängernorm DIN VDE 0100-702:2003-11	**bis: 1. März 2008**

Zum Inhalt der DIN VDE 0100-703:2006-02

Kurzübersicht zur schnellen Information

- In „Räumen besonderer Art – Räume und Kabinen mit Saunaheizungen“ erhöht sich das Gefahrenpotenzial bei elektrischen Anlagen und Betriebsmitteln durch die Feuchtigkeit bzw. Nässe (Dampfbäder), die das Isoliervermögen mindern kann. Außerdem kann sich die Gefahr der Durchströmung des menschlichen Körpers erhöhen, weil sich in diesen Räumen Menschen aufhalten, deren Körperwiderstand gemindert sein kann (nasse bzw. unbekleidete Haut).
- Es sind die Schutzbereiche (in der Norm Bereiche genannt) 1, 2 und 3 eingeführt, diese sind definiert durch ein räumliches Maß, das den jeweiligen Schutzbereich zu den anderen Bereichen abgrenzt und in denen besondere Anforderungen zum Schutz gegen elektrischen Schlag und zu Schutzarten aus dem Teil 703 gelten.
- Zusätzlich zur DIN VDE 0100-703 müssen unter Umständen bei weiteren Einrichtungen, wie Duschen oder Wasserbecken, die DIN VDE 0100-701 und DIN VDE 0100-702 Berücksichtigung finden.
- Schutz bei indirektem Berühren: Schutz durch Kleinspannung (SELV und PELV); Schutztrennung; Schutz durch automatische Abschaltung der Stromversorgung; Betriebsmittel der Schutzklasse II.
- Zusätzlicher Schutz durch Fehlerstromschutzeinrichtungen (RCDs) 30 mA.
- Schutzarten der Betriebsmittel mindestens spritzwassergeschützt, IP24; ist Reinigung mit Wasserstrahl zu erwarten, dann IPX5.
- Kabel und Leitungen vorzugsweise außerhalb der Bereiche verlegen.
- Schalt- und Steuergeräte nur in festgelegten Bereichen zugelassen; Steckdosen sind in Saunen nicht zugelassen.
- Beleuchtung: Leuchten im Bereich 3 montieren; Umgebungstemperatur von mindestens 125 °C berücksichtigen.

Erläuterungen

Saunen sind *besondere* Räume nach DIN VDE 0100, d. h., an die Errichtung der elektrischen Anlagen werden zusätzliche Anforderungen nach dieser Norm gestellt. Die speziellen Anforderungen sind anzuwenden:

- für vor Ort errichtete Saunakabinen,
- für Räume, in denen Saunaheizungen vorhanden oder in denen Sauna-Heizgeräte zu errichten sind (in diesem Fall wird der gesamte Raum als Sauna betrachtet), z. B. in Kellerräumen,
- bei Kaltwasserbecken und/oder Duschen müssen Anforderungen aus DIN VDE 0100-701 bzw. DIN VDE 0100-702 zusätzlich Berücksichtigung finden.

Die zusätzlichen Anforderungen sind nicht für fabrikfertige Saunakabinen anzuwenden (da diese mit entsprechenden Produktstandards übereinstimmen).

Für die Anforderung sind festgelegte Bereiche zu berücksichtigen:

Lfd. Nr.	Bereiche	Bereiche machen die unterschiedlichen Gefahrenzonen deutlich
1	1	Der Bereich 1 ist das Volumen um die Saunaheizung, begrenzt durch den Fußboden und die kalte Seite der Wärmeisolierung der Decke und eine senkrechte Fläche um die Saunaheizung im Abstand von 0,5 m von der Oberfläche der Saunaheizung. Wenn die Saunaheizung näher an der Wand errichtet ist, wird der Bereich 1 durch die kalte Seite der Wärmeisolierung der Wand begrenzt.
2	2	Der Bereich 2 ist das Volumen außerhalb von Bereich 1, begrenzt durch den Fußboden, die kalte Seite der Wärmeisolierung der Wände und durch eine waagrechte Fläche 1 m über dem Fußboden.
3	3	Der Bereich 3 ist das Volumen außerhalb von Bereich 1, begrenzt durch die kalte Seite der Wärmeisolierung der Decke und der Wände und durch eine waagrechte Fläche 1 m über dem Fußboden.

Tabelle 703.1 Definition der Bereiche aus DIN VDE 0100-703

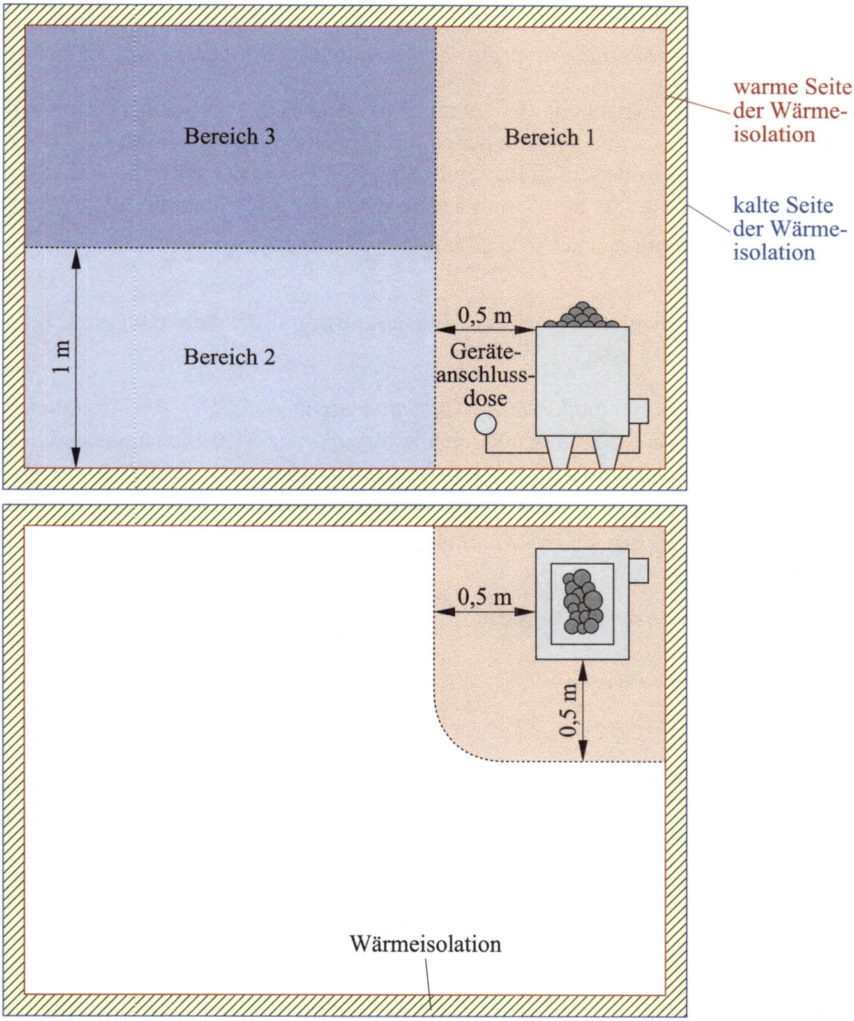

Bild 703.1 Maßangaben zu den Bereichen 1, 2 und 3 (nach DIN VDE 0100-703:2006-02, Bild 703)

Schutz gegen elektrischen Schlag:

Fehlerschutz (Schutz bei indirektem Berühren), es dürfen verwendet werden:

0100-703

- Schutz durch Kleinspannung (SELV und PELV); wird dieser Schutz verwendet, so muss der Basisschutz (Schutz gegen direktes Berühren) durch Abdeckungen oder Umhüllungen oder durch Isolierung sichergestellt sein, wobei die Isolierung einer Prüfspannung von 500 V mindestens 1 min lang standhalten muss,
- Schutz durch automatische Abschaltung der Stromversorgung,
- Schutztrennung,
- Schutz durch Verwendung elektrischer Betriebsmittel der Schutzklasse II oder gleichwertiger Isolierung.

Zusätzlicher Schutz durch Fehlerstromschutzeinrichtungen (RCDs): Als zusätzlicher Schutz gegen elektrischen Schlag müssen alle Stromkreise einer Saunaanlage durch eine oder mehrere Fehlerstromschutzeinrichtungen (RCDs) mit einem Bemessungsdifferenzstrom 30 mA geschützt sein, dies ist verpflichtend.

*Schutz gegen elektrischen Schlag, **nicht** erlaubt sind:*

Basisschutz/Schutz gegen direktes Berühren	Fehlerschutz/Schutz bei indirektem Berühren
• Hindernisse, • Anordnung außerhalb des Handbereichs	• nicht leitende Umgebung, • durch erdfreien örtlichen Schutzpotentialausgleich

Schaltgeräte und Steuergeräte, die Teil des Sauna-Heizgeräts oder von anderen fest errichteten Betriebsmitteln im Bereich 2 sind, dürfen im Saunaraum oder in der Saunakabine nach den Vorgaben der Hersteller errichtet werden. Andere Schaltgeräte und Steuergeräte, z. B. für die Beleuchtung, müssen außerhalb des Saunaraums oder der Saunakabine errichtet werden. Steckdosen dürfen nicht innerhalb von Räumen, die eine Saunaheizung enthalten, errichtet werden.

Beleuchtung: Die Leuchten und die darin enthaltenden Lampen müssen für eine Umgebungstemperatur von mindestens 125 °C ausgelegt sein. Da inzwischen der Ersatz von Glühlampen die Regel ist, werden für Saunen seitens der Hersteller LED-Leuchten angeboten, die eine Alternative von Glühlampen darstellen. Die Montage der Leuchten sollte im Bereich 3 erfolgen.

Anforderungen kurzgefasst	
	Anforderungen
Schutzart	Betriebsmittel mindestens Schutzart IP24; wenn die Verwendung eines Wasserstrahls zu erwarten ist, dann IPX5; die Schutzarten gelten auch für Kleinspannung SELV; Saunaheizgeräte, Regel- und Steuereinrichtungen innerhalb der Kabine und elektrische Einzelteile außerhalb der Kabine müssen spritzwassergeschützt, also IPX4, sein.
Bereich 1	nur Betriebsmittel, die zu den Saunaheizgeräten gehören, dürfen angebracht werden, nicht die Steuertafel für den Heizofen
Bereich 2	keine besonderen Anforderungen hinsichtlich der Wärmefestigkeit der Betriebsmittel, aber die thermischen Einflüsse müssen Beachtung finden
Bereich 3	elektrische Betriebsmittel müssen einer Mindesttemperatur von 125 °C und die Isolierung der Leitungen einer Mindesttemperatur von 170 °C standhalten
Steckdosen und Schaltgeräte	Schaltgeräte und Steuergeräte, die Teil des Sauna-Heizgeräts oder von anderen fest errichteten Betriebsmitteln im Bereich 2 sind, dürfen im Saunaraum oder in der Saunakabine nach den Vorgaben der Hersteller errichtet werden; andere Schaltgeräte und Steuergeräte, z. B. für die Beleuchtung, müssen außerhalb des Saunaraums oder der Saunakabine errichtet werden; Steckdosen dürfen nicht innerhalb von Räumen, die eine Saunaheizung enthalten, errichtet werden
Kabel und Leitungen	Vorzugsweise außerhalb der drei Bereiche errichten, sollten sie zwingend in den Bereichen 1 und 3 errichtet werden müssen, dann müssen sie wärmebeständig sein; metallene Umhüllungen dürfen im üblichen Betrieb nicht berührbar sein
Zusatzschutz	alle Stromkreise mit einer oder mehreren Fehlerstromschutzeinrichtungen (RCDs) mit einem Bemessungsdifferenzstrom $I_{\Delta n} \leq 30$ mA schützen; Ausnahme: Stromkreise, die direkt die Saunaheizungen versorgen

Tabelle 703.2 Anforderungen aus DIN VDE 0100-703

Literatur

[1] DIN VDE 0100-410 (**VDE 0100-410**):2018-10 Errichten von Niederspannungsanlagen – Teil 4-41: Schutzmaßnahmen – Schutz gegen elektrischen Schlag. Berlin · Offenbach: VDE VERLAG

[2] DIN VDE 0100-540 (**VDE 0100-540**):2012-06 Errichten von Niederspannungsanlagen – Teil 5-54: Auswahl und Errichtung elektrischer Betriebsmittel – Erdungsanlagen und Schutzleiter. Berlin · Offenbach: VDE VERLAG

[3] DIN VDE 0100-701 (**VDE 0100-701**):2008-10 Errichten von Niederspannungsanlagen – Teil 7-701: Anforderungen für Betriebsstätten, Räume und Anlagen besonderer Art – Räume mit Badewanne oder Dusche. Berlin · Offenbach: VDE VERLAG

[4] DIN VDE 0100-703 (**VDE 0100-703**):2006-02 Errichten von Niederspannungsanlagen – Teil 7-703: Anforderungen für Betriebsstätten, Räume und Anlagen besonderer Art – Räume und Kabinen mit Saunaheizungen. Berlin · Offenbach: VDE VERLAG

[5] DIN EN 50525-2-21 (**VDE 0285-525-2-21**):2012-01 Kabel und Leitungen – Starkstromleitungen mit Nennspannungen bis 450/750 V (U_0/U) – Teil 2-21: Starkstromleitungen für allgemeine Anwendungen – Flexible Leitungen mit vernetzter Elastomer-Isolierung. Berlin · Offenbach: VDE VERLAG

[6] DIN EN 60529 (**VDE 0470-1**):2014-09 Schutzarten durch Gehäuse (IP-Code). Berlin · Offenbach: VDE VERLAG

[7] *Hörmann, W.*; *Schröder, B.*; *Schulze, B.*: Errichten von Niederspannungsanlagen in Räumen mit Badewanne oder Dusche. VDE-Schriftenreihe 67a. Berlin · Offenbach: VDE VERLAG, 2010. – ISBN 978-3-8007-3134-3, ISSN 0506-6719

[8] *Rudnik, S.*; *Pelta, R.*: Der Lotse durch die DIN VDE 0100. VDE-Schriftenreihe 144. Berlin · Offenbach: VDE VERLAG, 2018. – ISBN 978-3-8007-4373-5, ISSN 0506-6719

DEUTSCHE NORM | Oktober 2018

DIN VDE 0100-704 (VDE 0100-704)

DIN

Diese Norm ist zugleich eine **VDE-Bestimmung** im Sinne von VDE 0022. Sie ist nach Durchführung des vom VDE-Präsidium beschlossenen Genehmigungsverfahrens unter der oben angeführten Nummer in das VDE-Vorschriftenwerk aufgenommen und in der „etz Elektrotechnik + Automation" bekannt gegeben worden.

VDE

ICS 91.140.50; 91.200

Ersatz für
DIN VDE 0100-704
(VDE 0100-704):2007-10
Siehe Anwendungsbeginn

Errichten von Niederspannungsanlagen –
Teil 7-704: Anforderungen für Betriebsstätten, Räume und Anlagen besonderer Art – Baustellen
(IEC 60364-7-704:2017, modifiziert);
Deutsche Übernahme HD 60364-7-704:2018

Anwendungsbereich

- Baustellen sind Orte, an denen Bauvorhaben ausgeführt werden.
- Elektrische Anlagen auf Baustellen sind zeitlich begrenzte Einrichtungen für die Durchführung von Arbeiten auf Hoch- und Tiefbaustellen, Abbruchbaustellen sowie Metallbaustellen.
- Die speziellen Anforderungen dieses Teils gelten bei Bauarbeiten an neuen Bauwerken, bei einer Reparatur, einem Umbau, einer Erweiterung, bei einem Abbruch, bei Erdarbeiten und bei Arbeiten an Teilen vorhandener Bauwerke.
- Die Anforderungen gelten bei fest und beweglich errichteten elektrische Anlagen auf Baustellen.
- Insbesondere ist darauf zu achten, dass zusätzlich verschärfte Anforderungen gelten können, z. B. für leitfähige Bereiche mit begrenzter Bewegungsfreiheit (DIN VDE 0100-706).
- Anforderungen gelten für die fest errichteten Anlagen begrenzt auf die Schaltgerätekombination, die die Hauptschaltgeräte und die Hauptschutzeinrichtungen enthalten, diese Schaltgerätekombination wird als Schnittstelle zwischen dem Versorgungssystem und der Baustellenanlage verstanden. Auch für die Anlagen auf der Lastseite der Schaltgerätekombinationen, die bewegliche oder transportable

elektrische Betriebsmittel als Teil der beweglichen Anlage enthalten, gelten die Anforderungen des Teils 704.

- Nicht als Baustellen gelten: Verwaltungsräume und Unterkunftsräume von Baustellen, wie Büros, Umkleideräume, Sitzungsräume, Kantinen, Toiletten, Schlafräume und Lager; elektrische Anlagen sind dort nach den üblichen Bestimmungen (DIN VDE 0100 Gruppen 100 bis 600; vgl. Schriftenreihe 144 [1]) zu errichten. Die Festlegungen sind auch dann nicht anzuwenden, wenn Betriebsmittel ähnlicher Art wie bei Anwendungen im Tagebau verwendet werden, dort gilt DIN VDE 0168.

Eingliederung des Teils 704 in die Struktur der Normen der Reihe DIN VDE 0100

Gruppe 100 Anwendungsbereich, Allgemeine Grundsätze
Gruppe 200 Begriffe

Gruppe 400 Schutzmaßnahmen	Gruppe 500 Auswahl und Errichtung	Gruppe 600 Prüfungen

Gruppe 700 Anforderungen für Betriebsstätten, Räume und Anlagen besonderer Art

Teil 701 Räume mit Badewanne oder Dusche	Teil 702 Becken von Schwimmbädern, begehbaren Wasserbecken und Springbrunnen	Teil 703 Räume und Kabinen mit Saunaheizungen	Teil 704 Baustellen	Teil 705 Elektrische Anlagen von landwirtschaftlichen und gartenbaulichen Betriebsstätten
Teil 706 Leitfähige Bereiche mit begrenzter Bewegungsfreiheit	Teil 708 Caravanplätze, Campingplätze und ähnliche Bereiche	Teil 709 Marinas und ähnliche Bereiche	Teil 710 Medizinisch genutzte Bereiche	Teil 711 Ausstellungen, Shows und Stände
Teil 712 Solar-Photovoltaik-(PV-)Stromversorgungssysteme	Teil 713 Möbel und ähnliche Einrichtungsgegenstände	Teil 714 Beleuchtungsanlagen im Freien	Teil 715 Kleinspannungs-Beleuchtungsanlagen	Teil 717 Ortsveränderliche oder transportable Baueinheiten
Teil 718 Öffentliche Einrichtungen und Arbeitsstätten	Teil 721 Elektrische Anlagen von Caravans und Motorcaravans	Teil 722 Stromversorgung Elektrofahrzeuge	Teil 723 Unterrichtsräume mit Experimentiereinrichtungen	Teil 729 Bedienungsgänge und Wartungsgänge
Teil 730 Elektrischer Landanschluss für Fahrzeuge der Binnenschifffahrt	Teil 731 Abgeschlossene elektrische Betriebsstätten	Teil 737 Feuchte und nasse Bereiche und Räume und Anlagen im Freien	Teil 740 Vorübergehend errichtete elektrische Anlagen für Aufbauten, Vergnügungseinrichtungen und Buden auf Kirmesplätzen, Vergnügungsparks und für Zirkusse	Teil 753 Heizleitungen und umschlossene Heizsysteme

Gruppe 800 Energieeffizienz, Intelligente Niederspannungsanlagen

Inhaltsverzeichnis der DIN VDE 0100-704

Wesentliche Änderungen in der Ausgabe 2018 gegenüber der Ausgabe von 2007

- Der formale Aufbau und die Abschnittsnummern sind an die Teile 100 bis 600 der DIN VDE 0100 angeglichen worden.
- Abstände zu Freileitungsanlagen, die über den Bereich der Baustelle führen, sind konkret aufgenommen worden, d. h., die Abstände aus der Tabelle 103 der DIN VDE 0105-100:2015-10 sind zu berücksichtigen und die Abmaße der Geräte und Maschinen auf der Baustelle sind mit dem Betreiber der Freileitung abzustimmen.
- Die zu verwendenden Leitungsbauarten sind erweitert worden.
- Fehlerstromschutzeinrichtungen (RCDs): Es müssen RCDs vom Typ B bei Drehstrom-Steckdosen eingesetzt werden.
- Die Anforderungen für Einrichtungen zum Trennen von der Einspeisung in Baustromverteilern sind überarbeitet.
- Vorgaben zur Überprüfung des Zustands der elektrischen Anlagen auf Baustellen sind aufgenommen worden.

Termine

Anwendungsbereich der DIN VDE 0100-704:2018-10	**ab: 1. Oktober 2018**
Übergangsfrist der Vorgängernorm DIN VDE 0100-704:2007-10	**bis: 18. Mai 2021**

Zum Inhalt der DIN VDE 0100-704:2018-10

Kurzübersicht zur schnellen Information

- Einspeisungen: Eine einzelne Baustelle kann aus mehreren Einspeisungen versorgt werden, auch aus einer Niederspannungsstromerzeugungsanlage (DIN VDE 0100-551).
- Im Bereich der Baustelle sind Abstände zu Freileitungen nach Tabelle 103 aus DIN VDE 0105-100:2015-10 einzuhalten und der Einsatz von Geräten und Maschinen ist bezüglich der Abmaße mit dem Netzbetreiber der Freileitung abzustimmen.
- Bei elektrischen Anlagen und Betriebsmitteln auf Baustellen muss mit dem Risiko einer Beschädigung gerechnet werden (Abschnitt 704.512.2). Die Beschädigungen können durch korrosive Stoffe, Bewegungen von Aufbauten und Fahrzeugen, erhöhtem Verschleiß, Zug, Biegung, Schlag, Abnutzung, Abreißen und Eintritt von Flüssigkeiten entstehen.
- Netzsysteme, Art der Erdverbindungen: nach dem Übergabepunkt sind zulässig TN-S-System, TN-C-System, TT-System, IT-System; Anforderungen an die Netzsysteme (siehe Erläuterungen; Tabelle 704.3).
- Anschlüsse der Baustellen: Leitungstyp: H07RN-F, gleichwertig oder Bauart H07BQF; beim Anschluss an Freileitungen: Schutzabstände bei Bauarbeiten (Tabelle 704.2) beachten; beim Anschluss an Kabel: Anschlusskabel, Überdeckung von mindestens 0,7 m und geschützt verlegt.
- Kundeneigene Anschlussleitung vor der Messeinrichtung nicht länger als 30 m ohne lösbare Zwischenverbindungen; Mindestquerschnitt bis zu 63 A 16 mm^2 Cu und 25 mm^2 Cu bei mehr als 63 A Bemessungsstrom.
- Anschlüsse an Steckdosen von vorhandenen Gebäudeinstallationen: nicht zulässig; Ausnahme: eine zwischengeschaltete, ortsveränderliche Fehlerstromschutzeinrichtung (RCD).
- Schutzmaßnahmen: Stromkreise mit einem Bemessungsstrom bis 32 A geschützt durch Fehlerstromschutzeinrichtung (RCD) mit Bemessungsdifferenzstrom nicht größer als 30 mA; Stromkreise größer 32 A Fehlerstromschutzeinrichtungen (RCDs) Bemessungsdifferenzstrom nicht größer als 500 mA, als Abschalteinrichtung verwenden; Kleinspannung mittels SELV oder PELV oder Schutztrennung.
- Fehlerstromschutzeinrichtungen (RCDs): Drehstrom-Steckdosen bis 63 A müssen durch RCD vom Typ B geschützt werden.

- Baustromverteiler nach DIN EN 61439-4 (**VDE 0660-600-4**) hergestellt; Schutzart mindestens IP44; Trenneinrichtung von der Einspeisung in Baustromverteiler ist Pflicht.
- Als Steckvorrichtungen mit einem Bemessungsstrom bis 16 A sind Schutzkontaktsteckdosen zulässig, bei einem Bemessungsstrom größer 16 A nur Industriesteckvorrichtungen (CEE).
- Die Notwendigkeit des Schutzes gegen Schaltüberspannungen sollte überprüft werden.
- Es kann notwendig sein, Einrichtungen für Sicherheitszwecke vorzusehen, z. B. Beleuchtung von Rettungswegen.
- Im Abschnitt 704.6 sind Angaben zu Erst- und wiederkehrenden Prüfungen gemacht worden, die Installation muss in angemessenen Zeitabständen besichtigt werden, siehe Erläuterungen.

Erläuterungen

Anschluss der Baustelleneinrichtungen: Baustellen zählen nach den Technischen Anschlussbedingungen (TAB) für den Anschluss an das Niederspannungsnetz der Netzbetreiber zu den vorübergehend angeschlossenen Anlagen. Das bedeutet aber nicht, dass sie von ihrer technischen Einrichtung und Ausführung als Provisorium angesehen werden, sondern sie sind nach den üblichen charakteristischen Merkmalen zu planen und zu errichten. Unter Netzanschluss wird der Übergabepunkt des Verteilungsnetzes der öffentlichen Stromversorgung zur Baustelle verstanden. Die Stromübergabe kann z. B. in einer Netzstation, an einem Kabelverteilerschrank, in einer Kabelmuffe, in einem Hausanschlusskasten oder bei einer Freileitung direkt durch Abgriffklemmen an der Leitung zu erfolgen. Der Anschluss der Baustelle an das Niederspannungsnetz oder alternativ an das Mittelspannungsnetz ist in erster Linie abhängig von der Größenordnung der Baustelle und der erforderlichen elektrischen Leistung für die Maschinen und Geräte. Weiterhin spielt die Kapazität des jeweiligen Verteilungsnetzes in der Region, in der die Baustelle errichtet werden soll, eine Rolle. Die größere Anzahl der Baustellen wird sicherlich aus den Niederspannungsnetzen versorgt. Für die Planung, Errichtung und Prüfung der Mittelspannungsübergabestation sind die entsprechenden DIN-VDE-Normen und die BDEW-Richtlinie „Technische Anschlussbedingungen für den Anschluss an das Mittelspannungsnetz – TAB Mittelspannung“ und die speziellen Richtlinien der örtlichen Netzbetreiber, z. B. „Bau und Betrieb von Übergabestationen zur Versorgung von Kunden aus dem Mittelspannungsnetz“, zu beachten.

Bei den Anschlussbedingungen an das öffentliche Netz hat sich in letzter Zeit einiges geändert. Die Bedingungen sind z. B. kundenfreundlicher geworden. Die **Tabelle 704.1** ermöglicht einen kurzen Überblick über die Begriffe und ihre entsprechenden Erläuterungen.

Begriffe	Erläuterungen
Netzanschluss	Der Netzanschluss verbindet das Elektrizitätsversorgungsnetz mit der elektrischen Anlage des Kunden. Er beginnt an der Abzweigstelle des Niederspannungsnetzes und endet mit dem Hausanschluss, genauer mit der Hausanschlusssicherung. Netzanschlüsse werden durch die Netzbetreiber hergestellt (errichtet) und durch sie unterhalten, erneuert, geändert, abgetrennt und beseitigt, denn sie gehören zu den Betriebsanlagen der Netzbetreiber. Die Netzspannung des Anschlusses ist abhängig von der Spannungsebene, an die der Kunde angeschlossen wird. Für die elektrische Anlage hinter dem Netzanschluss (also hinter der Hausanschlusssicherung) ist der Kunde (Anschlussnehmer) gegenüber dem Netzbetreiber verantwortlich, und zwar für die Errichtung, Erweiterung, Änderung und Instandhaltung.
TAB	Technische Anschlussbedingungen: konkretisieren die allgemein anerkannten Regeln der Technik und gelten für Neuanschlüsse (Anschlussänderungen: Umbau, Erweiterung, Rückbau, Demontage) an das Mittel- oder Niederspannungsnetz. Die TAB der einzelnen Netzbetreiber orientieren sich an einer BDEW-Richtlinie. Sie legen die Anforderungen für eine sichere und zuverlässige Versorgung fest und beschreiben die Anmeldung bis zum Betrieb und ergänzen z. B. für Anlagen im Niederspannungsnetz die „Allgemeinen Bedingungen für den Netzanschluss und dessen Nutzung für die Elektrizitätsversorgung in Niederspannung“, NAV. Der Kunde ist verpflichtet, die Einhaltung der Anschlussbedingungen sicherzustellen und die Anforderungen nachzuweisen.
Technische Anschlussregeln, TAR	Die Technischen Anschlussregeln werden von VDE/FNN erarbeitet und sollen als Grundlage dazu dienen, die Netzintegration erneuerbarer Energien zu ermöglichen durch wesentliche Anforderungen für den Anschluss von Kundenanlagen an die öffentlichen Energieversorgungsnetze. Durch die starken Veränderungen in allen Netzebenen, hervorgerufen durch den Anschluss vieler kleiner Erneuerbare-Energie-Anlagen, sind einheitliche Anforderungen an Kundenanlagen für einen sicheren Betrieb der Netze erforderlich. Durch einheitliche Mindestanforderungen ergibt sich für Netzbetreiber der Vorteil, dass bei Einhaltung dieser Anwendungsregeln die Kundenanlagen sich mindestens netzverträglich verhalten.
Technische Anschlussregeln, TAR, Niederspannung, VDE-Anwendungsregel VDE-AR-N 4100	Es sind technische Anforderungen für die Planung, die Errichtung und den Anschluss elektrischer Anlagen an das Niederspannungsnetz der jeweiligen Netzbetreiber zu beachten. Diese Anforderungen haben ihre Berechtigung durch das Energiewirtschaftsgesetz (EnWG) und werden von den Netzbetreibern für den Netzanschluss von Erzeugungsanlagen, für Anlagen zur Speicherung elektrischer Energie, für Anlagen direkt angeschlossener Kunden und für Verbindungsleitungen und Direktleitungen für die Auswahl, Auslegung und den Betrieb festgelegt. Zu diesen Mindestanforderungen können auch die Anwendungsregeln des VDE/FNN zusätzlich zu den TAB und den ergänzenden Hinweisen zu den TAB durch den jeweiligen Netzbetreiber verwendet werden.

Tabelle 704.1 Anschlussbedingungen an das öffentliche Netz

Begriffe	Erläuterungen
	Für den Anschluss und den Betrieb von Anlagen am Niederspannungsnetz sind z. B. VDE-Anwendungsregel VDE-AR-N 4100:2019-04, „Technische Regeln für den Anschluss von Kundenanlagen an das Niederspannungsnetz und deren Betrieb" (TAR Niederspannung) zu verwenden. Die VDE-Anwendungsregel fasst die technischen Anforderungen zusammen, die bei der Planung, bei der Errichtung, beim Anschluss und beim Betrieb von Kundenanlagen an die Niederspannungsnetze der Netzbetreiber zu beachten sind. Die VDE-Anwendungsregeln sind die Basis für die Technischen Anschlussbedingungen (TAB) Niederspannung der Netzbetreiber, die durch weitere netzspezifische Anforderungen ergänzt und dann veröffentlicht werden.
Technische Anschlussregeln, TAR, Mittelspannung	Auch im Mittelspannungsbereich gewinnen die Anschlüsse von Erzeugungsanlagen im Zuge der Energiewende wie im Niederspannungsnetz immer mehr an Bedeutung. Daher sind für die Planung, Errichtung und für den Anschluss von elektrischen Anlagen Mindestanforderungen zu berücksichtigen, die durch VDE/FNN veröffentlicht werden (VDE-Anwendungsregel VDE-AR-N 4110).
NAV	Niederspannungsanschlussverordnung (NAV): „Verordnung über Allgemeine Bedingungen für den Netzanschluss und dessen Nutzung für die Elektrizitätsversorgung in Niederspannung" vom November 2006 (zuletzt geändert: 21.12.2018); diese Verordnung hat die AVBEltV über „Allgemeine Bedingungen für die Elektrizitätsversorgung von Tarifkunden", aus dem Jahr 1979 ersetzt. Im Wesentlichen zeichnet sich diese neue Verordnung, NAV, dadurch aus, dass sie kundenfreundlichere Regelungen beinhaltet und der Netzbetreiber im Schadensfall beweispflichtig ist und er nachweisen muss, dass bei einer Versorgungsunterbrechung, also einer Störung bzw. einem eingetretenen Schaden die Mitarbeiter des Netzbetreibers bzw. beschäftigte Dienstleistungsunternehmen nicht schuldhaft gehandelt haben. Das macht deutlich, wie wichtig eine intakte Stromverteilung mit einer hohen Zuverlässigkeit für alle elektrischen Anlagen und Betriebsmittel für das Stromversorgungsunternehmen/den Netzbetreiber ist. Dies beginnt bei der optimalen Gestaltung der Netze, von der Planung und Projektierung der Anlagen, über die Errichtung und den Betrieb der Netze bis hin zu den Instandhaltungsmaßnahmen. Alle Funktionen einer optimierten Anlagentechnik des Verteilungsnetzes sollten unter Einhaltung der DIN-VDE-Normen betrachtet werden, denn die Einhaltung der DIN-VDE-Normen vermittelt eine gewisse Rechtssicherheit für die Planer, die Errichter und die Betreiber des Verteilungsnetzes. Definition des Netzanschlusses nach NAV § 5: Der Netzanschluss verbindet das Elektrizitätsversorgungsnetz der allgemeinen Versorgung mit der elektrischen Anlage des Kunden bzw. des Anschlussnehmers.
Netzanschlusspunkt	Ist der Punkt, an dem elektrische Energie zum Betreiben von elektrischen Anlagen und Betriebs- und Verbrauchsmitteln auf Bau- oder Montagestellen entnommen wird. Der Anschluss wird nach den Vorgaben der TAB durch den jeweiligen Netzbetreiber festgelegt. Der Netzanschluss und die Messeinrichtung werden in Anschluss- oder Anschlussverteilerschränken installiert oder in geeigneten Räumen oder ortsfesten Schaltschränken. Maximale Länge der Anschlussleitung: 30 m; Typ: H07RN-F oder gleichwertig. Nach VDE-Anwendungsregel VDE-AR-N 4100:2019-04 ist der Netzanschlusspunkt begrifflich der Netzpunkt, an dem die Kundenanlage über den Netzanschluss an das Netz der allgemeinen Versorgung angeschlossen ist.

Tabelle 704.1 (*Fortsetzung*) Anschlussbedingungen an das öffentliche Netz

Netzanschluss: Von dem Netzanschluss wird über eine Leitung/ein Kabel ein Anschlussschrank mit einer geeigneten Messeinrichtung auf der Baustelle versorgt. Je nach Leistung und Bemessungsstrom ist eine direkte oder indirekte Messung vorzusehen. Diese kundeneigene Anschlussleitung vor der Messeinrichtung sollte so kurz wie möglich, darf jedoch nicht länger als 30 m sein und keine lösbaren Zwischenverbindungen enthalten.

0100-704

Der Querschnitt dieser Leitung muss bei einem Bemessungsstrom der Hauptsicherung von ≤ 63 A mindestens 16 mm^2 Cu, bei einem Bemessungsstrom der Hauptsicherung > 63 A mindestens 25 mm^2 Cu betragen.

Auch nach VDE-Anwendungsregel VDE-AR-N 4100:2019-04, Abschnitt 13 gelten Baustellen als vorübergehend angeschlossene Anlagen. Es werden zu A-Schränken und AV-Schränken folgende Aussagen getroffen:

- Die Anschlusssicherungen und die Mess- und Steuereinrichtungen sind in einem verschließbaren Schrank unterzubringen und die Schließung ist mit dem Netzbetreiber abzustimmen.
- Ausstattung für direkte Messung der Betriebsströme bis 63 A nach Vorgaben der Netzbetreiber; auch bis 100 A nach DIN 43868-1 und Ausstattung für halbindirekte Messung (Stromwandlermessung) für Betriebsströme von 250 A bzw. 400 A nach DIN 43868-2 und von 630 A nach DIN 43868-3.
- A-Schränke und AV-Schränke dienen als Speisepunkte für die elektrischen Anlagen auf Baustellen, sie sind schutzisoliert aufgebaut und der umhüllende Metallschrank stellt lediglich den mechanischen Schutz dar. Sie sind lotrecht und fest verankert aufzustellen, der Abstand vom Fußboden bis zur Mitte der Messeinrichtung muss mindestens 0,55 m und darf max. 1,8 m betragen. Der Zugang und der Arbeits- und Bedienbereich sind während der gesamten Betriebsdauer sicherzustellen.
- Eine Anschlussmöglichkeit für den Erdungsleiter muss vorhanden sein. Im TN-System wird eine zusätzliche Erdung des Schutzleiters in jedem Verteiler empfohlen. Im TT-System muss zur Einhaltung der Abschaltbedingungen die Erdverbindung ausreichend niederohmig sein, daher muss der Schutzleiter in jedem Verteiler beim TT-System separat geerdet werden (siehe **Bild 704.1** und **Bild 704.2**).

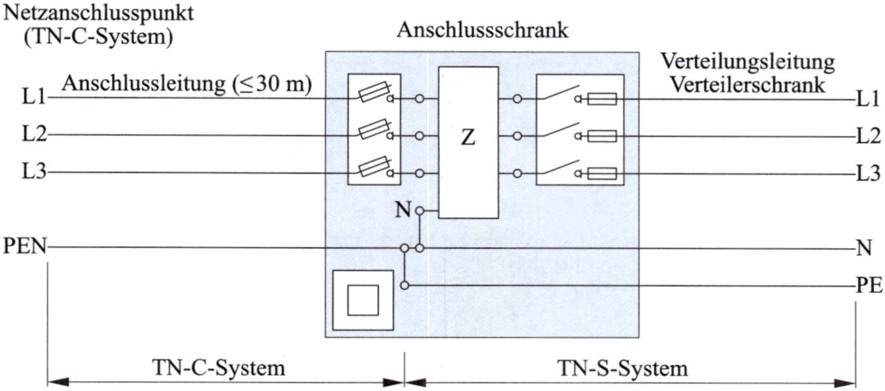

Bild 704.1 Anschlussbeispiel von Baustromverteiler im TN-System (VDE-Anwendungsregel VDE-AR-N 4100:2019-04, Bild I.1)

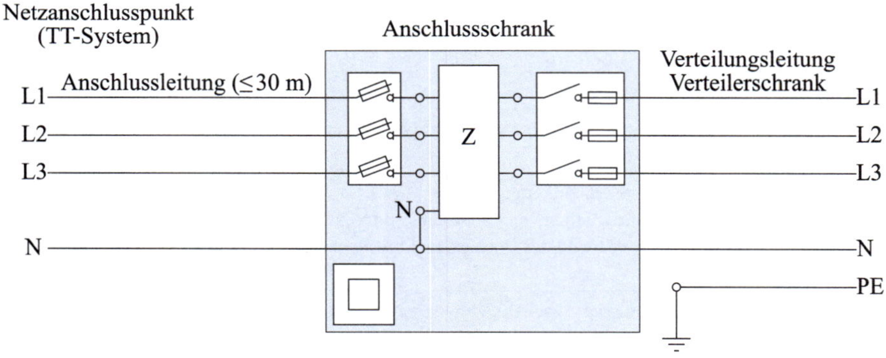

Bild 704.2 Anschlussbeispiel von Baustromverteiler im TT-System (VDE-Anwendungsregel VDE-AR-N 4100:2019-04, Bild I.2)

Bauarbeiten im Bereich von Freileitungen: Befinden sich Freileitungen auf dem Gelände einer Baustelle, so sind besondere Vorsichtsmaßnahmen zu ergreifen. Die Arbeiten sind so durchzuführen, dass der Bestand und die Betriebssicherheit der Anlagen während und nach der Ausführung von Bauarbeiten gewährleistet sind. In DIN VDE 0100-704:2018-10 wird in Abschnitt 704.30.101 explizit darauf hingewiesen, dass die Abstände zu Freileitungen im Bereich von Baustellen mit dem Betreiber der Freileitungen abzustimmen sind und die Abstände der eingesetzten Maschinen und deren Bestandteile nach DIN VDE 0105-100:2015-10, Tabelle 103 einzuhalten sind (**Tabelle 704.2**). Dies trifft insbesondere beim Transport und der Lagerung von Baumaterialien sowie dem Einsatz von Baumaschinen, wie Baggern, Kränen, Baugerüsten, Leitern und Kipper-Lastwagen zu.

Netz-Nennspannung	Schutzabstand in Luft von unter Spannung stehenden Teilen ohne Schutz gegen direktes Berühren
bis 1 000 V	1 m
über 1 kV bis 110 kV	3 m
über 110 kV bis 220 kV	4 m
über 220 kV bis 380 kV	5 m

Tabelle 704.2 Schutzabstände für Freileitungen bei Bauarbeiten
(DIN VDE 0105-100:2015-10, Tabelle 103)

Art der Erdverbindungen/Netzsysteme: Das TN-, TT- und IT-System kennzeichnen die Schutzmaßnahmen durch Abschaltung oder Meldung bzw. den Schutz durch automatische Abschaltung der Stromversorgung oder Meldung (aktuelle Bezeichnung nach DIN VDE 0100-410). Zur genauen Bezeichnung der Schutzmaßnahmen sind die Schutzeinrichtungen noch zu ergänzen, z. B. TT-System mit Fehlerstromschutzeinrichtungen (RCDs).

Netzsystem	Anforderungen
TN-System	zur Gewährleistung einer sicheren Erdverbindung möglichst alle Baustromverteiler zusätzlich erden
TN-C-System	nur auf Baustellen zulässig, wenn • Leitungsquerschnitte von mindestens 10 mm^2 Cu oder 16 mm^2 Al verwendet werden, • Leitungen während des Betriebs nicht bewegt, fest und mechanisch geschützt verlegt*) sind
TT-System	zur Einhaltung der Abschaltbedingungen muss die Erdverbindung ausreichend niederohmig sein; dies muss auch dauerhaft während des Betriebs gewährleistet sein, damit die Schutzmaßnahme sichergestellt ist; dazu muss: • jeder Baustromverteiler separat geerdet werden, • bei der Verwendung von Erdspießen muss auf fachgerechte und zuverlässige Ausführung der Erdung, auch der Kontakte, geachtet werden
IT-System	darf nur mit Isolationsüberwachungseinrichtungen betrieben werden; wird ein Fehler gemeldet, muss er unverzüglich beseitigt werden; wird die Isolationsüberwachungseinrichtung nicht durch eine Fachkraft überwacht**), muss die elektrische Anlage beim Auftreten des ersten Fehlers abschalten; IT-Systeme sind auf Baustellen selten anzutreffen
*) geschützt verlegt bedeutet: Leitungen sind hochgehängt oder werden durch Abdeckungen oder eine Verlegung im Schutzrohr vor mechanischen Beschädigungen geschützt; **) überwacht bedeutet: die Wahrnehmung der Meldung muss sichergestellt sein und Maßnahmen zur Fehlerbeseitigung durch eine Fachkraft können eingeleitet werden	

Tabelle 704.3 Anforderungen an die Netzsysteme auf Baustellen

Als Netzsysteme sind nach dem Übergabepunkt auf Baustellen TN-C-, TN-S-, TT- und IT-Systeme zulässig.

Tabelle 704.3 zeigt die Anforderungen an die Netzsysteme auf Baustellen.

Anschluss an Steckdosen: Der direkte Anschluss von Verbrauchsmitteln für eine Baustelle, wie Elektrobohrmaschinen, einzeln betriebene Handwerksmaschinen oder ähnliche Geräte, an eine vorhandene Steckdose in einem an die Baustelle angrenzendem Gebäude ist ohne zusätzliche Schutzmaßnahmen *nicht* zulässig. Die Nutzung einer Steckdose von nebenstehenden, vorhandenen Gebäuden an der Baustelle für Verbrauchsmittel ohne zusätzliche Maßnahmen ist nicht erlaubt. Dieses Verbot gilt unabhängig von der Größe der Baustelle und vom Arbeitsumfang auf der Baustelle. Das bedeutet, dass auch der Anschluss eines einzelnen Verbrauchsmittels für den Betrieb auf Baustellen ohne zusätzliche Maßnahmen unzulässig ist.

Der Anschluss ist nur dann zulässig, wenn eine der folgenden Maßnahmen angewendet wird:

- Bei Steckdosen mit unbekannter Schutzmaßnahme: eine zwischengeschaltete, ortsveränderliche Fehlerstromschutzeinrichtung (RCD) oder über einen zwischengeschalteten Trenntransformator.
- Bei geprüfter Steckdose ohne vorgeschaltete Fehlerstromschutzeinrichtung (RCD): Die an die Steckdose angeschlossenen Verbrauchsmittel werden über eine zusätzliche, der Steckdose nachgeschalteten Fehlerstromschutzeinrichtung (RCD) versorgt; als weitere Voraussetzungen für diese Maßnahme gelten, dass die Steckdose frei von Installationsfehlern sein muss, die Schutzmaßnahme bekannt ist und deren Wirksamkeit durch entsprechende Prüfung von einer Elektrofachkraft nachgewiesen worden ist.
- Bei geprüfter Steckdose mit Fehlerstromschutzeinrichtung (RCD): Die Steckdose ist über eine geeignete Fehlerstromschutzeinrichtung (RCD) geschützt, welche die an die Baustromverteiler gestellten Anforderungen erfüllt. Auch hier gilt, dass die Steckdose frei von Installationsfehlern sein muss und die Wirksamkeit der Schutzmaßnahme von einer Elektrofachkraft geprüft werden muss.
- Schutz durch Schutzverteiler: besteht aus einer ortsveränderlichen Fehlerstromschutzeinrichtung (RCD; hier SPE-PRCD) in Kombination mit mehreren Steckdosen in einem Gehäuse.

Die zwischengeschalteten, ortsveränderlichen Fehlerstromschutzeinrichtungen (RCDs) und die Schutzverteiler können auf Baustellen eingesetzt und verwendet werden. Sie sind auch für elektrotechnische Laien leicht zu handhaben, weil sie keinen separaten Erdungsanschluss wie Baustromverteiler benötigen.

Anforderungen für den Schutz gegen elektrischen Schlag: Stromkreise für Steckdosen und für in der Hand gehaltene Betriebsmittel mit einem Bemessungsstrom bis einschließlich 32 A müssen geschützt sein durch:

- Fehlerstromschutzeinrichtungen (RCDs) mit einem Bemessungsdifferenzstrom nicht größer als 30 mA oder
- Schutzmaßnahme Kleinspannung mittels SELV oder PELV oder
- Schutzmaßnahme: Schutztrennung, wobei der Stromkreis oder das Betriebsmittel durch einen eigenen Transformator mit einfacher Trennung versorgt wird.

Für Stromkreise mit Steckdosen mit Bemessungsströmen über 32 A müssen Fehlerstromschutzeinrichtungen (RCDs) mit einem Bemessungsdifferenzstrom, der nicht größer als 500 mA ist, als Abschalteinrichtung verwendet werden.

Anforderungen an SELV- und PELV-Stromkreise: Die Anforderungen für den Basisschutz (Schutz gegen direktes Berühren) müssen unabhängig von der Höhe der Nennspannung eingehalten werden.

Baustromverteiler: Die Versorgung einer Baustelle mit Strom kann aus mehreren Einspeisungen erfolgen. Es ist die Einspeisung aus dem öffentlichen Netz oder auch aus einer Niederspannungsstromerzeugungsanlage möglich. Für die Baustelle erfolgt die Einspeisung über einen Baustromverteiler, z. B. den Anschlussschrank. Der Ort, an dem ein Anschlussschrank aufgestellt ist, wird als Schnittstelle zwischen dem Versorgungssystem und der Baustellenanlage betrachtet. Neben dem Anschlussschrank können je nach Größe einer Baustelle weitere Baustromverteiler als Kombinationen aus Hauptverteilerschränken, Unterverteilerschränken, Transformatorenschränken, Endverteilerschränken oder Steckdosenverteilern eingesetzt werden. Alle Baustromverteiler werden nach DIN EN 61439-4 (**VDE 0660-600-4**) hergestellt. Der Baustromverteiler bildet sozusagen die Stromquelle für die Baustelle, sodass alle in Energierichtung nachgeschalteten Betriebsmittel als eine Einheit betrachtet werden können. Auf kleinen Baustellen sind oft ein Anschlussschrank und ein Steckdosenverteiler ausreichend. Nach DIN VDE 0100-704:2018-10 und DGUV-Information 203-006 müssen elektrische Anlagen zentral freigeschaltet und die Einrichtungen zum Trennen der Einspeisung in der Aus-Stellung gesichert werden können. Fest angeschlossene Baustromverteiler mit Steckdosen müssen Einrichtungen zum Trennen der Einspeisung, die gegen Einschalten abschließbar und für Laien benutzbar sind, enthalten. Eine verschließbare Umhüllung ist nicht ausreichend. Schutzart IP44.

Merke: Hauptschalter bei Baustromverteilern: Nach Abschnitt 704.537.2.101 muss jeder Baustromverteiler Einrichtungen zum Trennen der Einspeisung enthalten. Fest angeschlossenen Baustromverteiler mit Steckdosen müssen Einrichtungen zum Trennen der Einspeisung[1)], die gegen Einschalten abschließbar und für Laien benutzbar sind, enthalten. Eine verschließbare Umhüllung ist nicht ausreichend! Damit reicht ein Vorhängeschloss am Baustromverteiler zukünftig nicht mehr. Die Anforderung ist insofern eine Ergänzung, weil bisher nur die Forderung nach einem Hauptschalter für Anschlussschränke galt, um im Bedarfsfall die gesamte Stromversorgung der Baustelle abzuschalten. Dies kann bedeuten, dass der Baustromverteiler in vielen Fällen neu beschafft werden muss, denn ein Umbau ist zwar möglich, aber die Baustromverteiler müssen nach DIN EN 61439-4 (**VDE 0660-600-4**) typgeprüft werden und dies kann eigentlich in der Regel nur der Hersteller leisten. Wichtig: Es sind eigene Einrichtungen zum Trennen für jeden Baustromverteiler erforderlich.

Anschlussschrank: Vom Netzanschluss wird über eine Leitung (flexible Leitungen/Kabel müssen vom Typ H07RN-F sein; Mindestquerschnitt 16 mm^2 bei einer Hauptsicherung bis zu 63 A und 25 mm^2 bei > 63 A) ein Anschlussschrank auf der Baustelle versorgt. Diese kundeneigene Anschlussleitung vor der Messeinrichtung soll nach den Technischen Anschlussbedingungen (TAB) so kurz wie möglich, darf jedoch nicht länger als 30 m sein und keine lösbaren Zwischenverbindungen enthalten. Wird die Anschlussleitung mechanisch besonders beansprucht, so müssen Vorkehrungen getroffen werden:

- Verlegung im Erdreich,
- hochgelegte Leitung,
- Verlegung in einer Kabelbrücke, Schutzrohr oder einer anderen tragfähigen Abdeckung.

[1)] Anmerkung: Der Einsatz von Niederspannungstrennerleisten als Einrichtung zum Trennen ist nicht zulässig.

Bild 704.3 A-Schrank
(Quelle: Walther, System Bosecker)

Bild 704.4 Anschluss einer Erdungsleitung an einen Staberder auf der Baustelle
(Foto: *Rolf Rüdiger Cichowski*)

Erdung der Baustromverteiler:

TT-System: Damit der Schutz durch automatische Abschaltung der Stromversorgung im Fehlerfall sichergestellt ist, müssen die Baustromverteiler geerdet werden. Wichtig ist ein niedriger Ausbreitungswiderstand.

TN-System: Die automatische Abschaltung der Stromversorgung im Fehlerfall ist sichergestellt durch den Fehlerstrom, der über den direkt mit der Stromquelle verbundenen PE- und/oder PEN-Leiter fließt. Dennoch sollten möglichst alle Baustromverteiler zusätzlich geerdet werden, damit die Sicherheit erhöht wird.

Schalt- und Steuergeräte, Fehlerstromschutzeinrichtungen (RCDs): Nach DIN VDE 0100-704:2018-10 müssen Drehstromsteckdosen bis 63 A mit einer Fehlerstromschutzeinrichtung (RCD) vom Typ B in Übereinstimmung mit DIN EN 62423 (**VDE 0664-40**) geschützt werden.

Merke: Drehstromsteckdosen bis einschließlich 63 A mit allstromsensitiven RCD vom Typ B schützen.

Kabel- und Leitungsanlagen: Auf Baustellen sind bei Kabeln und Leitungen besonders hohe Beanspruchungen durch die Klimabedingungen, wie Feuchtigkeit, wechselnde Temperaturschwankungen, und mechanische Einflüsse zu erwarten. Daher werden in der „Baustellen-Norm" und in der DGUV-Information 203-006 flexible Leitungen vom Typ H07RN-F oder gleichwertige Leitungen gefordert, die beständig sind gegen Abrieb oder Wasser. Nach DIN VDE 0100-704:2018-10 ist auch eine Polyurethanleitung H07BQ-F zulässig. Auf keinen Fall ist die Verwendung von N07V3V3-F (eine PVC-Schlauchleitung) zugelassen.

Installationsmaterial: Auf Baustellen muss das Installationsmaterial, wie Schalter, Steckdosen, Kupplungen, Verbindungsdosen und Abzweigdosen, mindestens in der Schutzart IPX4 (spritzwassergeschützt) ausgeführt sein. Steckvorrichtungen müssen ein Isolierstoffgehäuse haben und sie müssen eine ausreichende mechanische Festigkeit aufweisen. Zweipolige Steckvorrichtungen nach Normenreihe DIN VDE 0620 sind zulässig:

- spritzwassergeschützte 16-A-Steckvorrichtung nach Normenreihe DIN 49440/ DIN 49441 für die erschwerten Verwendungsbedingungen,
- die druckwasserdichte 16-A-Steckvorrichtung nach DIN 49442/DIN 49443; als Drehstromsteckvorrichtung ist die genormte fünfpolige Industriesteckvorrichtung nach DIN EN 60309-2 (**VDE 0623-2**):2013-01 zulässig.

Einrichtungen für Sicherheitszwecke: Es kann für Baustellen notwendig sein, dass Einrichtungen für Sicherheitszwecke vorzusehen sind, z. B. die Beleuchtung von Rettungswegen oder eine Sicherheitsbeleuchtung (siehe entsprechende Normen).

Schutz bei Störspannungen: Die elektrischen Anlagen auf Baustellen können durch transiente Überspannungen infolge von atmosphärischen Einflüssen oder durch Schaltüberspannungen gefährdet werden. So können Krane, Aufzugsanlagen, Betonmischmaschinen oder ähnliche Geräte Schaltüberspannungen verursachen. Dies muss berücksichtigt werden und evtl. muss dann ein Schutz gegen Schaltüberspannungen errichtet werden.

Prüfungen: Elektrische Anlagen und Betriebsmittel auf Baustellen unterliegen ständigen Veränderungen und das Risiko von Beschädigungen ist höher als in Betriebsstätten und Räumen „normaler Art", deshalb sind auf Baustellen regelmäßige Prüfungen (Erst- und wiederkehrende Prüfungen) zum Erhalt des ordnungsgemäßen Zustands der Anlagen und eine Überwachung der Funktion der Schutzeinrichtungen notwendig. Die Installation ist in regelmäßigen Zeitabständen (täglich oder wöchentlich) zu besichtigen, und zwar

- die Bemessung von Steckvorrichtungen und Schutzleiter,
- die flexiblen Leitungen und die Anschlüsse an ortsveränderlichen handgeführten Betriebsmitteln sind auf den ordnungsgemäßen Zustand zu prüfen,

- die Einstellwerte der Schutzeinrichtungen sind zu prüfen,
- die Auslegung, der Zustand und die Einstellungen von Überstromschutzeinrichtungen und Leistungsschaltern dürfen nicht unzulässig verändert werden,
- die Funktion der Fehlerstromschutzeinrichtungen (RCDs) sind auf die ordnungsgemäße Funktionsweise zu überprüfen.

Es sind die Forderungen von DIN VDE 0105-100 und DGUV-Information 203-006 für Prüfungen zu berücksichtigen.

Anforderungen kurzgefasst	
	Anforderungen
Schutzarten	Installationsmaterial mindestens IPX4, zweipolige Steckvorrichtung: Normenreihe DIN VDE 0620, Drehstromsteckvorrichtung: fünfpolige Industriesteckvorrichtung nach DIN EN 60309-2 (**VDE 0623-2**):2013-01
Einspeisung	aus öffentlichem Netz über Übergabepunkt, wie Netzstation, Kabelverteilerschrank, HAK oder Freileitung
Art der Erdverbindung	TN-S-System, TN-C-System, TT-System, IT-System; Anforderungen siehe Tabelle 704.3
Netzanschluss	z. B. Anschlussschrank mit geeigneter Messung, nicht länger als 30 m, $\leq$ 63 A: mindestens 16 mm^2 Cu; $\geq$ 63 A mindestens 25 mm^2 Cu
Anschluss an Steckdosen in einem an der Baustelle angrenzendem Gebäude	ist ohne zusätzliche Schutzmaßnahmen nicht zulässig, siehe Erläuterungen
Schutzmaßnahmen/ Schutzvorkehrungen	Es dürfen verwendet werden: automatische Abschaltung der Stromversorgung, Schutz durch Kleinspannung mittels SELV oder PELV und Schutz durch Schutztrennung mit Transformatoren mit einfacher Trennung und je einem Verbraucher nach DIN VDE 0100-410:2018-10. Es dürfen folgende Schutzvorkehrungen **nicht** verwendet werden: Schutz durch Hindernisse, Schutz durch Anordnung außerhalb des Handbereichs, Schutz durch nicht leitende Umgebung, Schutz durch erdfreien örtlichen Schutzpotentialausgleich, Schutz durch Schutztrennung für die Versorgung von mehr als einem elektrischen Verbrauchsmittel.
Schutz gegen elektrischen Schlag	Steckdosenstromkreise bis 32 A: RCD 30 mA; SELV oder PELV oder Schutztrennung; $\geq$ 32 A: RCD 500 mA
SELV- und PELV-Stromkreise	Basisschutz vorsehen, unabhängig von der Höhe der Nennspannung
Baustromverteiler	nach DIN EN 61439-4 (**VDE 0660-600-4**); jeder Baustromverteiler muss Einrichtungen zum Trennen der Einspeisung enthalten

Tabelle 704.4 Anforderungen aus DIN VDE 0100-704

Anforderungen kurzgefasst	
	Anforderungen
Schalt- und Steuergeräte: Fehlerstromschutz-einrichtungen (RCDs)	Drehstromsteckdosen bis einschließlich 63 A müssen mit **RCDs Typ B** geschützt sein
Erdung der Baustromverteiler	Baustromverteiler zusätzlich erden, im TT-Netz ein Muss, im TN-Netz eine Empfehlung
Kabel und Leitungen	flexible Leitungen Typ H07RN-F oder gleichwertig, nach DIN VDE 0100-704:2018-10 dürfen auch Leitungen der Bauart H07BQ-F unter Beachtung thermischer Auswirkungen verwendet werden
Einrichtungen für Sicherheitszwecke	es kann notwendig sein, Einrichtungen für Sicherheitszwecke zu errichten
Schutz bei Störspannungen	einige Anlagen auf Baustellen können Schaltüberspannungen erzeugen bzw. transiente Überspannungen durch atmosphärische Einflüsse müssen beachtet werden
Prüfungen	der ordnungsgemäße Zustand der Anlagen und eine Überwachung der Funktion der Schutzeinrichtungen ist dringend in angemessenen Zeitabständen (täglich oder wöchentlich) durchzuführen

Tabelle 704.4 (*Fortsetzung*) Anforderungen aus DIN VDE 0100-704

Literatur

[1] *Rudnik, S.*; *Pelta, R.*: Der Lotse durch die DIN VDE 0100. VDE-Schriftenreihe 144. Berlin · Offenbach: VDE VERLAG, 2018. – ISBN 978-3-8007-4373-5, ISSN 0506-6719

[2] DGUV-Information 203-006 Auswahl und Betrieb elektrischer Anlagen und Betriebsmittel auf Bau- und Montagestellen vom Mai 2012. Berlin: Deutsche Gesetzliche Unfallversicherung e. V. (DGUV), 2012

[3] Energiewirtschaftsgesetz (EnWG). Gesetz über die Elektrizitäts- und Gasversorgung vom 13. Dezember 1935. RGBl. I 65 (1935) Nr. 139, S. 1451–1456 – letzte Neufassung durch Zweites Gesetz zur Neuregelung des Energiewirtschaftsrechts vom 7. Juli 2005. BGBl. I 57 (2005) Nr. 42, S. 1970–2018. – ISSN 0341-1095

[4] Niederspannungsanschlussverordnung (NAV). Verordnung über Allgemeine Bedingungen für den Netzanschluss und dessen Nutzung für die Elektrizitätsversorgung in Niederspannung vom 1. November 2006. BGBl. I 60 (2006) Nr. 50 vom 7.11.2006, S. 2477–2494 – zuletzt geändert durch Verordnung zur Berechnung der Offshore-Netzumlage und zu Anpassungen im Regulierungsrecht vom 14. März 2019. BGBl. I 73 (2019) Nr. 8 vom 21.3.2019, S. 333–337. – ISSN 0341-1095

[5] TAB Technische Anschlussbedingungen für den Anschluss an das Niederspannungsnetz (Stand: Juli 2007 mit Aktualisierungen 2011). Bundesverband der Energie- und Wasserwirtschaft e. V. (BDEW) (Hrsg.). Berlin · Offenbach: VDE VERLAG, 2012. – ISBN 978-3-8022-1108-9

[6] TAB Mittelspannung 2008 Technische Anschlussbedingungen für den Anschluss an das Mittelspannungsnetz (Stand: Mai 2008). Bundesverband der Energie- und Wasserwirtschaft e. V. (BDEW) (Hrsg.). Berlin · Offenbach: VDE VERLAG, 2009. – ISBN 978-3-8022-0938-3

[7] DIN 49442:1969-03 Zweipolige Steckdosen mit Schutzkontakt, druckwasserdicht, 10 A, 250 V≅ und 10 A, 250 V–, 16 A, 250 V~; Hauptmaße. Berlin: Beuth

[8] DIN 49443:1987-02 Zweipoliger Stecker mit Schutzkontakt; DC 10 A 250 V AC 16 A 250 V, druckwasserdicht. Berlin: Beuth

[9] DIN 43868-1:1992-07 Baustromverteiler – Anschlußschrank 400 V – Direktmessung bis 100 A. Berlin: Beuth

[10] DIN 43868-2:1992-07 Baustromverteiler – Anschlußschrank 400 V, Wandlermessung 100 A, 250 A und 400 A. Berlin: Beuth

[11] DIN 43868-3:1992-07 Baustromverteiler – Anschlußschrank 400 V, Wandlermessung 630 A. Berlin: Beuth

[12] DIN VDE 0100-410 (**VDE 0100-410**):2018-10 Errichten von Niederspannungsanlagen – Teil 4-41: Schutzmaßnahmen – Schutz gegen elektrischen Schlag. Berlin · Offenbach: VDE VERLAG

[13] DIN VDE 0100-540 (**VDE 0100-540**):2012-06 Errichten von Niederspannungsanlagen – Teil 5-54: Auswahl und Errichtung elektrischer Betriebsmittel – Erdungsanlagen und Schutzleiter. Berlin · Offenbach: VDE VERLAG

[14] DIN VDE 0100-704 (**VDE 0100-704**):2018-10 Errichten von Niederspannungsanlagen – Teil 7-704: Anforderungen für Betriebsstätten, Räume und Anlagen besonderer Art – Baustellen. Berlin · Offenbach: VDE VERLAG

[15] DIN VDE 0100-706 (**VDE 0100-706**):2007-10 Errichten von Niederspannungsanlagen – Teil 7-706: Anforderungen für Betriebsstätten, Räume und Anlagen besonderer Art – Leitfähige Bereiche mit begrenzter Bewegungsfreiheit. Berlin · Offenbach: VDE VERLAG

[16] DIN VDE 0105-100 (**VDE 0105-100**):2015-10 Betrieb von elektrischen Anlagen – Teil 100: Allgemeine Festlegungen. Berlin · Offenbach: VDE VERLAG

[17] DIN VDE 0168 (**VDE 0168**):1992-01 Errichten elektrischer Anlagen in Tagebauen, Steinbrüchen und ähnlichen Betrieben. Berlin · Offenbach: VDE VERLAG

[18] DIN EN 60529 (**VDE 0470-1**):2014-09 Schutzarten durch Gehäuse (IP-Code). Berlin · Offenbach: VDE VERLAG

[19] DIN EN 61439-4 (**VDE 0660-600-4**):2013-09 Niederspannungs-Schaltgerätekombinationen – Teil 4: Besondere Anforderungen für Baustromverteiler (BV). Berlin · Offenbach: VDE VERLAG

[20] DIN EN 60309-2 (**VDE 0623-2**):2013-01 Stecker, Steckdosen und Kupplungen für industrielle Anwendungen – Teil 2: Anforderungen und Hauptmaße für die Austauschbarkeit von Stift- und Buchsensteckvorrichtungen. Berlin · Offenbach: VDE VERLAG

[21] DIN EN 62423 (**VDE 0664-40**):2018-03 Fehlerstrom-/Differenzstrom-Schutzschalter ohne eingebauten Überstromschutz (RCCBs) für Hausinstallationen und für ähnliche Anwendungen – Teil 1: Allgemeine Anforderungen. Berlin · Offenbach: VDE VERLAG

[22] VDE-Anwendungsregel VDE-AR-N 4100:2019-04 Technische Regeln für den Anschluss von Kundenanlagen an das Niederspannungsnetz und deren Betrieb (TAR Niederspannung). Berlin · Offenbach: VDE VERLAG

[23] VDE-Anwendungsregel VDE-AR-N 4110:2018-11 Technische Regeln für den Anschluss von Kundenanlagen an das Mittelspannungsnetz und deren Betrieb (TAR Mittelspannung). Berlin · Offenbach: VDE VERLAG

Weitere Informationen enthält das Buch

Cichowski, R. R.: Baustellen-Fibel der Elektroinstallation
(VDE-Schriftenreihe 142, ISBN 978-3-8007-4926-3)

DEUTSCHE NORM Oktober 2007

DIN VDE 0100-705 (VDE 0100-705)

DIN

Diese Norm ist zugleich eine **VDE-Bestimmung** im Sinne von VDE 0022. Sie ist nach Durchführung des vom VDE-Präsidium beschlossenen Genehmigungsverfahrens unter der oben angeführten Nummer in das VDE-Vorschriftenwerk aufgenommen und in der „etz Elektrotechnik + Automation" bekannt gegeben worden.

VDE

0100-705

ICS 29.240.01; 65.040.01

Ersatz für
DIN VDE 0100-705
(VDE 0100-705):1992-10 und
DIN V VDE V 0100-0705
(VDE V 0100-0705):2003-04
Siehe jedoch Beginn der Gültigkeit

Errichten von Niederspannungsanlagen –
Teil 7-705: Anforderungen für Betriebsstätten, Räume und Anlagen besonderer Art –
Elektrische Anlagen von landwirtschaftlichen und gartenbaulichen Betriebsstätten
(IEC 60364-7-705:2006, modifiziert);
Deutsche Übernahme HD 60364-7-705:2007 + Corrigendum 1:2007

Anwendungsbereich

Die besonderen Anforderungen des Teils 705 der DIN VDE 0100 gelten für elektrische Anlagen in Innenräumen und im Freien von landwirtschaftlichen und gartenbaulichen Betriebsstätten, die fest installiert sind. Auch dazugehörige Wohnungen oder andere Räumlichkeiten von landwirtschaftlichen und gartenbaulichen Anlagen können (nur wenn durch fremde leitfähige Teile oder Schutzleiter elektrisch leitende Verbindungen zu landwirtschaftlichen oder gartenbaulichen Betriebsstätten bestehen; ansonsten müssen die Wohnungen nicht nach den Bestimmungen der DIN VDE 0100-705 errichtet werden) für einige Anforderungen unter den Anwendungsbereich dieser Norm fallen, dann wird im normativen Text jedoch gesondert darauf hingewiesen. Zu den landwirtschaftlichen und gartenbaulichen Betriebsstätten gehören Räume, in denen Nutztiere gehalten werden oder Futtermittel, Düngemittel oder ähnliche Materialien gelagert und ver- bzw. bearbeitet werden. Ställe aber auch Nebenräume, wie Scheunen, Lagerhallen und Vorratsräume für Stroh, Heu, sowie Gewächshäuser müssen nach DIN VDE 0100-705 errichtet werden. Hinzu kommt, dass auch bei Räumen, in denen „normalerweise" die erhöhten Anforderungen nach dem Teil 705 nicht gelten, in denen jedoch betriebliche Tätigkeiten ausgeführt werden, die in den Anwendungsbereich der Unfallverhütungsvorschriften der landwirtschaftlichen Berufsgenossenschaften fallen, Anforderungen zu berücksichtigen sind. Außerdem sollte der Errichter sich auch mit den Anforderungen der Versicherer nach VdS beschäftigen, denn in der VdS-Richtlinie gelten ebenfalls erhöhte Anforderungen an die Errichtung der elektrischen Anlagen, weil die Schäden durch Brände in der Landwirtschaft sehr hoch sind.

0100-705 Diese Norm gilt nicht für Orte und Räume, die dem Haushaltsbereich oder ähnlichen Zwecken dienen.

Eingliederung des Teils 705 in die Struktur der Normen der Reihe DIN VDE 0100

Gruppe 100 Anwendungsbereich, Allgemeine Grundsätze
Gruppe 200 Begriffe

Gruppe 400 Schutzmaßnahmen	Gruppe 500 Auswahl und Errichtung	Gruppe 600 Prüfungen

Gruppe 700 Anforderungen für Betriebsstätten, Räume und Anlagen besonderer Art

Teil 701 Räume mit Badewanne oder Dusche	Teil 702 Becken von Schwimmbädern, begehbaren Wasserbecken und Springbrunnen	Teil 703 Räume und Kabinen mit Saunaheizungen	Teil 704 Baustellen	Teil 705 Elektrische Anlagen von landwirtschaftlichen und gartenbaulichen Betriebsstätten
Teil 706 Leitfähige Bereiche mit begrenzter Bewegungsfreiheit	Teil 708 Caravanplätze, Campingplätze und ähnliche Bereiche	Teil 709 Marinas und ähnliche Bereiche	Teil 710 Medizinisch genutzte Bereiche	Teil 711 Ausstellungen, Shows und Stände
Teil 712 Solar-Photovoltaik-(PV-)Stromversorgungssysteme	Teil 713 Möbel und ähnliche Einrichtungsgegenstände	Teil 714 Beleuchtungsanlagen im Freien	Teil 715 Kleinspannungs-Beleuchtungsanlagen	Teil 717 Ortsveränderliche oder transportable Baueinheiten
Teil 718 Öffentliche Einrichtungen und Arbeitsstätten	Teil 721 Elektrische Anlagen von Caravans und Motorcaravans	Teil 722 Stromversorgung Elektrofahrzeuge	Teil 723 Unterrichtsräume mit Experimentiereinrichtungen	Teil 729 Bedienungsgänge und Wartungsgänge
Teil 730 Elektrischer Landanschluss für Fahrzeuge der Binnenschifffahrt	Teil 731 Abgeschlossene elektrische Betriebsstätten	Teil 737 Feuchte und nasse Bereiche und Räume und Anlagen im Freien	Teil 740 Vorübergehend errichtete elektrische Anlagen für Aufbauten, Vergnügungseinrichtungen und Buden auf Kirmesplätzen, Vergnügungsparks und für Zirkusse	Teil 753 Heizleitungen und umschlossene Heizsysteme

Gruppe 800 Energieeffizienz, Intelligente Niederspannungsanlagen

Inhaltsverzeichnis der DIN VDE 0100-705

Wesentliche Änderungen in der Ausgabe 2007 gegenüber den Ausgaben 1992 und 2003

- Der Begriff landwirtschaftlich und gartenbauliche „Anwesen“ wurde in landwirtschaftliche und gartenbauliche „Betriebsstätten“ geändert.
- Einzelne Anforderungen gelten auch für dazugehörige Wohnungen und Nebenräume, sie sind gesondert erwähnt.
- Wird das TN-System verwendet, so gelten besondere Anforderungen.
- In Endstromkreisen sind Fehlerstromschutzeinrichtungen (RCDs) mit einem Bemessungsdifferenzstrom $I_{\Delta n} \leq 300$ mA gefordert; Stromkreise mit Steckdosen sind davon ausgenommen.
- Die Reduzierung der vereinbarten Grenze der dauernd zulässigen Berührungsspannung auf U_L = AC 25 V oder DC 60 V ist nicht mehr gefordert.
- Befinden sich fremde leitfähige Teile im Fußboden des Stand-, Liege- und Melkbereichs, so sind sie in den zusätzlichen Schutzpotentialausgleich einzubeziehen.
- Für den zusätzlichen Schutzpotentialausgleich ist zur Dokumentation ein Übersichtsplan anzufertigen.
- Für die elektrischen Anlagen werden Trennvorrichtungen gebäude- oder gebäudeabschnittsweise gefordert.
- Bei Verlegung von Kabeln in den Erdboden ist zur Dokumentation ein Verlegeplan anzufertigen.
- Detaillierte Anforderungen sind für die Intensivtierhaltung aufgenommen worden.

Zusätzlich wurden gegenüber DIN V VDE V 0100-705:2004-04 folgende Änderungen vorgenommen

- Der Begriff Großvieh ist entfallen.
- Es wird empfohlen, Spaltenböden mit in den Schutzpotentialausgleich einzubeziehen.
- Die Anordnung von Steckdosen wird detailliert beschrieben.
- Umfangreichere Dokumentation ist gefordert.
- Schutz von Kabeln: Verlegetiefe in urbanem Land oder Ackerland $\geq$ 1 m; selbsttragende Kabel Errichtungshöhe $\geq$ 6 m.
- Forderung nach mechanischem Schutz von Kabel und Leitungen, die am Speisepunkt der elektrischen Anlage den Hauptverteiler versorgen.
- Die Verwendung von Elektroinstallationsrohren wurde spezifiziert.
- Hinweise auf Tierarten wie Mäuse und Ratten beachten.
- Schutzpotentialausgleichsleiter für Kupfer sind spezifiziert.

Termine

Anwendungsbeginn der DIN VDE 0100-705:2007-10	**ab: 1. Oktober 2007**
Übergangsfrist der Vorgängernorm DIN VDE 0100-705:1992-10 und DIN V VDE V 0100-705:2004-04	**bis: 1. Oktober 2009**

Zum Inhalt der DIN VDE 0100-705:2007-10

Kurzübersicht zur schnellen Information

- In „Räumen besonderer Art – Elektrische Anlagen von landwirtschaftlichen und gartenbaulichen Betriebsstätten" erhöht sich das Gefahrenpotenzial wegen den Einwirkungen von Feuchtigkeit, Staub, mechanische Beanspruchung, chemisch aggressiver Atmosphäre und evtl. Säure. Außerdem erhöht sich das Brandrisiko durch leicht entzündliche Stoffe und/oder in Teilbereichen durch entzündliche Gase.
- Besonderheit: Die Bestimmungen des Teils 705 gelten normalerweise nicht für Wohnungen, sondern es gelten dort die allgemeinen Bestimmungen. Wenn jedoch Wohnungen oder andere Räumlichkeiten durch fremde leitfähige Teile mit den Betriebsstätten verbunden sind, müssen die erhöhten Anforderungen aus DIN VDE 0100-705 angewendet werden.
- In den Betriebsstätten der Landwirtschaft sind verschiedene Raumarten denkbar, es müssen immer die Bestimmungen mit den höchsten Anforderungen Berücksichtigung finden.
- Schutz gegen elektrischen Schlag: automatische Abschaltung der Stromversorgung, Schutz durch SELV oder PELV, zusätzlicher Schutzpotentialausgleich.
- Schutzarten: siehe Erläuterungen.
- Brandschutz: Schutz bei Isolationsfehlern, Schutz gegen Überstrom.
- Steckvorrichtungen: Isolierstoffgehäuse, Montage entfernt von leicht entzündlichen Stoffen, Industriesteckvorrichtungen.
- Kabel- und Leitungsanlagen: Anforderungen in Erläuterungen und Tabelle 705.1.

Erläuterungen

Begriffe: landwirtschaftliche Betriebsstätten: Räume oder Orte oder Bereiche in Gebäuden/im Freien, in denen Nutztiere gehalten oder Materialien, wie Futter- und Düngemittel, gelagert, aufbereitet oder weiterverarbeitet werden; Ställe und Nebenräume, Scheunen, Lagerhäuser, Stätten zum Schlachten, Produzieren, Aufbereiten, Trocknen oder Weiterverarbeiten, Maschinenhallen, Werkstätten und Garagen.

Gartenbauliche Betriebsstätten: Räume oder Orte oder Bereiche, in denen erwerbsmäßig die Aufzucht oder der Anbau von Pflanzen betrieben wird und die nicht der Land- oder Forstwirtschaft zuzurechnen sind, wie Garten-, Gemüse-, Obst-, Blumen-, Zierpflanzenbau und Baumschulen.

Eine Besonderheit in DIN VDE 0100-705: Die Anforderungen sind ebenfalls auf den zu landwirtschaftlichen und gartenbaulichen Betriebsstätten gehörenden Räumlichkeiten zuzuordnen, d. h. es sind die erhöhten Anforderungen anzuwenden, jedoch nur, wenn diese Wohnungen und anderen Räume über leitende Verbindungen mit den Betriebsstätten verbunden sind, wie Schutzleiter, Schutzpotentialausgleichsleiter oder fremde leitfähige Teile. Besteht keine leitende Verbindung, dann sind diese Wohnungen oder andere Räumlichkeiten für die Anforderungen aus DIN VDE 0100-705 nicht zu berücksichtigen.

Gefahrenpotenziale: Bei der Auswahl für die Errichtung elektrischer Anlagen und Betriebsmittel in den Betriebsstätten muss von einem erhöhten Gefahrenpotenzial ausgegangen werden, es können z. B. verschiedene Orte oder Raumarten in Betracht kommen, die es zu berücksichtigen gilt. Da es sich bei den verschiedenen Raumarten auch um unterschiedliche Anforderungen handeln kann, sind immer die Bestimmungen mit den höchsten Anforderungen zu berücksichtigen:

Raumart	**Beispiele für Räume, Orte oder Bereiche**
trockene Räume	Verkaufsräume, Büros, Sozialräume, Umkleideräume
feuchte Räume	Kondenswasserbildung: Werkstätten, Lager, Vorratsräume, Futtermittelaufbereitungsräume, Nebenräume von Ställen
nasse Räume	zur Reinigung ausgespritzt bzw. ausgestrahlt werden: Ställe, Milchkammern, Schlachtereien, Käsereien
feuergefährdete Räume	mit leicht brennbaren Materialien: Scheunen bzw. Lager für Heu und Stroh
geschützte Anlagen im Freien	die überdacht sind: offene Lager, Maschinenunterstände
ungeschützte Anlagen im Freien	die unmittelbar der Witterung ausgesetzt sind
explosionsgefährdete Räume	durch entzündbare Gase oder Stäube explosionsgefährdet: Biogasanlagen, Mühlen, Güllebehälter

Tabelle 705.1 Raumarten

Schutz gegen elektrischen Schlag: Bei Anwendung von SELV oder PELV ist immer der Schutz gegen direktes Berühren (Basisisolierung) durch Isolierung (Prüfspannung 500 V für 1 min) oder durch Abdeckung IPXXP (fingersicher) herzustellen. Bei der Schutzmaßnahme TN-System ist hinter dem Speisepunkt für die gesamte Installationsanlage das TN-S-System (getrennte Neutral- und Schutzleiter) anzuwenden. Das gilt auch für zugehörige Wohnungen und andere Nebenräume, wenn sie leitend mit den landwirtschaftlichen Betriebsstätten verbunden sind. Wird in TT-Systemen eine dauernde Aufrechterhaltung der Versorgung verlangt, müssen RCDs der Bauart S entsprechen oder zeitverzögert abschalten. Für den Schutz bei indirektem Berühren durch automatische Abschaltung sind unabhängig von der Art der Erdverbindung für alle Stromkreise mit Steckdosen Fehlerstromschutzeinrichtungen (RCDs) mit einem Bemessungsdifferenzstrom $I_{\Delta n} \leq 30$ mA vorzusehen. Für alle anderen Stromkreise sind RCDs mit $I_{\Delta n} \leq 300$ mA zu verwenden. Für die Bereiche der Tierhaltung ist die Grenze der dauernd zulässigen Berührungsspannung von AC 25 V und DC 60 V nicht mehr vorgeschrieben. Im Standbereich der Tiere müssen unter Einbeziehung der Metallgitter im Fußboden alle durch Tiere berührbaren Körper der elektrischen Betriebsmittel (z. B. Melkmaschinen) und alle fremden leitfähigen Teile (z. B. Baustahlmatten, Gitter, Bewehrungen) durch einen zusätzlichen Schutzpotentialausgleich untereinander und mit dem Schutzleiter und Fundamenterder der Anlage verbunden werden. Der Schutzpotentialausgleichsleiter besteht aus: 0100-705

- feuerverzinktem Bandstahl, mindestens 30 mm × 3,5 mm oder
- feuerverzinktem Rundstahl, mindestens 8 mm Durchmesser.

Lösbare Verbindungen des Schutzpotentialausgleichsleiters müssen zugänglich bleiben. Spaltenböden aus Betonfertigteilen sollten ebenfalls in den zusätzlichen Schutzpotentialausgleich einbezogen werden. Die Anordnung des Potentialausgleichssystems ist zu dokumentieren. Für die elektrischen Anlagen sind Übersichtspläne und eine geeignete Dokumentation anzufertigen und dem Betreiber auszuhändigen.

Schutz gegen thermische Einflüsse, Brandschutz: Der Brandschutz muss durch Fehlerstromschutzeinrichtungen mit $I_{\Delta n} \leq 300$ mA sichergestellt werden. Heizgeräte für die Tieraufzucht müssen sicher befestigt und mit ausreichendem Abstand zu den Tieren (Verbrennungsgefahr) und zu brennbaren Materialien (Brandgefahr) montiert werden. Heizstrahler müssen zur bestrahlten Fläche einen Mindestabstand von 50 cm haben, sofern der Hersteller nicht größere Abstände vorschreibt. Für den Brandschutz gelten nachstehende Festlegungen:

- Es dürfen nur solche Betriebsmittel eingebaut werden, die für den Betrieb in den feuergefährdeten Räumen erforderlich sind, ausgenommen sind Kabel- und Leitungsanlagen.
- Es muss verhindert werden, dass Gehäuse durch Staubablagerung unzulässig hohe Temperaturen annehmen oder dadurch eine Brandgefahr entsteht.
- In Räumen mit Brandrisiko müssen Leiter für Stromkreise mit Kleinspannung mit einer zusätzlichen Abdeckung oder Umhüllung (IPXXD oder IP4X) versehen werden oder eine geeignete Umhüllung aus Isolierstoff haben, z. B. Kabel oder Leitungen der Bauart H07RNF.

Bei allen Betriebsmitteln sind die Gebrauchsanweisungen der Hersteller zu beachten. Schutzeinrichtungen für den Schutz bei Überlast sind immer am Anfang der Kabel- und Leitungssysteme anzuordnen. Steckvorrichtungen dürfen nur an solchen Stellen eingebaut werden, die eine Berührung mit brennbaren Materialien ausschließen. Sie müssen gegen mechanische Beschädigungen geschützt werden, z. B. durch Abdeckungen, Einbau in Gebäudenischen. Leuchten sind entsprechend den Umgebungsbedingungen, dem Anbringungsort, ihrer Schutzart und Oberflächentemperatur auszuwählen, z. B. mit der Kennzeichnung „D", dann nur in Verbindung mit der Schutzart IP54 für Leuchten einschließlich Lampe. Leuchten sind mit ausreichend großem Sicherheitsabstand zu brennbaren Materialien anzubringen. Die Auswahl der Betriebsmittel muss so erfolgen, dass ihr voraussehbarer Temperaturanstieg im normalen Betrieb und im Fehlerfall keinen Brand verursachen kann. Schaltgeräte mit Schutzmaßnahmen für Steuerung und Trennung müssen außerhalb von feuergefährlichen Betriebsstätten eingebaut werden, oder es müssen Umhüllungen vorgesehen werden, mindestens mit der Schutzart IP4X, wenn kein Staub auftritt, oder IP5X, wenn Staub anfällt. Kabel und Leitungen, die frei verlegt sind, also nicht eingebettet sind in nicht brennbare Materialien, dürfen keinen Brand übertragen können. Dies wird erreicht durch z. B. Kabel und Leitungen mit PVC-Mantel. Kabel und Leitungen, die feuergefährdete Räume durchqueren, für den Betrieb dort aber *nicht* notwendig sind, müssen vor Überlast und Kurzschluss geschützt sein und dürfen in den Räumen keine Klemmen und Verbinder haben, es sei denn, dass diese in schwer entflammbarer Umhüllung eingebaut sind. Motoren, die nicht dauernd überwacht werden, müssen durch eine von Hand rückstellbare Schutzeinrichtung (z. B. Motorstarter) gegen zu hohen Temperaturanstieg geschützt werden. Kabel- und Leitungsanlagen, die feuergefährdete Räume oder Orte versorgen, müssen bei Überlast und Kurzschluss durch Schutzeinrichtungen geschützt sein, die außerhalb dieser Räume oder Orte vorgesehen sind. PEN-Leiter dürfen für Stromkreise, die feuergefährdete Räume versorgen, nicht verwendet werden.

Auswahl der Betriebsmittel: Elektrische Betriebsmittel müssen der Schutzart IP44 entsprechen. Leitungen für feste Verlegungen: NYM oder gleichwertige Leitungen oder Kabel mit Kunststoffmantel. Kabel und Leitungen in Ställen müssen so verlegt werden, dass Tiere sie nicht erreichen oder beschädigen können. Kabel und Leitungen innerhalb befahrbarer Bereiche: Kabel in Erde mechanisch geschützt in einer Tiefe von mindestens 0,6 m oder Mantelleitungen für selbsttragende Aufhängung, Verlegungshöhe mindestens 6 m. Installationsrohre und -kanäle müssen einen verstärkten Schutz gegen mechanische Beanspruchung haben. Not-Schaltgeräte (z. B. Not-Halt) dürfen nicht in Reichweite von Tieren angebracht werden. Sie müssen leicht zugänglich sein. Ihr Zugang darf nicht durch Tiere behindert werden. Für elektrische Trennanlagen muss in jedem Gebäude oder in Teilen des Gebäudes eine einzige Trenneinrichtung vorgegeben werden, die alle aktiven Leiter abschaltet. Das gilt auch für zeitweise genutzte Stromkreise, z. B. während der Erntezeit. Die Trenneinrichtung muss für den jeweiligen Teil der Anlage gekennzeichnet werden. RCDs dürfen als Trenneinrichtung verwendet werden. Elektrozäune brauchen einen ausreichenden Abstand von Freileitungen, um mögliche Induktionsströme zu vermeiden. Bei Intensivtierhaltung sind zusätzliche Einrichtungen erforderlich bei Ausfall von elektrischer Energie, z. B. für ausreichende Belüftung, separate Stromversorgung, Ersatzstromquelle, Überwachungseinrichtungen.

0100-705

Anforderungen kurzgefasst	
	Anforderungen
Schutzart	mindestens Schutzart IP44; bei brennbaren Stäuben und Spritzwasser IP54; bei Anwendung von Strahlwasser IPX5; handelsüblich sind IP55 und IP66 oder IPX5, IPX6 mit zusätzlichem mechanischen Schutz gegen Anstrahlen; bei Verwendung von Hochdruckreinigern IPX8
Trennen und Schalten	die elektrische Anlage muss in jedem Gebäude durch einen Hauptschalter getrennt werden können, der alle aktiven Leiter und den Neutralleiter trennt; Fehlerstromschutzeinrichtungen dürfen dazu nicht verwendet werden (DIN VDE 0100-530); Not-Aus und Not-Halt außerhalb des Bereichs von Nutztieren
Installationsmaterial[1)]	Verlängerungsleitungen in feuergefährdeten Räumen besser nicht verwenden; Steckdosen nur an Stellen anbringen, die von leicht entzündlichen Stoffen entfernt sind, in Ställen nur dort, wo Nutztiere sie nicht erreichen können
Leuchten	mindestens Schutzart IP54; möglichst nur Schutzklasse II (schutzisoliert) mit doppelter oder verstärkter Isolierung; Montage: Sicherheitsabstand einhalten, die der Hersteller vorgibt, gegen Gefahr der mechanischen Beschädigung: Schutzgitter oder ähnliche Maßnahmen; Lichtschalter leicht zugänglich und selbstleuchtend installieren
Steckvorrichtungen	müssen über ein Isolierstoffgehäuse verfügen und so installiert werden, dass sie von leicht entzündlichen Stoffen frei bleiben, Drehstrom: nur fünfpolige Industriesteckvorrichtungen mit Rechtsdrehfeld zulässig, Wechselstrom: dreipolige Industriesteckvorrichtungen und Schutzkontaktsteckdosen nur zugelassen, wenn sie für erschwerte Bedingungen ausgelegt sind; Stecker und Kupplungen von Verlängerungsleitungen müssen im Freien gegen Nässe und mechanische Beschädigung geschützt sein; Mehrfachsteckdosen mit Schutzkontakt und starr angebautem Stecker dürfen nicht verwendet werden
Elektrowärmegeräte	Wärmestrahler für Nutztiere: Abstand zu den Tieren bzw. den brennbaren Stoffen mindestens 50 cm; als Aufhängung nur Ketten, Seile und Deckenbefestigung zulässig (mindestens für 20 kg Tragfähigkeit ausgelegt); Tierwärmer zur Anwendung auf dem Boden liegend: nur mit Schutzkleinspannung SELV $\leq$ 25 V ($\geq$ 25 V dürfen während der Anwendung nicht auf dem Boden liegen); Schutzklasse III; Schutzart IPX7 oder IPX8; elektrische Fußbodenheizung: entweder SELV $\leq$ 25 V oder in TN- und TT-System mit RCD 30 mA
Motoren	gegen Überlast manuell rückstellbare Schutzeinrichtungen verwenden, wie Überlastrelais, Motorschutzschalter

Tabelle 705.2 Anforderungen aus DIN VDE 0100-705

Anforderungen kurzgefasst	
	Anforderungen
Kabel und Leitungen	Verlegung: so, dass • Nutztiere die Leitungen nicht erreichen, • gegen mechanische Beschädigungen geschützt, • sie nicht mit leicht entzündlichen Stoffen in Berührung kommen, • innerhalb befahrbarer Bereiche: mindestens 60 cm tief ins Erdreich; im Ackerboden mindestens 1 m tief ins Erdreich, • Leitungen (NYMT) über befahrbaren Bereichen mindestens 6 m Höhe, • möglichst gegen Nagetierfraß geschützt, • Befestigung: Isolierstoffschellen Abstand 25 cm. Leitungen: NYM oder NYY; bewegliche Leitungen: H07RN-F oder NSSHöu; Elektroinstallationsrohre: ausreichender Schutz gegen chemische und mechanische Beanspruchungen
Schutz gegen elektrischen Schlag	• automatische Abschaltung der Stromversorgung, • Kleinspannung SELV oder PELV, • zusätzliche Schutzpotentialausgleichsmaßnahmen
Schutzpotentialausgleich	es müssen alle Körper und fremden leitfähige Teile, die von Nutztieren berührt werden können, miteinander verbunden werden; die Potentialausgleichsleiter sind gegen mechanische Beschädigung und Korrosion zu schützen; Materialien siehe Erläuterungen
Brandschutz	bei Isolationsfehlern sind für alle Stromkreise Fehlerstromschutzeinrichtungen (RCDs) 300 mA vorzusehen; auch die zum Schutz gegen elektrischen Schlag in Steckdosenstromkreisen eingesetzten Fehlerstromschutzeinrichtungen (RCDs) 30 mA sind für den Brandschutz wirksam
Schutz gegen Überstrom	gegen unzulässige Erwärmung von Kabeln und Leitungen sind Überstromschutzeinrichtungen zum Überlast- und Kurzschlussschutz einzusetzen, wie Leitungsschutzschalter, Leistungsschalter oder kombinierte FI/LS-Schutzeinrichtungen
Intensivtierhaltung	Aufzucht und Haltung von Nutztieren: • gesonderte Stromkreise für die Versorgung der Lüftungs- und Beleuchtungsanlage, • bei einem Netzausfall muss die Belüftung durch eine Ersatzstromversorgungsanlage sichergestellt werden, • bei eintretenden Fehlern muss eine automatische Meldung, unabhängig von der Netzstromversorgung, funktionieren, • Fehlerschutz: Stromkreise sind durch selektive und stoßstromfeste Fehlerstromschutzeinrichtungen zu schützen
Anmerkungen: [1] siehe auch Steckvorrichtungen	

Tabelle 705.2 (*Fortsetzung*) Anforderungen aus DIN VDE 0100-705

Literatur

[1] DIN VDE 0100-410 (**VDE 0100-410**):2018-10 Errichten von Niederspannungsanlagen – Teil 4-41: Schutzmaßnahmen – Schutz gegen elektrischen Schlag. Berlin · Offenbach: VDE VERLAG

[2] DIN VDE 0100-540 (**VDE 0100-540**):2012-06 Errichten von Niederspannungsanlagen – Teil 5-54: Auswahl und Errichtung elektrischer Betriebsmittel – Erdungsanlagen und Schutzleiter. Berlin · Offenbach: VDE VERLAG

[3] DIN VDE 0100-705 (**VDE 0100-705**):2007-10 Errichten von Niederspannungsanlagen – Teil 7-705: Anforderungen für Betriebsstätten, Räume und Anlagen besonderer Art – Elektrische Anlagen von landwirtschaftlichen und gartenbaulichen Betriebsstätten. Berlin · Offenbach: VDE VERLAG

[4] DIN EN 60529 (**VDE 0470-1**):2014-09 Schutzarten durch Gehäuse (IP-Code). Berlin · Offenbach: VDE VERLAG

[5] *Rudnik, S.*; *Pelta, R.*: Der Lotse durch die DIN VDE 0100. VDE-Schriftenreihe 144. Berlin · Offenbach: VDE VERLAG, 2018. – ISBN 978-3-8007-4373-5, ISSN 0506-6719

[6] *Schmolke, H.*: DIN VDE 0100. VDE-Schriftenreihe 105. Berlin · Offenbach: VDE VERLAG, 2018. – ISBN 978-3-8007-4497-8, ISSN 0506-6719

Weitere Informationen enthält das Buch
Schmolke, H.: DIN VDE 0100
(VDE-Schriftenreihe 105, ISBN 978-3-8007-4497-8)

	DIN VDE 0100-706 (VDE 0100-706)	DIN
	Diese Norm ist zugleich eine **VDE-Bestimmung** im Sinne von VDE 0022. Sie ist nach Durchführung des vom VDE-Präsidium beschlossenen Genehmigungsverfahrens unter der oben angeführten Nummer in das VDE-Vorschriftenwerk aufgenommen und in der „etz Elektrotechnik + Automation“ bekannt gegeben worden.	VDE

ICS 29.240.01; 91.140.50

Ersatz für
DIN VDE 0100-706
(VDE 0100-706):1992-06
Siehe jedoch Beginn der Gültigkeit

Errichten von Niederspannungsanlagen –
Teil 7-706: Anforderungen für Betriebsstätten, Räume und Anlagen besonderer Art –
Leitfähige Bereiche mit begrenzter Bewegungsfreiheit
(IEC 60364-7-706:2005, modifiziert);
Deutsche Übernahme HD 60364-7-706:2007

Anwendungsbereich

Ein leitfähiger Bereich ist eine Umgebung, die hauptsächlich aus metallenen oder anderen leitfähigen Teilen besteht und mit der eine Person mit diesen Teilen mit einem bedeutenden Teil des Körpers in Berührung kommen kann. Die eingeschränkte Bewegungsfreiheit besteht darin, dass Personen in diesem Bereich in der Freizügigkeit der körperlichen Bewegung zur Arbeit eingeschränkt sind und das Betreten und das Verlassen dieses Bereichs nur mit großer physischer Anstrengung möglich sind.

Die besonderen Anforderungen des Teils 706 der DIN VDE 0100 gelten für fest angebrachte Betriebsmittel in leitfähigen Bereichen und für Stromquellen für die Versorgung von tragbaren Betriebsmitteln, die in solchen Bereichen Verwendung finden.

Die besonderen Anforderungen sind dann nicht anzuwenden, wenn die Personen bei der Arbeit in engen Räumen Freizügigkeit bei der Bewegung bzw. bei der Verrichtung der Arbeiten haben und wenn sie in der Lage sind, jederzeit unverzüglich und ohne große physische Anstrengung den engen Raum wieder zu verlassen.

Eingliederung des Teils 706 in die Struktur der Normen der Reihe DIN VDE 0100

0100-706

Gruppe 100
Anwendungsbereich, Allgemeine Grundsätze

Gruppe 200
Begriffe

Gruppe 400	Gruppe 500	Gruppe 600
Schutzmaßnahmen	Auswahl und Errichtung	Prüfungen

Gruppe 700
Anforderungen für Betriebsstätten, Räume und Anlagen besonderer Art

Teil 701 Räume mit Badewanne oder Dusche	Teil 702 Becken von Schwimmbädern, begehbaren Wasserbecken und Springbrunnen	Teil 703 Räume und Kabinen mit Saunaheizungen	Teil 704 Baustellen	Teil 705 Elektrische Anlagen von landwirtschaftlichen und gartenbaulichen Betriebsstätten
Teil 706 Leitfähige Bereiche mit begrenzter Bewegungsfreiheit	Teil 708 Caravanplätze, Campingplätze und ähnliche Bereiche	Teil 709 Marinas und ähnliche Bereiche	Teil 710 Medizinisch genutzte Bereiche	Teil 711 Ausstellungen, Shows und Stände
Teil 712 Solar-Photovoltaik-(PV-)Stromversorgungssysteme	Teil 713 Möbel und ähnliche Einrichtungsgegenstände	Teil 714 Beleuchtungsanlagen im Freien	Teil 715 Kleinspannungs-Beleuchtungsanlagen	Teil 717 Ortsveränderliche oder transportable Baueinheiten
Teil 718 Öffentliche Einrichtungen und Arbeitsstätten	Teil 721 Elektrische Anlagen von Caravans und Motorcaravans	Teil 722 Stromversorgung Elektrofahrzeuge	Teil 723 Unterrichtsräume mit Experimentiereinrichtungen	Teil 729 Bedienungsgänge und Wartungsgänge
Teil 730 Elektrischer Landanschluss für Fahrzeuge der Binnenschifffahrt	Teil 731 Abgeschlossene elektrische Betriebsstätten	Teil 737 Feuchte und nasse Bereiche und Räume und Anlagen im Freien	Teil 740 Vorübergehend errichtete elektrische Anlagen für Aufbauten, Vergnügungseinrichtungen und Buden auf Kirmesplätzen, Vergnügungsparks und für Zirkusse	Teil 753 Heizleitungen und umschlossene Heizsysteme

Gruppe 800
Energieeffizienz, Intelligente Niederspannungsanlagen

Inhaltsverzeichnis der DIN VDE 0100-706

Wesentliche Änderungen in der Ausgabe 2007 gegenüber der Ausgabe 1992

- Die Norm gilt nur für fest errichtete elektrische Anlagen (Abgrenzung zum Betrieb).
- Es darf innerhalb des leitfähigen Bereichs für eine fest errichtete Anlage auch Schutz durch PELV angewendet werden, allerdings mit zusätzlichen Anforderungen.
- Änderungen der Abschnittsnummerierung.

Termine

Anwendungsbeginn der DIN VDE 0100-706:2007-10	**ab: 1. Oktober 2007**
Übergangsfrist der Vorgängernorm DIN VDE 0100-706:1992-06	**bis: 1. Februar 2009**

Zum Inhalt der DIN VDE 0100-706:2007-10

Kurzübersicht zur schnellen Information

- In „Räumen besonderer Art – Leitfähige Bereiche mit begrenzter Bewegungsfreiheit“ erhöht sich das Gefahrenpotenzial durch eine großflächige, beabsichtigte oder unbeabsichtigte Berührung der sich dort befindenden Person mit leitfähigen Teilen, sodass es schon bei relativ geringen Spannungen zu gefährlichen Durchströmungen des Körpers kommen kann.
- Daher sind zum Schutz gegen elektrischen Schlag nur bestimmte Maßnahmen zugelassen: Kleinspannung SELV oder PELV und Schutztrennung, je nach Art der ortsfesten oder ortsveränderlichen elektrischen Betriebsmittel.
- Die Schutzmaßnahmen „Schutz durch Hindernisse“ und „Schutz durch Anordnung außerhalb des Handbereichs“ sind nicht erlaubt.
- Bei der Anwendung von SELV und PELV ist immer der Schutz gegen direktes Berühren (Basisisolierung) durch Isolierung (Prüfspannung 500 V für 1 min) oder durch Abdeckung IPXXB herzustellen.

Erläuterungen

Begriffe: Leitfähige Bereiche: Umgrenzungsflächen bestehen vorwiegend aus Metallteilen oder anderen elektrisch leitenden Teilen, wie Stahlbauten, leitfähigen Standflächen mit metallenen Gitterrosten, Bewehrungen im Betonbau.

Leitfähige Bereiche mit eingeschränkter Bewegungsfreiheit: Bereiche, in denen die Möglichkeit besteht, dass Personen mit ihrem Körper mit der leitfähigen Umgebung stehen und die Berührung eingeschränkt unterbrochen werden kann, wie Schaltzellen, das Innere von Stahlkonstruktionen, Rohrleitungen, Rohrgräben oder Schächte.

Schutzmaßnahmen: Es wird unterschieden nach ortsveränderlichen Verbrauchsmitteln (die während des Betriebs bewegt oder von einem Standort A zum Standort B gebracht werden können und dabei an einem Versorgungsstromkreis angeschlossen sind) sowie ortsfesten elektrischen Anlagen und Betriebsmitteln (sind während ihres Betriebs an ihren Aufstellungsort gebunden).

Lfd. Nr.	Art der Anlagen und Betriebs- und Verbrauchsmittel	Schutzmaßnahmen gegen elektrischen Schlag
1	handgehaltende Werkzeuge und tragbare Betriebsmittel	• Kleinspannung SELV[2], • Schutztrennung mit der Versorgung nur eines Verbrauchsmittels über die Sekundärwicklung eines Trenntransformators
2	handgehaltende Leuchten	• Kleinspannung SELV[2] (auch SELV versorgte Leuchte mit eingebautem Transformator mit getrennten Wicklungen erlaubt)
3	fest angebrachte bzw. ortsfeste Betriebsmittel	• automatische Abschaltung der Stromversorgung mit zusätzlichem Schutzpotentialausgleich (alle Körper der fest angebrachten Betriebsmittel und die leitfähigen Teile des Bereichs mit begrenzter Bewegungsfreiheit), • Kleinspannung SELV[2], • Kleinspannung PELV[2] mit Potentialausgleich (es müssen alle Körper und fremden leitfähigen Teile innerhalb des Bereichs begrenzter Bewegungsfreiheit einbezogen werden und eine Verbindung des PELV-Systems mit Erde), • Schutztrennung mit der Versorgung nur eines Verbrauchsmittels über die Sekundärwicklung eines Trenntransformators, • Verwendung von Betriebsmitteln der Schutzklasse II oder Verwendung von Betriebsmitteln, die eine gleichwertige Isolierung haben[1]

[1] Voraussetzung: versorgende Stromkreise haben einen zusätzlichen Schutz durch RCD 30 mA,
[2] die Sicherheitsstromquellen und Transformatoren müssen außerhalb der leitfähigen Bereiche angeordnet sein, es sei denn, sie sind Teil der fest angebrachten Anlagen; außerdem muss bei SELV- und PELV-Stromkreisen der Basisschutz sichergestellt sein (Schutz gegen direktes Berühren)

Tabelle 706.1 Schutzmaßnahmen gegen elektrischen Schlag in Abhängigkeit der Art der elektrischen Anlagen, Betriebs- und Verbrauchsmittel

Betriebserdung: Wenn für bestimmte Betriebsmittel erforderlich, dann müssen alle Körper und fremden leitfähigen Teile innerhalb des leitfähigen Bereichs mit begrenzter Bewegungsfreiheit und die Erdung für Funktionszwecke in den Schutzpotentialausgleich einbezogen werden.

Schutz durch Hindernisse und Schutz durch Abstand: nicht erlaubt.

Geeignete Betriebsmittel	Kriterien
Leitungen • bewegliche Leitungen, • Netzanschlussleitungen für handgeführte Elektrowerkzeuge	H07RN-F/H07BQ-F oder bei mechanischer Belastung NSSHöu • bis 4 m Leitungslänge: H05RN-F, • nicht zulässig: Kunststoffschlauchleitungen mit PVC-Umhüllung oder Gummischlauchleitung H05RR-F, • vor ganz besonderen mechanischen Beanspruchungen schützen durch entsprechende Verlegung oder zusätzliche Abdeckung
Leitungsroller	• verstärkte oder doppelte Isolierung, • Tragegriff und Kurbelgriff aus Isolierstoff oder mit Isolierstoff umhüllt, • Schutzart: IPX4, • Überhitzungsschutz, • Anschluss von Betriebsmitteln > 1 000 W nur mit ganz abgerollter Leitung benutzen
Leuchten, Bodenleuchten, Decken- und Wandleuchten, Handleuchten	Schutzart: mindestens IP23, mindestens IP55, sicher befestigt oder Aufstellung mit geeigneten Ständern • mindestens IP55; Gehäuse/Griff/Fassung aus Isolierstoff, • mechanischer Schutz durch Schutzglas mit Schutzkorb oder Kunststoffabdeckung, • Netzanschlussleitung für ortsveränderliche Leuchten: H07RN-F, Ausnahme bei einer Anschlusslänge bis zu 5 m: H05RN-F
Installationsmaterial	mindestens IPX4
Steckvorrichtungen, ortsveränderliche Steckvorrichtungen	Isolierstoffgehäuse und mechanische Festigkeit für erschwerte Bedingungen ausgelegt und gekennzeichnet

Tabelle 706.2 Kriterien für Einsatz von geeigneten Betriebsmitteln in leitfähigen Bereichen mit begrenzter Bewegungsfreiheit

0100-706

Literatur

[1] DIN VDE 0100-410 (**VDE 0100-410**):2018-10 Errichten von Niederspannungsanlagen – Teil 4-41: Schutzmaßnahmen – Schutz gegen elektrischen Schlag. Berlin · Offenbach: VDE VERLAG

[2] DIN VDE 0100-540 (**VDE 0100-540**):2012-06 Errichten von Niederspannungsanlagen – Teil 5-54: Auswahl und Errichtung elektrischer Betriebsmittel – Erdungsanlagen und Schutzleiter. Berlin · Offenbach: VDE VERLAG

[3] DIN VDE 0100-706 (**VDE 0100-706**):2007-10 Errichten von Niederspannungsanlagen – Teil 7-706: Anforderungen für Betriebsstätten, Räume und Anlagen besonderer Art – Leitfähige Bereiche mit begrenzter Bewegungsfreiheit. Berlin · Offenbach: VDE VERLAG

[4] DIN EN 60529 (**VDE 0470-1**):2014-09 Schutzarten durch Gehäuse (IP-Code). Berlin · Offenbach: VDE VERLAG

[5] *Rudnik, S.*; *Pelta, R.*: Der Lotse durch die DIN VDE 0100. VDE-Schriftenreihe 144. Berlin · Offenbach: VDE VERLAG, 2018. – ISBN 978-3-8007-4373-5, ISSN 0506-6719

[6] *Hösl, A.*; *Ayx, R.*; *Busch, H.-W.*: Die vorschriftsmäßige Elektroinstallation. Berlin · Offenbach: VDE VERLAG, 2019. – ISBN 978-3-8007-4709-2

Weitere Informationen enthält das Buch

Hösl, A.; *Ayx, R.*; *Busch, H.-W.*: Die vorschriftsmäßige Elektroinstallation (ISBN 978-3-8007-4709-2)

DEUTSCHE NORM | Februar 2010

	DIN VDE 0100-708 (VDE 0100-708)	DIN
	Diese Norm ist zugleich eine **VDE-Bestimmung** im Sinne von VDE 0022. Sie ist nach Durchführung des vom VDE-Präsidium beschlossenen Genehmigungsverfahrens unter der oben angeführten Nummer in das VDE-Vorschriftenwerk aufgenommen und in der „etz Elektrotechnik + Automation" bekannt gegeben worden.	VDE

ICS 97.200.30

Ersatzvermerk
siehe unten

0100-708

**Errichten von Niederspannungsanlagen –
Teil 7-708: Anforderungen für Betriebsstätten,
Räume und Anlagen besonderer Art –
Caravanplätze, Campingplätze und ähnliche Bereiche
(IEC 60364-7-708:2007, modifiziert);
Deutsche Übernahme HD 60364-7-708:2009**

Anwendungsbereich

Die besonderen Anforderungen des Teils 708 der DIN VDE 0100 sind anzuwenden für Stromkreise zur Versorgung

- von bewohnbaren Freizeitfahrzeugen,
- Zelten oder Parkwohnheimen auf Caravanplätzen, Campingplätzen und ähnlichen Bereichen.

Die Anforderungen aus der DIN VDE 0100-708 gelten nur für Stromkreise, die vorgesehen sind für die Versorgung von bewohnbaren Freizeitfahrzeugen, Zelten auf Campingplätzen oder ähnlichen Bereichen. Andere Räume, wie Aufenthaltsräume, Verwaltungsräume, Verkaufsräume, Umkleideräume, Sitzungsräume, Kantinen, Toiletten, Schlafräume, Restaurants, Spielplätze oder Räume für sanitäre Einrichtungen, müssen nach den allgemeinen Bestimmungen der DIN VDE 0100 errichtet und betrieben werden.

Außerdem gelten die Anforderungen aus DIN VDE 0100-708 nicht für Anwendungen für die elektrischen Anlagen und Betriebsmittel im Innern der Wohnwagen, Caravans und Motorcaravans. Diese fallen in den Anwendungsbereich der DIN VDE 0100-721. Die Anforderungen aus DIN VDE 0100-721 gelten wiederum nicht für die elektrischen Anlagen und Betriebsmittel für den Fahrbetrieb der Fahrzeuge (siehe DIN VDE 0100-721).

Eingliederung des Teils 708 in die Struktur der Normen der Reihe DIN VDE 0100

Gruppe 100
Anwendungsbereich, Allgemeine Grundsätze

Gruppe 200
Begriffe

Gruppe 400 Schutzmaßnahmen	Gruppe 500 Auswahl und Errichtung	Gruppe 600 Prüfungen

Gruppe 700
Anforderungen für Betriebsstätten, Räume und Anlagen besonderer Art

0100-708

Teil 701 Räume mit Badewanne oder Dusche	Teil 702 Becken von Schwimmbädern, begehbaren Wasserbecken und Springbrunnen	Teil 703 Räume und Kabinen mit Saunaheizungen	Teil 704 Baustellen	Teil 705 Elektrische Anlagen von landwirtschaftlichen und gartenbaulichen Betriebsstätten
Teil 706 Leitfähige Bereiche mit begrenzter Bewegungsfreiheit	Teil 708 Caravanplätze, Campingplätze und ähnliche Bereiche	Teil 709 Marinas und ähnliche Bereiche	Teil 710 Medizinisch genutzte Bereiche	Teil 711 Ausstellungen, Shows und Stände
Teil 712 Solar-Photovoltaik-(PV-)Stromversorgungssysteme	Teil 713 Möbel und ähnliche Einrichtungsgegenstände	Teil 714 Beleuchtungsanlagen im Freien	Teil 715 Kleinspannungs-Beleuchtungsanlagen	Teil 717 Ortsveränderliche oder transportable Baueinheiten
Teil 718 Öffentliche Einrichtungen und Arbeitsstätten	Teil 721 Elektrische Anlagen von Caravans und Motorcaravans	Teil 722 Stromversorgung Elektrofahrzeuge	Teil 723 Unterrichtsräume mit Experimentiereinrichtungen	Teil 729 Bedienungsgänge und Wartungsgänge
Teil 730 Elektrischer Landanschluss für Fahrzeuge der Binnenschifffahrt	Teil 731 Abgeschlossene elektrische Betriebsstätten	Teil 737 Feuchte und nasse Bereiche und Räume und Anlagen im Freien	Teil 740 Vorübergehend errichtete elektrische Anlagen für Aufbauten, Vergnügungseinrichtungen und Buden auf Kirmesplätzen, Vergnügungsparks und für Zirkusse	Teil 753 Heizleitungen und umschlossene Heizsysteme

Gruppe 800
Energieeffizienz, Intelligente Niederspannungsanlagen

Inhaltsverzeichnis der DIN VDE 0100-708

Wesentliche Änderungen in der Ausgabe 2010 gegenüber der Ausgabe 2006

- Die Anforderungen in DIN VDE 0100-708 sind an die anderen Teile aus DIN VDE 0100 angepasst.
- Steckdosen müssen einzeln durch eigene Fehlerstromschutzeinrichtungen (RCDs) mit einem Bemessungsdifferenzstrom nicht größer als 30 mA geschützt werden.

Termine

Anwendungsbeginn der DIN VDE 0100-708:2010-02	**ab: 1. Februar 2010**
Übergangsfrist der Vorgängernorm DIN VDE 0100-706:2006-02	**bis: 1. April 2012**

Zum Inhalt der DIN VDE 0100-708:2010-02

Kurzübersicht zur schnellen Information

- Für Verteiler auf Campingplätzen DIN IEC/TS 61439-7 (**VDE V 0660-600-7**): 2014-10 berücksichtigen.
- DIN VDE 0100-708: gilt nur für Stromkreise zur Versorgung von Caravanplätzen, Campingplätzen und ähnlichen Bereichen.
- Nicht in den Anwendungsbereich der DIN VDE 0100-708 fallen: Aufenthaltsräume, Verwaltungsräume, Verkaufsräume, Umkleideräume, Sitzungsräume, Kantinen, Toiletten, Schlafräume, Restaurants, Spielplätze oder Räume für sanitäre Einrichtungen, sie müssen nach den allgemeinen Bestimmungen der DIN VDE 0100 errichtet und betrieben werden.
- Beim Anschluss an Freileitungen: Schutzabstände beim Rangieren von Großfahrzeugen beachten.
- Beim Anschluss an Kabel: Anschlusskabel, Überdeckung von mindestens 0,5 m und geschützt verlegen.
- Anschlüsse an Steckdosen von vorhandenen Gebäudeinstallationen sind nicht zulässig.
- Erdverlegte Kabel sollten mindestens 0,5 m (DIN VDE 0100-708) tief im Erdreich liegen, bei geringerer Tiefe muss ein besonderer mechanischer Schutz installiert werden.
- Oberirdisch angebrachte Leitungen müssen mindestens in 3,5 m Höhe bzw. in befahrbaren Bereichen 6,0 m oberhalb Erdgleiche angebracht sein; das Durchhängen und Bewegen der Leitungen darf keine Beschädigung verursachen.
- Für die Errichtung der Beleuchtungsanlagen gelten DIN VDE 0100-559 und DIN VDE 0100-714 und DIN VDE 0100-737.
- Prüfungen sollten jährlich vor dem Beginn der Campingsaison durchgeführt werden, da zwischenzeitlich Beschädigungen durch Wetter, Tiere oder Vandalismus möglich sind.

Erläuterungen

Elektrische Versorgung eines Campingplatzes: Wird ein TN-System (Art der Erdverbindung) verwendet, so ist nur das TN-S-System zugelassen, da es sicherer als das TN-C-System ist, denn bei einem unterbrochenem PEN-Leiter besteht im TN-C-System das unmittelbare Risiko, dass das Gehäuse von Geräten der Schutzklasse I Netzspannungspotential gegen Erde annimmt und ein elektrischer Schlag wäre möglich. Bei dem TN-S-System müssen alle Neutralleiter wie die Außenleiter zur Erde hin isoliert sein und in der gesamten Anlage darf nur eine einzige Verbindung zwischen Neutralleiter und Erde bestehen, d. h. in dem TN-S-System sind separate Neutralleiter und Schutzleiter vom Transformator bis hin zu den Betriebsmitteln geführt. Die Versorgungsspannung darf 230 V bei Einphasenwechselstrom bzw. 400 V bei Drehstrom nicht überschreiten und bei Gleichspannungsanlagen ist die Nennspannung auf max. 48 V zu begrenzen.

Elektrische Versorgung der einzelnen Stellplätze: Die elektrischen Stromversorgungseinrichtungen müssen möglichst nahe am Stellplatz angeordnet werden. Die Steckdosen müssen in einem Verteiler bzw. in einem separaten Gehäuse installiert sein. Für jeden Stellplatz muss mindestens eine Steckdose (DIN EN 60309-2 (**VDE 0623-2**)) vorgesehen werden und der Verteiler muss eine Trenneinrichtung für alle aktiven Leiter, auch den Neutralleiter, enthalten.

Bild 708.1 Verteiler auf dem Campingplatz für vier Stellplätze
(Foto: *Rolf Rüdiger Cichowski*)

Die elektrische Verbindung zwischen der Steckdose des Stellplatzes und dem Fahrzeug muss Stecker und Kupplungssteckdose nach DIN EN 60309-2 (**VDE 0623-2**) enthalten und aus einer dreiadrigen schweren Gummischlauchleitung des Typs H07RN-F oder einer gleichwertigen Leitung bestehen. Der Mindestquerschnitt sollte 2,5 mm^2 und die Leitungslänge max. 25 m betragen. Die Steckvorrichtungen müssen spritzwassergeschützt sein. Verteiler auf Campingplätzen können über Leitungen und über Kabel versorgt werden. Es ist jedoch darauf zu achten, dass das Kabel ins Erdreich gelegt wird, und zwar mindestens 0,6 m tief. Außerdem sollte das Kabel nicht im Bereich des jeweiligen Stellplatzes verlegt werden, da dort die Wahrscheinlichkeit der Beschädigung durch das Einschlagen von Pflöcken oder Heringen oder andere Befestigungen hoch ist. Zu empfehlen ist ein zusätzlicher mechanischer Schutz der Kabel im Erdreich.

Schutz gegen Überstrom und elektrischen Schlag: Für jedes Freizeitfahrzeug, also für jeden Stellplatz und für die Versorgung von fest angeschlossenen Mobilheimen oder Parkwohnheimen, muss mindestens eine Steckdose mit eigener Überstromschutzeinrichtung und eigener vorgeschalteter Fehlerstromschutzeinrichtung (RCD) mit einem Bemessungsdifferenzstrom 30 mA vorgesehen werden. Dadurch ist die Versorgungssicherheit des Stellplatzes erhöht und durch einen Fehler in der Stellplatzanlage ist nur der jeweilige Stellplatz betroffen und nicht alle anderen Stellplätze des Campingplatzes.

Schutzarten der elektrischen Betriebsmittel: Auftreten von Spritzwasser: Schutz durch Schutzart IPX4 – spritzwassergeschützt; AD4. Auftreten von festen Fremdkörpern: Schutz durch Schutzart IP4X – sehr kleine Fremdkörper; AE3. Beim Einsatz von Hochdruckreinigern kann eine noch höhere Schutzart, z. B. IPX5 (oder zusätzliches Gehäuse für Betriebsmittel) strahlwassergeschützt, sinnvoll sein. Mindestschutz gegen mechanische Beanspruchungen: gesonderte Schutzabdeckungen und/oder Gehäuse; mindestens für mittlere mechanische Beanspruchungen (AG2); erreichbar z. B. durch Schutzart IK07.

Steckdosen: Zulässig sind Einphasenwechselstromanschlüsse: dreipolige Industriesteckvorrichtung (CEE) mit dem PE-Kontakt in 6h-Stellung und blauer Kennzeichnung. Zulässig sind bei höheren Anschlussleistungen: fünfpolige Industriesteckvorrichtungen (CEE) mit roter Kennzeichnung. Wegen des Schutzes gegen Verpolung sind für Einphasenwechselstromanschlüsse nur dreipolige Industriesteckvorrichtungen (CEE) zulässig. Dabei muss der PE-Kontakt in 6h-Stellung angeschlossen sein. Dadurch wird sichergestellt, dass auch bei einpoligen Schaltern in den angeschlossenen Freizeitfahrzeugen der Außenleiter geschaltet wird und nicht der Neutralleiter (siehe auch Erläuterungen zu DIN VDE 0100-721). Schutzkontaktsteckdosen und Mehrfach-Schutzkontaktsteckdosen für die Versorgung von Stellplätzen sind unzulässig!

Kabel- und Leitungsanlagen: Für die Auswahl der Kabel und Leitungen gelten die Normen der Gruppe 500 von DIN VDE 0100, insbesondere DIN VDE 0100-520. Bei der Projektierung und der Errichtung von Kabeln und Leitungen auf Campingplätzen ist seitens der Elektrofachkraft besonderes Augenmerk darauf zu legen, denn auf dem Campingplatz handeln viele unterschiedliche Menschen, die als Camper häufig den Standort wechseln und bei der Festlegung Ihrer Stellflächen mit Geräten und Werkzeugen hantieren und dabei Kabel und Leitungen schädigen könnten. Kabel sollten daher ins Erdreich verlegt werden, jedoch möglichst nicht dort, wo sich die eigentlichen Flächen für die Stellplätze befinden. Außerdem sollte vorausschauend dort kein Kabel verlegt werden, wo üblicherweise Zeltpflöcke oder andere Befestigungen ins Erdreich eingetrieben werden. Bei der Kabelverlegung ist zu beachten, dass mindestens in einer Tiefe von 0,6 m verlegt wird und/oder zusätzlicher mechanischer Schutz, wie Kunststoffabdeckungen, genutzt wird, damit die Kabel im Erdreich vor Beschädigungen geschützt bleiben.

0100-708

Werden Leitungen oberirdisch verwendet, so müssen sie entsprechend isoliert sein, dabei ist darauf zu achten, dass Sonneneinstrahlung die Leitungen schädigen kann, somit ist bei der Auswahl des Leitungstyps darauf zu achten. Freigespannte Leitungen müssen an einem Tragseil befestigt bzw. es müssen Leitungstypen mit integriertem Tragseil (z. B. NYMT) verwendet werden. Sollen Leitungstypen wie NYY, NYM oder H07RN-F auf dem Campingplatz errichtet werden, so ist nach DIN VDE 0100-520 darauf zu achten, dass sie an einem Tragseil befestigt sind und durch das Durchhängen oder Bewegen nicht beschädigt werden können. Standorte für Maste und andere Befestigungen für die oberirdisch verlegten Leitungen müssen so räumlich projektiert und errichtet werden, dass eine Beschädigung durch vorhersehbare Bewegungen von Fahrzeugen annähernd ausgeschlossen werden kann. Die Leitungen sind mindestens in 3,5 m Höhe und in befahrbaren Bereichen mindestens in 6 m Höhe über dem Erdboden zu verlegen.

Verwendung von Adaptern: In der DIN VDE 0100-708 ist die Forderung enthalten, dass jede Steckdose bzw. alle elektrischen Wechselspannungsanschlüsse an einem Caravan (DIN VDE 0100-721) in Übereinstimmung mit DIN EN 60309-2 (**VDE 0623-2**) sein müssen. Außerdem ist in DIN VDE 0100-721 festgelegt, dass die Verbindungsleitung zwischen der Steckdose und dem Caravan an beiden Enden eine Steckvorrichtung nach DIN EN 60309-2 (**VDE 0623-2**) haben muss. Das bedeutet, der „Ausgang" des Campingplatzes und der „Eingang" des Caravans und auch die Anschlussleitung zwischen Campingplatz und Caravan müssen mit Steckvorrichtungen nach DIN EN 60309-2 (**VDE 0623-2**) ausgestattet sein. Die Notwendigkeit und die Verwendung eines Adapters schließen sich hier aus normativen Gründen aus, denn die Auswahl und die Art der zu errichtenden Steckvorrichtungen nach DIN VDE 0100-708 und DIN VDE 0100-721 sind eindeutig.

Anforderungen kurzgefasst	
	Anforderungen
Schutzarten	mindestens IP44
elektrische Versorgung der Stellplätze	für jeden Stellplatz mindestens eine Steckdose; die Stromversorgungseinrichtungen müssen so nah wie möglich am Stellplatz (in Übereinstimmung mit DIN EN 60309-2 (**VDE 0623-2**)) installiert werden (max. Leitungslänge 25 m); es dürfen max. vier Steckdosen in einem Verteiler oder Gehäuse zusammengefasst werden; die Versorgungsspannung darf 230 V bei Einphasenwechselstrom bzw. 400 V bei Drehstrom nicht überschreiten und bei Gleichspannungsanlagen ist die Nennspannung auf max. 48 V zu begrenzen
Art der Erdverbindung	bei der Verwendung des Netzsystems und Art der Erdverbindung TN-System darf auf Campingplätzen nur ein TN-S-System angewandt werden; Anlagenerder vor Ort auf dem Campingplatz im TN- und TT-Netz; durch die richtige Ausführung der Erdungsanlage muss ein dauerhaft unter dem zulässigen Grenzwert liegender Ausbreitungswiderstand sichergestellt sein
Anschluss	Anschlüsse nur über Industriesteckvorrichtungen (CEE) nach DIN EN 60309-2 (**VDE 0623-2**)
Steckvorrichtungen	zulässig Einphasenwechselstromanschlüsse: dreipolige Industriesteckvorrichtung (CEE) mit dem PE-Kontakt in 6h-Stellung und blauer Kennzeichnung; zulässig bei höheren Anschlussleistungen: fünfpolige Industriesteckvorrichtungen (CEE) mit roter Kennzeichnung; Schutzkontaktsteckdosen und Mehrfach-Schutzkontaktsteckdosen für die Versorgung von Stellplätzen sind unzulässig!
Schutz gegen elektrischen Schlag	für jeden Stellplatz mindestens eine Steckdose mit eigener Überstromschutzeinrichtung und eigener vorgeschalteter Fehlerstromschutzeinrichtung (RCD) 30 mA
Verteiler	mindestens eine Einrichtung zum Trennen in jedem Verteiler; alle aktiven Leiter, auch der Neutralleiter, müssen schaltbar sein
Kabel und Leitungen	Leitungstyp: H07RN-F oder gleichwertig
Verlängerungsleitungen	bei einem Bemessungsstrom 16 A und einem Mindestquerschnitt von 2,5 mm^2 Cu darf die Länge der Verlängerungsleitungen 25 m (Toleranz 2 m) nicht überschreiten
Leitungsroller	Querschnitt mindestens 2,5 mm^2; Leitungstyp H07RN-F oder gleichwertige; IP44; CEE-Steckvorrichtungen

Tabelle 708.1 Anforderungen aus DIN VDE 0100-708

Merke: Verwenden von Adaptern: Die Verbindung der Industriesteckvorrichtung an den Stellplätzen und den Anschlusspunkten der Caravans über Verlängerungsleitungen mit Schutzkontaktsteckvorrichtungen mittels handelsüblicher Adapter sollte die Elektrofachkraft auf keinen Fall durchführen, da der Verpolungsschutz nicht sichergestellt werden kann.

Literatur

0100-708

[1] DIN VDE 0100-410 (**VDE 0100-410**):2018-10 Errichten von Niederspannungsanlagen – Teil 4-41: Schutzmaßnahmen – Schutz gegen elektrischen Schlag. Berlin · Offenbach: VDE VERLAG

[2] DIN VDE 0100-430 (**VDE 0100-430**):2010-10 Errichten von Niederspannungsanlagen – Teil 4-43: Schutzmaßnahmen – Schutz bei Überstrom. Berlin · Offenbach: VDE VERLAG

[3] DIN VDE 0100-540 (**VDE 0100-540**):2012-06 Errichten von Niederspannungsanlagen – Teil 5-54: Auswahl und Errichtung elektrischer Betriebsmittel – Erdungsanlagen und Schutzleiter. Berlin · Offenbach: VDE VERLAG

[4] DIN VDE 0100-708 (**VDE 0100-708**):2010-02 Errichten von Niederspannungsanlagen – Teil 7-708: Anforderungen für Betriebsstätten, Räume und Anlagen besonderer Art – Caravanplätze, Campingplätze und ähnliche Bereiche. Berlin · Offenbach: VDE VERLAG

[5] DIN EN 60529 (**VDE 0470-1**):2014-09 Schutzarten durch Gehäuse (IP-Code). Berlin · Offenbach: VDE VERLAG

[6] DIN EN 50102 (**VDE 0470-100**):1997-09 Schutzarten durch Gehäuse für elektrische Betriebsmittel (Ausrüstung) gegen äußere mechanische Beanspruchungen (IK-Code). Berlin · Offenbach: VDE VERLAG

[7] DIN EN 60309-2 (**VDE 0623-2**):2013-01 Stecker, Steckdosen und Kupplungen für industrielle Anwendungen – Teil 2: Anforderungen und Hauptmaße für die Austauschbarkeit von Stift- und Buchsensteckvorrichtungen. Berlin · Offenbach: VDE VERLAG

[8] *Rudnik, S.*; *Pelta, R.*: Der Lotse durch die DIN VDE 0100. VDE-Schriftenreihe 144. Berlin · Offenbach: VDE VERLAG, 2018. – ISBN 978-3-8007-4373-5, ISSN 0506-6719

[9] *Cichowski, R. R.*: Elektrische Anlagen auf Campingplätzen und in Caravans. VDE-Schriftenreihe 150. Berlin · Offenbach: VDE VERLAG, 2016. – ISBN 978-3-8007-4151-9, ISSN 0506-6719

Weitere Informationen enthält das Buch

Cichowski, R. R.: Elektrische Anlagen auf Campingplätzen und in Caravans (VDE-Schriftenreihe 150, ISBN 978-3-8007-4151-9)

DEUTSCHE NORM | Oktober 2013

DIN VDE 0100-709
(VDE 0100-709)

DIN

Diese Norm ist zugleich eine **VDE-Bestimmung** im Sinne von VDE 0022. Sie ist nach Durchführung des vom VDE-Präsidium beschlossenen Genehmigungsverfahrens unter der oben angeführten Nummer in das VDE-Vorschriftenwerk aufgenommen und in der „etz Elektrotechnik + Automation" bekannt gegeben worden.

VDE

ICS 91.140.50; 93.140

Ersatz für
DIN VDE 0100-709
(VDE 0100-709):2010-02
Siehe Anwendungsbeginn

0100-709

Errichten von Niederspannungsanlagen –
Teil 7-709: Anforderungen für Betriebsstätten,
Räume und Anlagen besonderer Art –
Marinas und ähnliche Bereiche
(IEC 60364-7-709:2007, modifiziert + A1:2012);
Deutsche Übernahme HD 60364-7-709:2009 + Cor.:2010 + A1:2012
+ HD 60364-7-709:2009/A1:2012/AC:2012

Anwendungsbereich

Die besonderen Anforderungen des Teils 709 der DIN VDE 0100 sind anzuwenden für Stromkreise zur Versorgung von Wassersportfahrzeugen oder Hausbooten in Marinas und ähnlichen Bereichen. Es wird besonders darauf hingewiesen, dass die übrige elektrische Anlage von Marinas und ähnlichen Bereichen nach den allgemeinen Anforderungen der Normenreihe DIN VDE 0100 und mit den zutreffenden besonderen Anforderungen der Gruppe 700 zu errichten ist. Die besonderen Anforderungen des Teils 709 sind für Hausboote dann nicht anzuwenden, wenn die Stromversorgung von einem öffentlichen Netzbetreiber direkt erfolgt. Außerdem ist es wichtig, darauf hinzuweisen, dass diese Anforderungen des Teils 709 für die interne elektrische Anlage von Wassersportfahrzeugen und Hausbooten nicht gelten, sondern dazu die DIN EN 60092-507 (**VDE 0129-507**) zu berücksichtigen ist.

Eingliederung des Teils 709 in die Struktur der Normen der Reihe DIN VDE 0100

Gruppe 100
Anwendungsbereich, Allgemeine Grundsätze

Gruppe 200
Begriffe

Gruppe 400 Schutzmaßnahmen	**Gruppe 500** Auswahl und Errichtung	**Gruppe 600** Prüfungen

Gruppe 700
Anforderungen für Betriebsstätten, Räume und Anlagen besonderer Art

Teil 701 Räume mit Badewanne oder Dusche	Teil 702 Becken von Schwimmbädern, begehbaren Wasserbecken und Springbrunnen	Teil 703 Räume und Kabinen mit Saunaheizungen	Teil 704 Baustellen	Teil 705 Elektrische Anlagen von landwirtschaftlichen und gartenbaulichen Betriebsstätten
Teil 706 Leitfähige Bereiche mit begrenzter Bewegungsfreiheit	Teil 708 Caravanplätze, Campingplätze und ähnliche Bereiche	**Teil 709** **Marinas und ähnliche Bereiche**	Teil 710 Medizinisch genutzte Bereiche	Teil 711 Ausstellungen, Shows und Stände
Teil 712 Solar-Photovoltaik-(PV-)Stromversorgungssysteme	Teil 713 Möbel und ähnliche Einrichtungsgegenstände	Teil 714 Beleuchtungsanlagen im Freien	Teil 715 Kleinspannungs-Beleuchtungsanlagen	Teil 717 Ortsveränderliche oder transportable Baueinheiten
Teil 718 Öffentliche Einrichtungen und Arbeitsstätten	Teil 721 Elektrische Anlagen von Caravans und Motorcaravans	Teil 722 Stromversorgung Elektrofahrzeuge	Teil 723 Unterrichtsräume mit Experimentiereinrichtungen	Teil 729 Bedienungsgänge und Wartungsgänge
Teil 730 Elektrischer Landanschluss für Fahrzeuge der Binnenschifffahrt	Teil 731 Abgeschlossene elektrische Betriebsstätten	Teil 737 Feuchte und nasse Bereiche und Räume und Anlagen im Freien	Teil 740 Vorübergehend errichtete elektrische Anlagen für Aufbauten, Vergnügungseinrichtungen und Buden auf Kirmesplätzen, Vergnügungsparks und für Zirkusse	Teil 753 Heizleitungen und umschlossene Heizsysteme

Gruppe 800
Energieeffizienz, Intelligente Niederspannungsanlagen

Inhaltsverzeichnis der DIN VDE 0100-709

Wesentliche Änderungen in der Ausgabe 2013 gegenüber der Ausgabe 2010

- Die Anforderungen an den Einsatz von Fehlerstromschutzeinrichtungen (RCDs) zum Schutz von Steckdosen in Marinas und in ähnlichen Bereichen sind konkretisiert.
- Aktualisierung von Verweisungen.

Termine

Anwendungsbeginn der DIN VDE 0100-709:2013-10	**ab: 1. Oktober 2013**
Übergangsfrist der Vorgängernorm DIN VDE 0100-709:2010-02	**bis: 21. März 2015**

Zum Inhalt der DIN VDE 0100-709:2013-10

Kurzübersicht zur schnellen Information

- In „Räumen besonderer Art – Marinas und ähnliche Bereiche“ erhöht sich das Gefahrenpotenzial bei elektrischen Anlagen und Betriebsmitteln durch mehrere Einflussfaktoren (Erläuterungen).
- Endstromkreise für Versorgung der Liegeplätze im TN-S-System errichten.
- Schutz gegen elektrischen Schlag: nicht alle Schutzmaßnahmen sind erlaubt.
- Fehlerstromschutzeinrichtungen (RCDs): bei Bemessungsstrom ≤ 32 A RCD 30 mA; bei Bemessungsstrom > 32 A RCD 300 mA.
- Schutztrennung nach DIN VDE 0100-410.
- Steckdosen: Industriesteckvorrichtungen (Erläuterungen).
- Verteiler: max. vier Steckdosen in einem Verteiler zusammengefasst.
- Für Kabel und Leitungen sind oberirdische und unterirdische Verlegung erlaubt, jedoch mit Einschränkungen; Kabeltyp u. a. H07RN-F.

Erläuterungen

Gefahrenpotenzial: Erhöhung des Gefahrenpotenzials bei elektrischen Anlagen und Betriebsmitteln durch Wasser und Feuchtigkeit, die das Isoliervermögen mindern können, außerdem durch erhöhte mechanische Beanspruchungen. Weiterhin können Gefahren entstehen durch das Betreiben der Anlagen im Freien, durch Bewegungen der Wasserfahrzeuge, hervorgerufen durch Wellengang, und damit Beanspruchung der elektrischen Anlagen und Betriebsmittel und auch durch leicht entzündliche Treibstoffe, die ausreichend vorhanden sind. Weitere Gefahrenpunkte können sich bei der Nutzung der Anlagen durch elektrotechnische Laien ergeben, die mit Mängeln behaftete Betriebs- und Verbrauchsmittel verwenden können.

Begriffe: Marinas sind Einrichtungen zum Festmachen und Versorgen von Wassersportfahrzeugen von Land aus, also Anlegeplätze, Anlegestellen für Wasserfahrzeuge. *Wasserfahrzeuge* sind Boote, Jachten, Motorbarkassen und andere schwimmende Fahrzeuge. Hausboote werden ebenfalls dazu gezählt, wenn sie ausschließlich für Sport und Freizeit genutzt werden. Dies ist deshalb besonders wichtig, weil sie dann zu den Wasserfahrzeugen gezählt werden und damit dort auch die erhöhten Anforderungen nach DIN VDE 0100-709 gelten. Hausboote, die als ständiger Wohnsitz dienen und so genutzt werden, werden direkt von einem Netzbetreiber angeschlossen und daher wie „normale“ Wohnungen nach DIN VDE 0100 behandelt.

DIN VDE 0100-709 gilt nur für Marinas und nicht für gewerblich genutzte Hafenanlagen. Außerdem gilt dieser Teil 709 der DIN VDE 0100 nicht für das Innere der Wasserfahrzeuge, sondern dafür ist DIN EN 60092-507 (**VDE 0129-507**) anzuwenden. Elektrische Anlagen und Betriebsmittel in Marinas, die nicht unmittelbar der Versorgung der Wasserfahrzeuge dienen, müssen nach anderen Teilen der DIN VDE 0100 errichtet werden, z. B. Bade- und Duschräume nach DIN VDE 0100-701 oder Saunen nach DIN VDE 0100-703.

Stromversorgung der Liegeplätze: darf als Einphasenwechselstrom ≤ 230 V oder als Drehstrom ≤ 400 V ausgeführt sein. Die Endstromkreise für die Versorgung der Liegeplätze müssen als TN-S-System errichtet werden, d. h. den Schutzleiter und den Neutralleiter trennen, also keinen PEN-Leiter verwenden.

0100-709

Schutz gegen elektrischen Schlag und Schutz gegen Überstrom: Nicht alle Schutzmaßnahmen zum Schutz gegen elektrischen Schlag sind für Liegeplätze zulässig.

Schutz gegen elektrischen Schlag: ***nicht*** *erlaubt sind:*

Basisschutz/Schutz gegen direktes Berühren	Fehlerschutz/Schutz bei indirektem Berühren
• Hindernisse, • Anordnung außerhalb des Handbereichs	• nicht leitende Umgebung, • durch erdfreien örtlichen Schutzpotentialausgleich

Schutz durch automatische Abschaltung; Einsatz von Fehlerstromschutzeinrichtungen (RCDs): Jede einzelne Steckdose mit einem Bemessungsstrom ≤ 32 A muss durch eine eigene Fehlerstromschutzeinrichtung (RCD) mit einem Bemessungsdifferenzstrom ≤ 30 mA geschützt sein. Handelt es sich um eine Steckdose mit einem größeren Bemessungsstrom, also > 32 A, so muss diese Steckdose ebenfalls durch eine eigene Fehlerstromschutzeinrichtung (RCD) geschützt werden, allerdings kann der Bemessungsdifferenzstrom in diesem Fall höher sein, nämlich ≤ 300 mA. Jede Fehlerstromschutzeinrichtung (RCD) muss alle aktiven Leiter abschalten, auch den Neutralleiter. Außerdem muss jede einzelne Steckdose durch eine eigene Überstromschutzeinrichtung geschützt sein.

Schutz durch Schutztrennung: Neben der Abschaltung der Stromversorgung im Fehlerfall durch Fehlerstromschutzeinrichtungen (RCDs) ist die Schutzmaßnahme Schutztrennung für die Versorgung von Wasserfahrzeugen einsetzbar, allerdings gelten dann alle Anforderungen aus der DIN VDE 0100-410. Bei der Schutztrennung darf jeweils nur ein Wasserfahrzeug aus einem Trenntransformator, der fest montiert ist, versorgt werden. Es darf keine Verbindung zwischen dem Schutzleiter der landseitigen Versorgung mit dem Schutzleiter oder dem Schutzpotentialausgleich auf dem Wasserfahrzeug hergestellt werden.

Verteiler: Es muss mindestens eine Einrichtung zum Trennen aller aktiven Leiter (auch Neutralleiter) vorgesehen werden. Die Gefahr durch lange Verlängerungsleitungen[1)] muss vermieden werden, daher dürfen max. vier Steckdosen in einem Verteiler zusammengefasst sein und der Verteiler muss möglichst in unmittelbarer Nähe der Liegeplätze errichtet werden. Für jedes Wasserfahrzeug muss eine separate Steckdose vorhanden sein. (Anmerkung zu[1)]: Anforderungen zu Verlängerungsleitungen aus DIN EN 60092-507 (**VDE 0129-507**): Typ der Leitung H07RN-F; Länge der Leitung nicht über 25 m hinaus; Mindestquerschnitt von 2,5 mm^2 Cu empfohlen.)

Steckdosen: Einphasenwechselstromanschlüsse: dreipolige Industriesteckvorrichtungen mit dem PE-Kontakt in 6h-Stellung und blauer Kennzeichnung. Es werden einpolige Steckdosen mit einer Bemessungsspannung von 200 V bis 250 V und einem Bemessungsstrom von 16 A im Allgemeinen vorgesehen, es können jedoch auch Steckdosen mit einem höheren Bemessungsstrom errichtet werden. *Drehstromanschlüsse:* In den Fällen der Notwendigkeit größerer Leistungen können für die Liegeplätze Drehstromanschlüsse mit fünfpoligen Industriesteckvorrichtungen (rote Kennzeichnung) genutzt werden. Schutzart: mindestens IP44, bei Strahl- oder Schwallwasser jeweils IPX5 oder IPX6. Die Steckdosen müssen so errichtet werden, dass die Einwirkung von Wasser (Spritzwasser, Überflutungen) vermieden wird. Wenn es sich vermuten lässt, dass solche Fälle eintreten könnten, dann müssen Gegenmaßnahmen durch zusätzliche Maßnahmen, wie Abdeckungen, geschaffen werden. Der Betreiber der Marina muss dafür Sorge tragen, dass sich der Anwender der Betriebsmittel, in der Regel ein elektrotechnischer Laie, durch eine Hinweistafel über die richtige Anwendung der elektrischen Anlagen informieren kann (Vorschlagstext siehe DIN VDE 0100-709, Anhang B).

Merke: Schutzkontaktsteckdosen, Adapter oder Mehrfachsteckdosen dürfen für die Versorgung von Liegeplätzen auf keinen Fall verwendet werden, sie sind unzulässig!

Kabel und Leitungen sind so auszuwählen und zu errichten, dass mechanische Beschädigungen vermieden werden können, die durch die Gezeiten oder die Wellenbewegungen des Wassers entstehen könnten. Als Leitungstyp zulässig: H07RN-F bzw. Leitungen mit Kupferleiter und thermoplastischer oder elastomerischer Isolierung, mineralisolierte Leitungen mit PVC-Schutzabdeckungen, armierte Leitungen mit Abdeckungen aus thermoplastischem oder elastomerischem Material. Die Einspeisung zur Stromversorgung der Liegeplätze und damit der Wasserfahrzeuge kann grundsätzlich unterirdisch oder oberirdisch erfolgen. Unterirdisch: Verlegetiefe mindestens

0,5 m; in besonderen Fällen < 0,5 m mit besonderem Schutz oder in Installationsrohren nach DIN EN 61386-24 (**VDE 0605-24**). Oberirdisch: mindestens 3,5 m über dem Boden angeordnet, in befahrbaren Bereichen in mindestens 6 m Höhe. Werden diese Leitungen frei gespannt, dann so installieren, dass sie durch das Durchhängen oder Bewegen nicht beschädigt werden können. Verwendet für diese Errichtungsmöglichkeit werden Leitungen mit integrierten Tragseilen, wie NYMT. NYY oder NYM und auch Gummischlauchleitungen H07RN-F sind ohne Befestigung an einem Tragseil nicht zulässig. Die Standorte für die Masten von oberirdischen Leitungen müssen so projektiert sein, dass von vornherein eine Beschädigung durch Bewegungen von Fahrzeugen ausgeschlossen werden kann. Elektroinstallationsrohre müssen so errichtet werden, dass das Wasser durch ein Gefälle und/oder über Drainageöffnungen herauslaufen kann.

0100-709 An einer Anlegestelle, einem Landeplatz, Pier oder Ponton dürfen folgende Kabel und Leitungen nicht verwendet werden:

- Kabel und Leitungen mit Aluminiumleiter,
- mineralisolierte Kabel,
- isolierte Leiter in Elektroinstallationsrohren,
- oberirdisch verlegte Kabel und Leitungen frei in der Luft oder an einem Tragseil.

Besonders zu beachten: Das Risiko von Korrosion, Bewegung der Aufbauten, mechanischer Beschädigung, Vorhandensein von leicht entzündlichem Treibstoff und Dämpfen und die Gefahr eines elektrischen Schlags, hervorgerufen durch:

- Auftreten von Wasser,
- Reduzierung des Körperwiderstands,
- Kontakt des Körpers mit Erdpotential.

Anforderungen kurzgefasst	
	Anforderungen
Schutzart	Betriebsmittel Marinas: gegen Eindringen von Wasser IPX4/Spritzwasser – IPX5/Strahlwasser – IPX6/starkes Strahlwasser; mechanischer Schutz: IK07; Schutz gegen Eindringen von festen Fremdkörpern: IP4X
Trennen und Schalten	in jedem Verteiler mindestens eine Trennvorrichtung zum Abschalten aller aktiver Leiter und des Neutralleiters
Schutz durch automatische Abschaltung	jede einzelne Steckdose bei Bemessungsstrom < 32 A durch RCD 30 mA; bei Bemessungsstrom > 32 A dann RCD 300 mA
Schutztrennung	jeweils nur ein Wasserfahrzeug aus einem Trenntransformator, der fest montiert ist, versorgen; es gelten die Anforderungen aus DIN VDE 0100-410
Verteiler	es dürfen max. vier Steckdosen in einem Verteiler zusammengefasst sein, für jedes Wasserfahrzeug muss eine separate Steckdose vorhanden sein. Für Schaltgerätekombinationen für Marinas gilt DIN IEC/TS 61439-7 (**VDE V 0660-600-7**)
Steckvorrichtungen	dreipolige Industriesteckvorrichtungen mit dem PE-Kontakt in 6h-Stellung, blaue Kennzeichnung; fünfpolige Industriesteckvorrichtungen (rote Kennzeichnung); keine Verwendung von Schutzkontaktsteckdosen, Adaptern oder Mehrfachsteckdosen
Kabel und Leitungen	Leitungstyp zulässig: H07RN-F und andere (Erläuterungen); unterirdisch: Verlegetiefe mindestens 0,5 m; oberirdisch: mindestens 3,5 m über dem Boden angeordnet, in befahrbaren Bereichen in mindestens 6 m Höhe
Verlängerungsleitungen[1)]	Typ der Leitung H07RN-F; Länge der Leitung nicht über 25 m hinaus; Mindestquerschnitt von 2,5 mm^2 Cu empfohlen
Schutzpotentialausgleich	keine Verbindung zwischen dem Schutzleiter der landseitigen Versorgung und dem Schutzleiter oder dem Schutzpotentialausgleich auf dem Wasserfahrzeug herstellen
Schutz gegen elektrischen Schlag und Überstrom	nicht alle Schutzmaßnahmen zum Schutz gegen elektrischen Schlag sind für Liegeplätze zulässig; jede einzelne Steckdose durch eine eigene Überstromschutzeinrichtung schützen
Anmerkung zu [1)]: Anforderungen aus DIN EN 60092-507 (**VDE 0129-507**)	

Tabelle 709.1 Anforderungen aus DIN VDE 0100-709

Literatur

[1] DIN VDE 0100-410 (**VDE 0100-410**):2018-10 Errichten von Niederspannungsanlagen – Teil 4-41: Schutzmaßnahmen – Schutz gegen elektrischen Schlag. Berlin · Offenbach: VDE VERLAG

[2] DIN VDE 0100-430 (**VDE 0100-430**):2010-10 Errichten von Niederspannungsanlagen – Teil 4-43: Schutzmaßnahmen – Schutz bei Überstrom. Berlin · Offenbach: VDE VERLAG

[3] DIN VDE 0100-540 (**VDE 0100-540**):2012-06 Errichten von Niederspannungsanlagen – Teil 5-54: Auswahl und Errichtung elektrischer Betriebsmittel – Erdungsanlagen und Schutzleiter. Berlin · Offenbach: VDE VERLAG

[4] DIN VDE 0100-708 (**VDE 0100-708**):2010-02 Errichten von Niederspannungsanlagen – Teil 7-708: Anforderungen für Betriebsstätten, Räume und Anlagen besonderer Art – Caravanplätze, Campingplätze und ähnliche Bereiche. Berlin · Offenbach: VDE VERLAG

[5] DIN VDE 0100-709 (**VDE 0100-709**):2013-10 Errichten von Niederspannungsanlagen – Teil 7-709: Anforderungen für Betriebsstätten, Räume und Anlagen besonderer Art – Marinas und ähnliche Bereiche. Berlin · Offenbach: VDE VERLAG

[6] DIN EN 60529 (**VDE 0470-1**):2014-09 Schutzarten durch Gehäuse (IP-Code). Berlin · Offenbach: VDE VERLAG

[7] DIN EN 50102 (**VDE 0470-100**):1997-09 Schutzarten durch Gehäuse für elektrische Betriebsmittel (Ausrüstung) gegen äußere mechanische Beanspruchungen (IK-Code). Berlin · Offenbach: VDE VERLAG

[8] DIN EN 60309-2 (**VDE 0623-2**):2013-01 Stecker, Steckdosen und Kupplungen für industrielle Anwendungen – Teil 2: Anforderungen und Hauptmaße für die Austauschbarkeit von Stift- und Buchsensteckvorrichtungen. Berlin · Offenbach: VDE VERLAG

[9] *Rudnik, S.*; *Pelta, R.*: Der Lotse durch die DIN VDE 0100. VDE-Schriftenreihe 144. Berlin · Offenbach: VDE VERLAG, 2018. – ISBN 978-3-8007-4373-5, ISSN 0506-6719

[10] *Kiefer, G.*; *Schmolke, H.*: VDE 0100 und die Praxis. Berlin · Offenbach: VDE VERLAG, 2017. – ISBN 978-3-8007-4344-5

Weitere Informationen enthält das Buch

Kiefer, G.; *Schmolke, H.*: VDE 0100 und die Praxis
(ISBN 978-3-8007-4344-5)

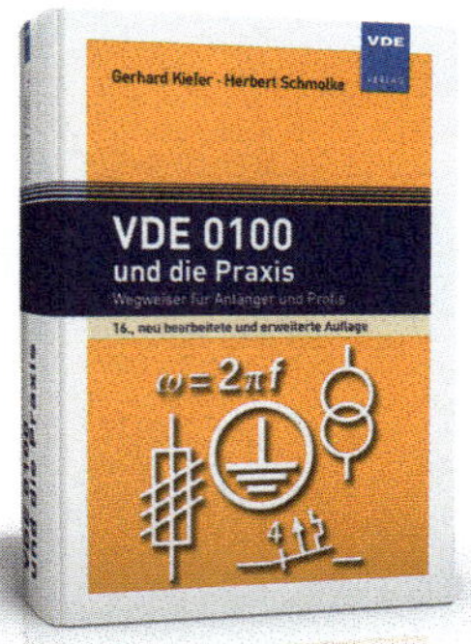

DEUTSCHE NORM Oktober 2012

DIN VDE 0100-710
(VDE 0100-710)

DIN

Diese Norm ist zugleich eine **VDE-Bestimmung** im Sinne von VDE 0022. Sie ist nach Durchführung des vom VDE-Präsidium beschlossenen Genehmigungsverfahrens unter der oben angeführten Nummer in das VDE-Vorschriftenwerk aufgenommen und in der „etz Elektrotechnik + Automation“ bekannt gegeben worden.

VDE

ICS 11.140; 91.140.50

Ersatz für
DIN VDE 0100-710
(VDE 0100-710):2002-11
Siehe Anwendungsbeginn

Errichten von Niederspannungsanlagen –
Teil 7-710: Anforderungen für Betriebsstätten, Räume und Anlagen besonderer Art –
Medizinisch genutzte Bereiche
(IEC 60364-7-710:2002, modifiziert);
Deutsche Übernahme HD 60364-7-710:2012

Anwendungsbereich

Die besonderen Anforderungen des Teils 710 der DIN VDE 0100 sind anzuwenden, um die Sicherheit für die Patienten und das medizinische Personal sicherzustellen:

für	Anforderungen beziehen sich auf
elektrotechnische Anlagen in medizinischen Bereichen	Krankenhäuser, Privatkliniken, Arzt- und Zahnarztpraxen, medizinische Versorgungszentren, medizinisch genutzte Räume in Arbeitsstätten, auch in medizinisch genutzten Bereichen in Sanatorien und Kurkliniken, in ausgewiesenen Räumen in Senioren- und Pflegeheimen und in sonstigen ambulanten Einrichtungen – auch in veterinärmedizinischen Kliniken und für Anlagen der medizinischen Forschung anwendbar

Für medizinische elektrotechnische Geräte und Systeme ist die DIN VDE 0100-710 *nicht* anzuwenden, sondern dafür wird auf die Normenreihe DIN EN 60601 (**VDE 0750**) verwiesen.

Bei einer Änderung der Raumnutzung kann es erforderlich werden, die elektrische Anlage nach DIN VDE 0100-710 ebenfalls zu verändern, d. h. die elektrische Anlage muss so umgerüstet werden, dass die Anforderungen dieses Teils 710 eingehalten werden. Besondere Beachtung muss für die Elektrofachkraft dann gelten, wenn intrakardiale Eingriffe (geschlossene Herz-OP; Eingriff außerhalb des Herzens an Gefäßen) in diesen Räumen nach der Nutzungsänderung durchgeführt werden sollen.

Eingliederung des Teils 710 in die Struktur der Normen der Reihe DIN VDE 0100

Gruppe 100
Anwendungsbereich, Allgemeine Grundsätze

Gruppe 200
Begriffe

Gruppe 400 Schutzmaßnahmen	Gruppe 500 Auswahl und Errichtung	Gruppe 600 Prüfungen

Gruppe 700
Anforderungen für Betriebsstätten, Räume und Anlagen besonderer Art

Teil 701 Räume mit Badewanne oder Dusche	Teil 702 Becken von Schwimmbädern, begehbaren Wasserbecken und Springbrunnen	Teil 703 Räume und Kabinen mit Saunaheizungen	Teil 704 Baustellen	Teil 705 Elektrische Anlagen von landwirtschaftlichen und gartenbaulichen Betriebsstätten
Teil 706 Leitfähige Bereiche mit begrenzter Bewegungsfreiheit	Teil 708 Caravanplätze, Campingplätze und ähnliche Bereiche	Teil 709 Marinas und ähnliche Bereiche	Teil 710 Medizinisch genutzte Bereiche	Teil 711 Ausstellungen, Shows und Stände
Teil 712 Solar-Photovoltaik-(PV-)Stromversorgungssysteme	Teil 713 Möbel und ähnliche Einrichtungsgegenstände	Teil 714 Beleuchtungsanlagen im Freien	Teil 715 Kleinspannungs-Beleuchtungsanlagen	Teil 717 Ortsveränderliche oder transportable Baueinheiten
Teil 718 Öffentliche Einrichtungen und Arbeitsstätten	Teil 721 Elektrische Anlagen von Caravans und Motorcaravans	Teil 722 Stromversorgung Elektrofahrzeuge	Teil 723 Unterrichtsräume mit Experimentiereinrichtungen	Teil 729 Bedienungsgänge und Wartungsgänge
Teil 730 Elektrischer Landanschluss für Fahrzeuge der Binnenschifffahrt	Teil 731 Abgeschlossene elektrische Betriebsstätten	Teil 737 Feuchte und nasse Bereiche und Räume und Anlagen im Freien	Teil 740 Vorübergehend errichtete elektrische Anlagen für Aufbauten, Vergnügungseinrichtungen und Buden auf Kirmesplätzen, Vergnügungsparks und für Zirkusse	Teil 753 Heizleitungen und umschlossene Heizsysteme

Gruppe 800
Energieeffizienz, Intelligente Niederspannungsanlagen

0100-710

Inhaltsverzeichnis der DIN VDE 0100-710

Wesentliche Änderungen in der Ausgabe 2012 gegenüber der Ausgabe 2002

- Begriffe sind modifiziert.
- Auf die notwendige Risikobetrachtung für die sichere Stromversorgung der medizinischen elektrischen Geräte wird hingewiesen.
- Werden Verbraucher an eine Stromquelle für Sicherheitszwecke angeschlossen, so darf die Umschaltzeit höchstens 0,5 s betragen. Die Nennung dieser Verbraucher ist erweitert worden.
- Es ist nun eine Forderung enthalten nach der Festlegung der max. Anzahl von Steckdosen für jeden Stromkreis, der mit einer Fehlerstromschutzeinrichtung (RCD) mit einem Auslösestrom nicht größer als 30 mA geschützt ist.
- Kennzeichnung der entsprechenden Klasse von Steckdosen, die von einer Stromquelle für Sicherheitszwecke versorgt werden, diese müssen leicht erkennbar sein.
- Es werden elektrische Verbrauchsmittel genannt, die an die Stromversorgung für Sicherheitszwecke angeschlossen werden müssen. Die Nennung dieser Verbrauchsmittel ist reduziert worden.
- Eine Liste über mögliche Stromquellen für Sicherheitszwecke ist entfallen.
- Prüfung: Die Prüffrist für den Funktionstest der Umschalteinrichtungen wurde auf zwölf Monate verlängert.
- Angleichung des formalen Aufbaus an die aktuell gültigen Teile 100 bis 600 der DIN VDE 0100 und Aktualisierung von Verweisungen.

Termine

Anwendungsbeginn der DIN VDE 0100-710:2012-10	**ab: 1. Oktober 2012**
Übergangsfrist der Vorgängernorm DIN VDE 0100-710:2002-11	**bis: 9. Januar 2015**

Zum Inhalt der DIN VDE 0100-710:2012-10

Kurzübersicht zur schnellen Information

- In „Räumen besonderer Art – Medizinisch genutzte Bereiche" erhöht sich das Gefahrenpotenzial bei elektrischen Anlagen und Betriebsmitteln durch Gefährdungen, die mit der Handhabung elektrischer Geräte unmittelbar am Körper der Menschen geschehen, und durch die Tatsache, dass der Ausfall der Stromversorgung unter Umständen lebensbedrohliche Folgen haben kann.
- Es handelt sich bei medizinischen Einrichtungen auch um Arbeitsstätten, daher gelten zusätzlich gesetzliche Regelungen.
- Einteilung der medizinischen Bereiche nach Gruppen 0, 1 und 2, sie sind abhängig von der Fragestellung, ob die Stromversorgung gefahrlos ausfallen kann und von der Art der eingesetzten medizinischen Geräte.
- Zu der Norm DIN VDE 0100-710:2012-10 erschien 2014-06 das Beiblatt „Medizinisch genutzte Bereiche – Beiblatt 1: Erläuterungen zur Anwendung der normativen Anforderungen", das Beiblatt enthält zusätzliche Informationen, jedoch ohne normativen Charakter.
- Die Stromversorgung für medizinische Bereiche besteht aus einer allgemeinen Stromversorgung und einer Stromversorgung für Sicherheitszwecke.
- Es sind selbsttätige Umschalteinrichtungen einzusetzen, die beim Ausfall der elektrischen Energie automatisch den Weiterbetrieb durch die Stromversorgung für Sicherheitszwecke gewährleisten.
- Die Kabel und Leitungen für die redundanten Stromversorgungssysteme sind auf getrennten Trassen mit einem Mindestabstand zu verlegen.
- Der Einsatz der Schutzmaßnahmen gegen elektrischen Schlag ist abhängig von den Gruppen der Bereiche für medizinische Einrichtungen; die Kleinspannung FELV ist in keinem medizinischen Bereich zulässig.
- Grundsätzlich sind TN-, TT- und IT-Systeme erlaubt, jedoch mit Einschränkungen, siehe Erläuterungen. In medizinischen Bereichen der Gruppe 2 wird das medizinische IT-System bevorzugt eingesetzt.
- Der Schutzpotentialausgleich über die Haupterdungsschiene und der zusätzliche Schutzpotentialausgleich müssen isoliert und an den Anschlussstellen grün-gelb gekennzeichnet sein.
- Steckdosen im IT-System müssen so konstruiert oder gekennzeichnet sein, dass sie nicht mit Steckdosen anderer Systeme verwechselt werden können.

- Bei Ausfall der allgemeinen Stromversorgung muss eine Mindestbeleuchtungsstärke zur Verfügung stehen.
- Der Errichter muss für den Betreiber entsprechende Dokumentationsunterlagen zur Verfügung stellen.
- Erstprüfungen und wiederkehrende Prüfungen sind nach DIN VDE 0100-600 durchzuführen und Intervalle für durchzuführende Prüfungen sind in DIN VDE 0100-710 enthalten, siehe Erläuterungen.

Erläuterungen

Die Stromversorgung nach dieser Norm soll die Sicherheit und die Kontinuität der Stromversorgung verbessern helfen. Die Anforderungen des Teils 710 für das Errichten von Niederspannungsanlagen in medizinisch genutzten Bereichen gelten ergänzend zu den anderen Anforderungen der Normenreihe DIN VDE 0100, Teile 100 bis 600. Anmerkung: Für elektrische Anlagen über AC 1 000 V oder DC 1 500 V in medizinisch genutzten Bereichen sollten neben den Anforderungen nach DIN EN 61936-1 (**VDE 0101-1**) „Starkstromanlagen mit Nennwechselspannungen über 1 kV" auch die Festlegungen für medizinisch genutzte Bereiche erfüllt werden, um gleiche Sicherheit zu erreichen. Darüber hinaus sind bau- und arbeitsrechtliche Vorschriften zu beachten, die Musterleitungsanlagenrichtlinie (MLAR) und die danach in jedem Bundesland erlassene länderspezifische Leitungsanlagenrichtlinie, die Verordnungen über den Bau von Betriebsräumen für elektrische Anlagen (EltBauVO) und u. a. die Arbeitsstättenrichtlinien.

Begriffe: medizinisch genutzter Bereich: Nutzung für die Diagnose, Behandlung, Überwachung und Pflege von Patienten; *Patient* ist ein Mensch oder ein Tier, der (das) einem medizinischen, chirurgischen oder zahnmedizinischen Verfahren unterzogen wird; *ME-Gerät (ME – medizinisches elektrisches):* Ein elektrisches Gerät mit einem Anwendungsteil, das ausgestattet ist mit *einem* Anschluss an ein bestimmtes Versorgungsnetz und vom Hersteller für Diagnose, Behandlung, Überwachung und/oder Linderung einer Krankheit, Verletzung oder Behinderung vorgesehen ist; *Anwendungsteil:* Der Teil des ME-Geräts, der bei normalem Gebrauch Kontakt mit dem Patienten hat; *medizinisches IT-System:* elektrisches IT-System muss die Anforderungen für medizinische Anwendungen erfüllen, versehen mit speziellen Trenntransformatoren; *Hauptverteiler:* Der Verteiler versorgt in dem jeweiligen Gebäude alle zu versorgenden Bereiche, hier wird der Spannungsfall zum Betrieb der Hauptsicherheitsstromversorgung gemessen.

Gefährdungsbeurteilung: Der Mensch steht im Mittelpunkt, ganz besonders bei der Beurteilung medizinischer Bereiche und der darin enthaltenen elektrischen Betriebs-

und Verbrauchsmittel. Das Schutzziel für die Planung, Errichtung und für den Betrieb von elektrischen Anlagen und Betriebsmitteln für medizinische Einrichtungen muss sein, alle Gefährdungsbeurteilungen im Anwendungsbereich der DIN VDE 0100-710 an den Patienten auszurichten, denn alle elektrischen Normen gehen in ihren Inhalten davon aus, dass ein Mensch sich normalerweise in einem solchen Zustand befindet, dass er ausreichend geschützt ist. Dies ist bei Patienten anders, da diese in ihrem natürlichen Reaktionsvermögen beeinträchtigt sind. Daher sollte auch die Einteilung der medizinisch genutzten Bereiche in eine der drei Gruppen von verantwortlichem medizinischen Fachpersonal, vom Personal für die Arbeitssicherheit und von der Elektrofachkraft gemeinsam beurteilt werden.

Bereiche mit Gruppen: Für die Errichtung elektrischer Anlagen und Betriebsmittel in Räumen mit medizinischen Bereichen sind besondere Installationsbestimmungen einzuhalten. In Abhängigkeit der verschiedenen Gefährdungspotenziale sind die Räume in Bereiche mit verschiedenen Gruppen eingeteilt. Die Definitionen der Gruppen können der **Tabelle 710.1** entnommen werden.

Lfd. Nr.	Gruppe	Gruppen machen die unterschiedlichen Gefahrenzonen deutlich [1)]
1	0	medizinisch genutzter Bereich, in dem die elektrische Anlage bei Auftreten eines Fehlers (erster Körper- oder Erdschluss, Ausfall des Netzes) abgeschaltet werden kann; Untersuchungen und Behandlungen können abgebrochen oder wiederholt werden; Anwendungsteile der medizinischen elektrischen Geräte kommen nicht in Kontakt mit den Patienten, z. B. [2)] Massageraum
2	1	medizinisch genutzter Bereich sowie Gruppe 0, jedoch mit Anwendungsteilen, die äußerlich oder (siehe Gruppe 2) invasiv am Patienten eingesetzt werden, z. B. [2)] Bettenraum, Untersuchungs- und Behandlungsraum, Endoskopieraum, Physiotherapieraum, OP-Aufwachraum
3	2	medizinisch genutzter Bereich, im Fehlerfall oder bei Ausfall des Netzes darf die elektrische Anlage nicht abschalten; die Untersuchung oder Behandlung ist für den Patienten gefährlich, eine Wiederholung unzumutbar oder die Beschaffung von Untersuchungsergebnissen nicht erneut möglich; Unregelmäßigkeiten in der Stromversorgung können Lebensgefahr verursachen; eine medizinische Einrichtung, die nur gelegentlich genutzt wird, muss dennoch der Gruppe 2 zugeordnet werden; auch intrakardiale Verfahren (ein elektrischer Leiter wird innerhalb der kardialen Zone eines Patienten untergebracht) gehören dazu, z. B. [2)] OP-Raum, Anästhesieraum, Intensivpflegeraum, Frühgeborenenraum

[1)] Die Zuordnung der medizinisch genutzten Bereiche, Räume oder Raumgruppen zu den Gruppen 0 bis 2 ist unter Berücksichtigung geltender Vorschriften sowie gesetzlicher Regelungen mit dem medizinischen Personal, der zuständigen Gesundheitsorganisation, den Verantwortlichen der Arbeitssicherheit und der zuständigen Bauleitung abzustimmen; die Elektrofachkraft wird dabei beratend tätig.

[2)] DIN VDE 0100-710, Anhang B; nur Beispiele zur Veranschaulichung

Tabelle 710.1 Definition der Bereiche aus DIN VDE 0100-710

Systeme nach Art der Erdverbindung: Grundsätzlich sind das TN-, TT- oder IT-System erlaubt. Ab dem Hauptverteiler in den medizinisch genutzten Räumen ist das TN-C-System nicht zugelassen, d. h., es muss das TN-S-System verwendet werden. (Empfehlung: Bei TN-S-Systemen sollte der Isolationswiderstand der aktiven Leiter gegen Erde überwacht werden.) Bei TN-Systemen in medizinischen Bereichen der Gruppe 1 müssen in Endstromkreisen (Steckdosen, Leuchten, fest angeschlossene Betriebsmittel) bis 32 A Fehlerstromschutzeinrichtungen (RCDs) des Typs A oder B mit einem Bemessungsdifferenzstrom $\leq$ 30 mA eingesetzt werden. In Bereichen der Gruppe 2 darf in Endstromkreisen der Schutz durch automatische Abschaltung nur für bestimmte Stromkreise angewendet werden (siehe Erläuterungen zu *Schutz durch automatische Abschaltung*). Das TT-System ist in den Bereichen der Gruppe 1 erlaubt und in Bereichen der Gruppe 2 nicht erlaubt, sondern es sind die Endstromkreise über ein medizinisches IT-System mit speziellen Trenntransformatoren zu versorgen.

Stromversorgung: Die elektrischen Anlagen und Betriebsmittel für die allgemeine Stromversorgung und die für die Stromversorgung für Sicherheitszwecke (z. B. ortsfeste Stromerzeugungsaggregate und Anlagen der batteriegestützten zentralen Stromversorgungssysteme, BSV) müssen getrennt untergebracht werden, und zwar in jeweils eigenen abgeschlossenen Betriebsstätten. Die Stromversorgung für Sicherheitszwecke (Begriff nach gültiger Norm DIN VDE 0100-560: Elektrische Anlagen für Sicherheitszwecke) muss bei Ausfall des allgemeinen Netzes die für den Weiterbetrieb notwendigen Einrichtungen automatisch innerhalb einer vorher festgelegten Umschaltzeit für einen definierten Zeitabschnitt mit elektrischer Energie versorgen. Dazu werden in medizinisch genutzten Bereichen selbsttätige Umschalteinrichtungen benötigt, Umschaltung

- des Hauptverteilers der Stromversorgung für Sicherheitszwecke auf eine Sicherheitsstromquelle innerhalb von 15 s,
- von bevorzugter Einspeisung auf die zweite Leitung (die IT-Netze der lebenswichtigen medizinischen Einrichtungen werden über zwei unabhängige Zuleitungen gespeist),
- des OP-Lichts in dem batteriegestützten Stromversorgungssystem (BSV) innerhalb von 5 s.

National wird nach DIN VDE 0100-710 gefordert, dass zwischen den verschiedenen elektrischen Versorgungssystemen eine sichere Trennung gewährleistet ist. Als die max. auftretende Gesamtausschaltzeit wird die Zeit definiert vom Fehlereintritt bis zur Löschung des Lichtbogens in der Überstromschutzeinrichtung, diese Gesamtausschaltzeit muss kleiner sein als die minimale Umschaltverzögerung der Umschalteinrichtung. Diese Umschalteinrichtungen sollen direkt an jedem Verteilerpunkt für medizinisch genutzte Bereiche der Gruppe 2 wirken.

Merke: Bei einer Störung und einem Ausfall der allgemeinen Stromversorgung ist es in medizinisch genutzten Gebäuden/Bereichen notwendig, dass eine Sicherheitsstromversorgung für eine bestimmte Zeit und innerhalb einer festgelegten Umschaltzeit die Stromversorgungsanlage oder Teile davon mit elektrischer Energie versorgt, d. h. die Sicherheitsstromversorgung muss den Weiterbetrieb automatisch übernehmen, wenn die Spannung am Hauptverteiler in einem oder mehreren Außenleitern ausfällt.

Verteiler: Verteiler müssen den Normen der Reihe DIN EN 60439 (**VDE 0660-600-*x***) entsprechen. Ihre Gehäuse oder Verkleidungen müssen aus Stahlblech gefertigt sein. Sie sind vorzugsweise außerhalb medizinisch genutzter Bereiche der Gruppe 2, aber in unmittelbarer Nähe, aufzustellen, entsprechend eindeutig zu kennzeichnen und gegen den Zugriff Unbefugter zu sichern. Für die allgemeine Stromversorgung und die Sicherheitsstromversorgung sollten jeweils eigene Verteiler vorgesehen werden. Vorschriften und gesetzliche Regelungen sind zu beachten. Die Einspeisung der Verteiler oder Verteilerabschnitte aus der allgemeinen Stromversorgung, aus der Sicherheitsstromversorgung oder aus der zusätzlichen Sicherheitsstromversorgung muss direkt vom Hauptverteiler des Gebäudes der Sicherheitsstromversorgung erfolgen. Bei der unterbrechungsfreien Stromversorgung müssen die Verteiler oder Verteilerabschnitte am Hauptverteiler der zusätzlichen Sicherheitsstromversorgung eingespeist werden. In allen Fällen erfolgt die Stromversorgung über zwei voneinander unabhängige Zuleitungen, die getrennt voneinander (mindestens auf getrennten Kabeltragsystemen) verlegt werden müssen.

Elektrische Betriebsstätten: In den abgeschlossenen elektrischen Betriebsstätten sind nachstehende Anlagen und Betriebsmittel, soweit vorhanden, unterzubringen:

- Schaltanlagen mit Nennspannung über 1 kV,
- Netztransformatoren,
- Hauptverteiler für die allgemeine Stromversorgung,
- Hauptverteiler für die Sicherheitsstromversorgung,
- ortsfeste Stromerzeugungsaggregate für die Sicherheitsstromversorgung,
- Zentralbatterien für die Sicherheitsstromversorgung einschließlich Umrichter- und Steuerschränke,
- Einrichtungen der zusätzlichen Sicherheitsstromversorgung.

Gesetzliche Regelungen und Richtlinien der Stromversorgungsunternehmen sind zusätzlich zu beachten.

Transformatoren für medizinische IT-Systeme müssen mit DIN EN 61558-2-15 (**VDE 0570-2-15**) übereinstimmen und zusätzliche Anforderungen nach DIN VDE 0100-710 erfüllen:

- Der Transformator muss möglichst nah an dem medizinisch genutzten Bereich aufgestellt sein; Leitungslänge ≤ 25 m,
- Leerlaufspannung der Sekundärseite: ≤ AC 250 V,
- Ableitstrom Sekundärwicklung zur Erde und Ableitstrom Gehäuse zur Erde: jeweils nicht größer als 0,5 mA,
- Nennausgangsleistung: nicht kleiner als 3,15 kVA und nicht größer als 8 kVA; bei Einsatz mehrerer Transformatoren keine Parallelschaltung,
- Drehstromtransformatoren für Versorgung von Einphasenverbrauchern: Achtung, Schieflast vermeiden,
- Überlast und Übertemperatur: Überwachungseinrichtungen bei primärseitigen Zuleitungen gegen Kurzschluss mit Überstromschutzeinrichtungen und für Endstromkreise gegen Kurzschluss und Überlast schützen,
- Fehlerschutz für IT-Transformatoren: Schutz durch Schutzklasse-I-Ausführung isoliert gegen Erde und nicht mit dem Schutzleiter verbunden.

0100-710

Kabel und Leitungen: Eine wichtige Forderung aus DIN VDE 0100-710 ist die Selektivität für Endstromkreise gegenüber den vorgelagerten Überstromschutzeinrichtungen. Diese Forderung gilt für die allgemeine Stromversorgung und für die Sicherheitsstromversorgung gleichermaßen, d. h. es handelt sich um zwei redundante Netze. Die Kabel für diese zwei verschiedenen Netze sind in getrennten Trassen mit einem Mindestabstand von 2 m zu verlegen (Ausnahme: Gebäudenähe, z. B. bei der Gebäudeeinführung darf der Abstand verringert werden). Eine weitere wichtige Anforderung ist die, dass Kabel und Leitungen, die sich innerhalb von Bereichen der Gruppe 2 befinden, nur für die Versorgung der Geräte und des Zubehörs in diesem Bereich genutzt werden dürfen.

Schutzmaßnahmen: Die Anwendung der Kleinspannung FELV ist in keinem medizinischen Bereich erlaubt.

Schutz gegen elektrischen Schlag: ***nicht*** *erlaubt sind:*

Basisschutz/Schutz gegen direktes Berühren	**Fehlerschutz/Schutz bei indirektem Berühren**
• Hindernisse, • Anordnung außerhalb des Handbereichs	• nicht leitende Umgebung, • durch erdfreien örtlichen Schutzpotentialausgleich, • Schutztrennung mit mehr als einem Verbrauchsmittel

Werden die Kleinspannungen SELV und PELV für Verbrauchsmittel in medizinischen Bereichen der Gruppen 1 und 2 eingesetzt, so müssen die Spannungen (oberschwingungsfrei) ≤ AC 25 V oder ≤ DC 60 V sein. *Basisschutz:* Außerdem ist der Schutz durch Isolierung der aktiven Teile oder der Schutz durch Abdeckungen oder Umhüllungen vorzusehen. Wird in medizinisch genutzten Bereichen der Gruppe 2 PELV angewendet, so müssen die Körper in den zusätzlichen Schutzpotentialausgleich einbezogen werden, also eine Verbindung vom Körper, z. B. der OP-Leuchte, zu der Schutzpotentialausgleichsschiene hergestellt werden.

Merke: FELV ist in keinem medizinischen Bereich aller Gruppen zugelassen.

Fehlerschutz: automatische Abschaltung der Stromversorgung: Werden mehrere Verbrauchsmittel an denselben Stromkreis angeschlossen, so muss sichergestellt sein, dass die Fehlerstromschutzeinrichtungen (RCDs) nicht unerwünscht auslösen. In Bereichen der Gruppen 0 und 1 dürfen alle Maßnahmen zum Schutz der automatischen Abschaltung angewendet werden, allerdings darf in TN-, TT- und IT-Systemen die dauernd zulässige Berührungsspannung AC 25 V oder DC 60 V nicht überschritten werden. Bei TN-Systemen kann AC 25 V oder DC 60 V unter Einhaltung der Abschaltzeiten (DIN VDE 0100-410) durch zusätzlichen Schutzpotentialausgleich erfüllt werden.

Bei *TN-Systemen* in medizinischen Bereichen der Gruppe 1 müssen in Endstromkreisen (Steckdosen, Leuchten, fest angeschlossene Betriebsmittel) bis 32 A Fehlerstromschutzeinrichtungen (RCDs) des Typs A oder B mit einem Bemessungsdifferenzstrom ≤ 30 mA eingesetzt werden. In Bereichen der Gruppe 2 darf in Endstromkreisen der Schutz durch automatische Abschaltung nur mit Fehlerstromschutzeinrichtungen (RCDs) des Typs A oder B für folgende Stromkreise angewendet werden, für die Versorgung

- von Operationstischen,
- von Röntgengeräten,
- von Verbrauchsmitteln mit einer Nennleistung größer 5 kVA,
- der Beleuchtung (Achtung: hier ist darauf zu achten, dass die allgemeine Stromversorgung und die Stromversorgung für Sicherheitszwecke auf zwei verschiedene RCDs aufzuteilen sind).

TT-Systeme sind für medizinische Einrichtungen der Gruppe 2 nicht zugelassen. Wird durch den Netzbetreiber nur ein TT-System angeboten, so muss für die Bereiche der Gruppe 2 ein Transformator installiert werden, um ein TN- bzw. ein IT-System zu errichten.

IT-Systeme: In medizinischen Bereichen der Gruppe 2 wird das *IT-System* bevorzugt eingesetzt, weil die Stromversorgung beim ersten Körper- oder Erdschluss fortgesetzt werden kann. Für Steckdosenstromkreise im Bereich der Gruppe 2, an die medizinische Geräte angeschlossen werden, und für Stromkreise für die OP-Beleuchtung oder vergleichbare Leuchten muss das IT-System angewendet werden. Für jede Raumgruppe ist mindestens ein separates IT-System notwendig. Als Ausnahme gelten über das TN-System versorgte Stromkreise, die, wie vorher beschrieben, besondere Bedingungen erfüllen müssen. Jedes IT-System ist auf Isolationsfehler hin (nach DIN EN 61557-9 (**VDE 0413-9**)) zu überwachen. An den IT-Systemen sind Alarmierungseinrichtungen vorzusehen, die optisch und akustisch wahrgenommen werden können, und zwar an einem Platz, der mit medizinischem Fachpersonal ständig besetzt ist. Außerdem müssen die Signale an das technische Personal weitergeleitet werden. Art der Signale:

- grüne Anzeige: Normalbetrieb,
- gelbe Anzeige: der Minimalwert des Isolationswiderstands ist erreicht oder Maximalwert der Transformatorlast oder ein erster Fehler in der Umschalteinrichtung ist aufgetreten; es darf keine Möglichkeit bestehen, das Signal zu löschen oder auszuschalten,
- akustisches Signal: der Minimalwert des Isolationswiderstands ist erreicht oder Maximalwert der Transformatorlast/Transformatortemperatur oder ein erster Fehler in der Umschalteinrichtung ist aufgetreten; das akustische Signal darf stumm geschaltet werden,
- nach der Fehlerbehebung muss die gelbe Anzeige erlöschen und die grüne Anzeige muss den Normalbetrieb anzeigen.

IT-System-Transformator: Überwachung der Überlast und der Temperatur muss unverzögert gemeldet und von einer ständig besetzten Stelle wahrgenommen und an das technische Personal weitergeleitet werden. Im Sekundärkreis des Transformators ist ein Schutz bei Überlast nicht zugelassen; Überstromschutzeinrichtungen im Eingangskreis des Transformators sind nur zum Schutz bei Kurzschluss zu verwenden.

Selektivität bei Überstromschutzeinrichtungen: Bei einem Kurzschluss in einem Endstromkreis dürfen Stromkreise des vorgeschalteten Verteilers nicht unterbrochen werden.

Bei Drehstromtransformatoren muss durch Bauart oder Schaltungsart sichergestellt sein, dass bei Schieflast oder Fehlern auf der Primärseite keine Spannungserhöhung auf der Sekundärseite auftritt.

Auf der Primär- und Sekundärseite sind Schutzeinrichtungen nur gegen Kurzschluss zulässig. Gegen Überlast sind Überwachungseinrichtungen vorzusehen, die eine zu hohe Temperatur melden. Transformatorenzuleitungen sind von der Umschalteinrichtung bis zu den nachfolgenden Verteilerabschnitten kurzschluss- und erdschlusssicher zu verlegen. Dies wird erreicht durch Leiteranordnung aus starren Leitern oder Aderleitungen mit ausreichendem Abstand, der eine gegenseitige Berührung und Berührungen mit geerdeten Teilen sicher verhindert.

Merke: Es wird empfohlen, für medizinisch genutzte Bereiche wegen ihrer Größe, des Leistungsbedarfs und der Bedeutung der Stromversorgung mindestens zwei IT-Systeme vorzusehen. Die größte Nennausgangsleistung eines Transformators ist auf 8 kVA begrenzt.

Steckdosenstromkreise: An jedem Patientenplatz Steckdosen mindestens auf zwei separate Stromkreise aufteilen oder jede Steckdose muss einzeln gegen Überstrom geschützt sein. Die Beleuchtung, z. B. der Patientenzimmer, ist sowohl aus der allgemeinen Versorgung als auch aus der Versorgung für Sicherheitszwecke über jeweils einen RCD zu speisen. Außerdem wird im Teil 710 gefordert, auch die Steckdosen aus der Sicherheitsversorgung auf zwei Stromkreise mit jeweils einem RCD aufzuteilen. Die Steckdosen im IT System müssen so konstruiert oder gekennzeichnet sein, dass sie nicht mit den Steckdosen anderer Systeme (z. B. TN-S-System) verwechselt werden, d. h., im gleichen medizinisch genutzten Bereich müssen Steckdosen des IT-Systems sich deutlich von Steckdosen anderer Systeme unterscheiden. Sind Steckdosen für den Anschluss von medizinischen Geräten vorgesehen, müssen sie mit einer Spannungsanzeige (grün) versehen sein. Steckdosen, geschützt durch eine Fehlerstromschutzeinrichtung (RCD): Für jeden Stromkreis mit RCD 30 mA muss die max. Anzahl der Steckdosen festgelegt werden.

Schutzpotentialausgleich: Der Schutzpotentialausgleich über die Haupterdungsschiene und der zusätzliche Schutzpotentialausgleich müssen isoliert und an den Anschlussstellen grün-gelb gekennzeichnet sein. In jedem Bereich der Gruppen 1 und 2 ist ein zusätzlicher Schutzpotentialausgleich vorzusehen und mit einer Schutzpotentialausgleichsschiene zu verbinden.

Um Potentialdifferenzen auszugleichen, sind nachstehende Teile in der Patientenumgebung, soweit vorhanden, untereinander zu verbinden:

- Schutzleiter,
- fremde leitfähige Teile,
- Abschirmung gegen elektrische Störfelder,
- Verbindungen zu ableitfähigen Fußböden,

- Metallschirm des Transformators für das IT-System,
- ortsfeste, nicht elektrisch betriebene OP-Tische, insofern sie nicht gegen Erde isoliert sind.

Um ortsveränderliche medizinische elektrische Geräte und ortsveränderliche OP-Leuchten in den Schutzpotentialausgleich einbeziehen zu können, sind im Bereich der Gruppe 2 in der Nähe der Patientenposition Anschlussbolzen für Potentialausgleichsleitungen (DIN 42801-2) anzubringen. Der Anschluss erfolgt nach der Gebrauchsanleitung der Geräte. Die Potentialausgleichsschiene ist in dem medizinisch genutzten Bereich (Raum oder Raumgruppe) oder in dessen Nähe anzuordnen und mit den unterschiedlich gekennzeichneten Schutzleitern und Schutzpotentialausgleichsleitern zu verbinden.

0100-710

Brandschutz: Es gelten Mindestanforderungen nach DIN VDE 0100-420 „Schutz gegen thermische Auswirkungen", DIN VDE 0100-430 „Schutz bei Überstrom", DIN VDE 0100-442 „Schutz bei vorübergehenden Überspannungen" und DIN VDE 0100-443 „Schutz bei Überspannungen infolge atmosphärischer Überspannungen". Zusätzlich können in vielen Fällen Vorschriften und gesetzliche Regelungen bestehen, die zu beachten sind. Mehrere Verteiler innerhalb eines Brandabschnitts dürfen über zwei Zuleitungen auch im IT-System versorgt werden. Allerdings sollten bei mehreren IT-Systemen in einem Gebäude auch mehrere Umschalteinrichtungen vorgesehen werden. Bei mehr als einem IT-System hinter einer Umschalteinrichtung ist in jeder Transformatorzuleitung eine Schutzeinrichtung vorzusehen, die nur bei Kurzschluss im oder am Transformator oder im Verteiler vor den Schutzeinrichtungen der Endstromkreise auslöst. Dadurch kann der Ausfall aller IT-Systeme verhindert werden. Transformatoren, Verteiler und dazugehörige Kabel und Leitungen müssen sich im selben Geschoss und Brandabschnitt wie die versorgten medizinisch genutzten Bereiche der Gruppe 2 befinden oder in einem eigenen, direkt angrenzenden Brandabschnitt.

Schutz gegen elektromagnetische Störungen: Um Störungen durch netzfrequente magnetische Felder in medizinisch genutzten Bereichen zu vermeiden, sollen folgende Werte der magnetischen Induktion (Richtwerte) nicht überschritten werden:

- $B = 2 \cdot 10^{-7}$ T für EEG,
- $B = 4 \cdot 10^{-7}$ T für EKG.

Diese Werte werden normalerweise eingehalten, wenn der Abstand zwischen Patientenplatz mit vorwiegend induktiven Betriebsmitteln großer Leistung (Transformatoren, Motoren mit einer Nennleistung über 3 kW) 6 m beträgt. Als Mindestabstand zu mehradrigen Kabeln und Leitungen gilt:

Leiterquerschnitt in mm^2	Mindestabstand in m
10 bis 70	3
95 bis 185	6
> 185	9

Größere Abstände werden bei einadrigen Kabeln oder Leitungen und bei Stromschienensystemen erforderlich. In Zweifelsfällen wird vor Ort eine Messung durch Sachverständige oder Prüfinstitute empfohlen.

Schutz gegen Auswirkungen elektrostatischer Aufladungen: Um sie zu vermeiden, darf der Ableitwiderstand des Fußbodens höchstens 10 MΩ und nach vier Jahren Standzeit höchstens 100 MΩ betragen. Die elektrostatische Erdung der Geräte und der Menschen muss über den Fußbodenbelag gewährleistet sein. Ortsfeste und bewegliche Einrichtungsgegenstände müssen untereinander und mit dem Fußboden leitend verbunden sein.

Elektrische Anlagen für Sicherheitszwecke: Bei einer Störung des allgemeinen Netzes müssen die notwendigen medizinischen Einrichtungen (Sicherheitsbeleuchtung und andere Verbrauchsmittel von Sicherheitseinrichtungen) weiter versorgt werden können, daher ist in medizinisch genutzten Gebäuden ein Netz für Sicherheitszwecke aufzubauen. Diese Einrichtungen müssen aus Sicherheitsstromquellen innerhalb von 0,5 s (OP-Leuchten, lebenserhaltende ME-Geräte, ME-Geräte mit Lichtquellen für wichtige medizinische Tätigkeiten), von 15 s (elektrische Verbrauchsmittel nach **Tabelle 710.2**) oder nach längerer Zeit (über 15 s; allgemeine Anlagen der Sicherheitstechnik) weiter betrieben werden können, sobald die Spannung der allgemeinen Stromversorgung über einen Zeitraum von mehr als 0,5 s um mehr als 10 % (Nennspannung) gesunken ist.

Merke: In den Bereichen der Gruppen 1 und 2 muss bei einem Fehler innerhalb der allgemeinen Stromversorgung die Sicherheitsbeleuchtung mit einer Umschaltzeit von ≤ 15 s weiterversorgt werden. ME-Geräte, die dem Lebenserhalt des Menschen dienen, müssen innerhalb von 0,5 s weiterversorgt werden können. OP-Leuchten und andere unentbehrliche Leuchten in Bereichen der Gruppe 2 müssen von einem BSV (batteriegestütztes zentrales Stromversorgungssystem für Sicherheitszwecke) mit einer Umschaltzeit ≤ 0,5 s versorgt werden. Dabei muss das BSV für eine Versorgungsdauer von 3 h bemessen sein (Ausnahme: 1 h).

In medizinisch genutzten Bereichen der Gruppe 1 außerhalb von Kliniken (z. B. in Arztpraxen) oder vergleichbaren Einrichtungen ist die Errichtung einer Stromversorgung für Sicherheitszwecke nicht erforderlich, wenn der Stromausfall die medizinische Behandlung nicht gefährdet.

Anwendungen für elektrische Verbrauchsmittel der Notbeleuchtung/Sicherheitsbeleuchtung, bei denen im Falle des Netzausfalls die Umschaltzeit der Stromquelle für Sicherheitszwecke 15 s nicht überschreiten darf[1]:
• Standorte für Schalt- und Steuergeräte für Notstromgeneratorsätze und für Hauptverteiler der allgemeinen Stromversorgung und der Versorgung für Sicherheitszwecke, • Überwachungsanlagen und Feuermeldezentralen, • medizinische Bereiche, in denen lebenswichtige Tätigkeiten vorgesehen sind: mindestens eine Leuchte muss von einer Stromquelle für Sicherheitszwecke versorgt werden, • Bereiche der Gruppe 1: mindestens eine Leuchte muss von einer Stromquelle für Sicherheitszwecke versorgt werden, • Bereiche der Gruppe 2: mindestens 50 % der Beleuchtungseinrichtungen müssen von einer Stromquelle für Sicherheitszwecke versorgt werden
[1] bei Schutz durch Abschaltung sind die Stromkreise so anzuordnen, dass nicht alle Beleuchtungsstromkreise eines Raums oder Rettungswegs ausfallen, wenn eine Schutzeinrichtung anspricht

Tabelle 710.2 Elektrische Verbrauchsmittel der Sicherheitsbeleuchtung, bei denen die Umschaltzeit 15 s nicht überschritten werden darf, nach DIN VDE 0100-710

0100-710

Sicherheitsstromquellen: Akkumulatoren und Generatoren, deren Antriebsmaschine unabhängig ist von der allgemeinen Stromversorgung, z. B. Hubkolben-Verbrennungsmotoren (DIN 6280-13) und Blockheizkraftwerke (BHKW) mit Hubkolben-Verbrennungsmotoren (DIN 6280-14), deren Einsatzbereitschaft ständig überwacht werden muss. Wichtig: Eine zusätzliche Einspeisung aus der allgemeinen Stromversorgung ist nicht zulässig, auch wenn sie von der normalen Einspeisung aus dem Netz unabhängig ist. Stromquellen für Sicherheitszwecke müssen eine Versorgung von mindestens 24 h (Ausnahme: Verringerung auf 3 h) sicherstellen.

Merke: Bei Ausfall der allgemeinen Stromversorgung muss eine Mindestbeleuchtungsstärke zur Verfügung stehen. **Tabelle 710.3** zeigt die Mindestbeleuchtungsstärke der Sicherheitsbeleuchtung.

Bei Ausfall der allgemeinen Stromversorgung muss in medizinisch genutzten Gebäuden die Sicherheitsbeleuchtung mit einer Mindestbeleuchtungsstärke zur Verfügung stehen:
• Rettungswege (Beleuchtung ist auf zwei Stromkreise und abwechselnde Leuchten aufzuteilen), • Ausgangswegweiser, • Schaltanlagen mit Nennspannung über 1 kV, • Standorte für Hauptverteiler und deren Zugänge, • Standorte für Schalt- und Steuergeräte für Sicherheitsstromquellen, • medizinisch genutzte Bereiche der Gruppe 1 mit mindestens einer Leuchte pro Raum, die von der Sicherheitsstromquelle versorgt wird, • medizinisch genutzte Bereiche der Gruppe 2 mit mindestens 50 % der Beleuchtung.
In medizinisch genutzten Bereichen der Gruppen 1 und 2 und bei Rettungswegen sind Leuchten mindestens auf zwei Stromkreise aufzuteilen (eine auf die Sicherheitsstromversorgung und mindestens eine auf die allgemeine Versorgung). Leuchten an den Rettungswegen sind den Stromkreisen abwechselnd zuzuordnen.

Tabelle 710.3 Mindestbeleuchtungsstärken für medizinisch genutzte Bereiche nach DIN VDE 0100-710

Die max. zulässige Umschaltzeit (Unterbrechungszeit) ist abhängig vom medizinischen Einsatzort und von der Gruppe des medizinisch genutzten Bereichs. Unterbrechungszeiten sind in **Tabelle 710.4** angegeben. Die in der Tabelle enthaltenden Werte dienen als Leitfaden.

Medizinischer Bereich	Gruppe			Unterbrechungszeit	
	0	1	2	≤ 0,5 s	> 0,5 s, aber ≤ 15 s
1. Massageraum	×	×			×
2. Bettenraum		×			×
3. Entbindungsraum		×			×
4. ECG, EEG, EHG-Raum		×			×
5. Endoskopieraum		×[b]		×	×[b]
6. Untersuchungs- und Behandlungsraum		×		×	×
7. Urologieraum		×[b]		×	×[b]
8. radiologischer Diagnostik- und Behandlungsraum, außer unter 21		×			×
9. Hydrotherapieraum		×			×
10. Physiotherapieraum		×			×
11. Anästhesieraum			×	×[a]	×
12. Operationsraum			×	×[a]	×
13. Operations-Vorbereitungsraum			×	×[a]	×
14. Operations-Gipsraum			×	×[a]	×
15. Operations-Aufwachraum			×	×[a]	×
16. Herzkathederraum			×	×[a]	×
17. Intensivpflegeraum			×	×[a]	×
18. Angiografieraum			×	×[a]	×
19. Hämodialyseraum		×			×
20. Magnetfeld-Behandlungsraum (MRT)		×	×	×	×
21. Nuklearmedizin-Raum		×			×
22. Frühgeborenen-Raum			×	×[a]	×
23. Zwischenpflegestation			×	×	×

a) Beleuchtung und lebenswichtige medizinische elektrische Einrichtungen, die eine Stromversorgung innerhalb von 0,5 s oder schneller benötigen.
b) Wenn es kein Operationsraum ist.

Tabelle 710.4 Patientenumgebung – Zuordnung von medizinischen Bereichen zu Gruppen und zur Sicherheitsversorgung nach zulässigen Unterbrechungszeiten (Beispiele) nach DIN VDE 0100-710:2012-10, Anhang B

Dokumentation: Der Errichter muss für den Betreiber entsprechende Dokumentationen zur Verfügung stellen, wie Schalt- und Verdrahtungspläne, Zeichnungen, Protokolle und Bedienungs-und Wartungsanleitungen, aus denen Informationen z. B. zur Anordnung der Verteiler im Gebäude, über die Stromart, die Nennspannung, die Anzahl und die Leistung der Transformatoren und die Stromquellen für Sicherheitszwecke, die Bezeichnung der Stromkreise, den Nennstrom, die Einstellwerte der Überstromschutzeinrichtungen, die Leiterquerschnitte und die Leitungslängen hervorgehen.

Prüfungen: Die Erstprüfung und wiederkehrende Prüfungen sind nach DIN VDE 0100-600 durchzuführen. Daten und Ergebnisse sind zu dokumentieren. Zusätzlich sind die in **Tabelle 710.5** (Erstprüfung) und **Tabelle 710.6** (wiederkehrende Prüfungen) vorgesehenen Prüfungen nachzuweisen.

Erstprüfung	
Die ergänzenden Prüfungen für elektrische Anlagen in medizinisch genutzten Bereichen müssen vor der Inbetriebnahme der Anlagen, nach Änderungen und Reparaturen und vor Wiederinbetriebnahme zum Nachweis der Anforderungen durchgeführt werden.	
Lfd. Nr.	**Durchzuführende Prüfung**
1	Funktion der Isolationsüberwachungsgeräte des medizinischen IT-Systems und der akustischen und optischen Alarmsysteme
2	Funktion des zusätzlichen Potentialausgleichs, Einbeziehung aller notwendigen Einrichtungen in den Potentialausgleich
3	Anforderungen für die sichere Versorgung
4	Messung des Ableitstroms der Ausgangswicklung und des Gehäuses der Transformatoren für das medizinische IT-System im unbelasteten Zustand
5	richtige Auswahl der Betriebsmittel zur Einhaltung der Anforderungen der Sicherheitsstromversorgung entsprechend den Planungsunterlagen
6	Selektivität der Stromversorgung für Sicherheitszwecke
7	gleichmäßige Belastung der Netze
8	Schutzmaßnahmen auf Übereinstimmungen mit den Anforderungen für die medizinisch genutzten Bereiche der Gruppen 1 und 2 prüfen
9	lichttechnische Überprüfung nach DIN 5035-6

Tabelle 710.5 Ergänzende Erstprüfungen in medizinisch genutzten Bereichen nach DIN VDE 0100-710

Wiederkehrende Prüfungen		
Die wiederkehrenden Prüfungen als Ergänzung zu den nach DIN VDE 0100-600 zu ermittelnden Nachweisen sind nach Angaben der Hersteller bzw. Errichter durchzuführen. Dabei sind Anforderungen in Vorschriften und gesetzlichen Regelungen vorrangig zu beachten. Wenn es keine Vorschriften gibt, werden die aufgeführten Prüfungsintervalle empfohlen.		
Lfd. Nr.	**Durchzuführende Prüfung**	**Intervalle [1)]**
1	Funktion der Umschalteinrichtung	jährlich
2	Funktion des Isolationsüberwachungssystems	jährlich
3	Einstellwerte der Schutzgeräte durch visuelle Untersuchung	jährlich
4	Wirksamkeit der zusätzlichen Potentialausgleiche	alle drei Jahre
5	Wirksamkeit der Schutzmaßnahmen gegen elektrischen Schlag durch Messung	alle drei Jahre
6	Auslösen der Fehlerstromschutzeinrichtung (RCD) bei Bemessungsdifferenzstrom	spätestens jährlich
7	Funktionstest der Sicherheitsstromversorgung mit Batterien: 15 min	monatlich
8	Funktionstest der Sicherheitsstromversorgung mit Verbrennungsmaschinen: 60 min	monatlich
9	sichere Versorgung mit Verbrennungsmaschinen bis zum Erreichen der Nennbetriebstemperatur[2)]: Dauerbetrieb	jährlich
10	sichere Versorgung mit Batterien: Kapazitätstest	jährlich
11	Funktion der Beleuchtung der Fluchtwege und Rettungszeichen	jährlich
[1)] angegebene Intervalle nach DIN VDE 0100-710 [2)] Belastung der Stromquelle zwischen 80 % und 100 % der Nennleistung der Sicherheitsstromquelle		

Tabelle 710.6 Ergänzende wiederkehrende Prüfungen in medizinisch genutzten Bereichen nach DIN VDE 0100-710

Anforderungen kurzgefasst	
	Anforderungen
Stromversorgung	die Stromversorgung für Sicherheitszwecke muss bei Ausfall der allgemeinen Stromversorgung automatisch die Versorgung übernehmen; die Systeme müssen getrennt voneinander untergebracht sein; verschiedene Zeiten der automatischen Weiterversorgung sind vorgegeben; Stromversorgung über zwei voneinander unabhängige Zuleitungen
Bereiche mit Gruppeneinteilungen	die Gruppen 0, 1 und 2 machen die unterschiedlichen Gefahrenzonen in medizinisch genutzten Räumen deutlich
Systeme nach Art der Erdverbindung	grundsätzlich sind TN-, TT- und IT-System erlaubt, aber mit Einschränkungen, z. B. das TN-C-System ist nicht zugelassen; Hauptanwendung in medizinischen Räumen ist das medizinische IT-System
Verteiler	nach Normen der Reihe DIN EN 60439 (**VDE 0660-600-*x***); Gehäuse oder Verkleidungen aus Stahlblech; Aufstellung außerhalb der Gruppe 2
Transformatoren	für medizinische IT-Systeme nach DIN EN 61558-2-15 (**VDE 0570-2-15**); zusätzliche Anforderungen nach DIN VDE 0100-710
Kabel und Leitungen	zwei redundante Netze für die allgemeine und die Stromversorgung für Sicherheitszwecke müssen in getrennten Trassen verlegt werden; Kabel und Leitungen im Bereich der Gruppe 2 dürfen nur Geräte in diesem Bereich 2 versorgen
Basis- und Fehlerschutz	nicht erlaubt sind: Schutz durch Hindernisse, Schutz durch Anordnung außerhalb des Handbereichs und Schutz durch nicht leitende Umgebung, Schutz durch erdfreien örtlichen Schutzpotentialausgleich, Schutztrennung mit mehr als einem Verbrauchsmittel
Basisschutz	Schutz durch Isolierung und Schutz durch Abdeckung oder Umhüllung
SELV und PELV	in Gruppen 1 und 2: ≤ AC 25 V oder ≤ DC 60 V; Anwendung PELV in Gruppe 2: Körper in zusätzlichen Schutzpotentialausgleich einbeziehen
FELV	in keinem medizinisch genutzten Bereich der Gruppen zugelassen
automatische Abschaltung	in Bereichen der Gruppen 0 und 1 dürfen alle Maßnahmen zum Schutz der automatischen Abschaltung angewendet werden, allerdings nur mit zulässiger Berührungsspannung AC 25 V oder DC 60 V
TN-System	Anwendung mit Einschränkungen, siehe Erläuterungen
TT-System	für medizinische Einrichtungen der Gruppe 2 nicht zugelassen
IT-System	für medizinische Einrichtungen der Gruppe 2 das bevorzugte System
Steckdosenstromkreise	an jedem Patientenplatz Steckdosen mindestens auf zwei separate Stromkreise aufteilen; RCD 30 mA; Spannungsanzeige für Steckdosen zum Anschluss von Geräten
Schutzpotentialausgleich	in Bereichen der Gruppen 1 und 2 ist ein zusätzlicher Schutzpotentialausgleich vorzusehen

Tabelle 710.7 Anforderungen aus DIN VDE 0100-710

Anforderungen kurzgefasst	
	Anforderungen
Brandschutz	es müssen Anforderungen aus verschiedenen Teile der DIN VDE 0100 berücksichtigt werden; nach DIN VDE 0100-710 muss der Ausfall eines IT-Systems verhindert werden; die Betriebsmittel und Anlagen im Bereich der Gruppe 2 müssen unter dem Gesichtspunkt des Brandschutzes betrachtet werden
Schutz gegen elektromagnetische Störungen	vorgegebene Richtwerte sollten nicht überschritten werden; Mindestabstände zu mehradrigen Kabeln sind einzuhalten
Schutz gegen Auswirkungen elektrostatischer Aufladungen	Ableitwiderstand des Fußbodens: max. 10 MΩ; nach vier Jahren max. 100 MΩ
Anlagen für Sicherheitszwecke	in medizinischen Bereichen muss ein Netz für Sicherheitszwecke aufgebaut werden; bei Störungen der allgemeinen Stromversorgung muss eine Umschaltautomatik (unterschiedliche Schnelligkeit der Umschaltung, 0,5 s/15 s) die Weiterversorgung durch die Stromversorgung für Sicherheitszwecke gewährleisten; es muss eine Mindestbeleuchtungsstärke in den Bereichen zur Verfügung stehen
Dokumentation	der Errichter muss dem Betreiber der Anlagen ausführliche Dokumentationsunterlagen zur Verfügung stellen
Prüfungen	Erstprüfungen und wiederkehrende Prüfungen sind durchzuführen nach DIN VDE 0100-600; Intervalle der durchzuführenden Prüfungen aus DIN VDE 0100-710

Tabelle 710.7 (*Fortsetzung*) Anforderungen aus DIN VDE 0100-710

0100-710

Literatur

[1] DIN VDE 0100-410 (**VDE 0100-410**):2018-10 Errichten von Niederspannungsanlagen – Teil 4-41: Schutzmaßnahmen – Schutz gegen elektrischen Schlag. Berlin · Offenbach: VDE VERLAG

[2] DIN VDE 0100-430 (**VDE 0100-430**):2010-10 Errichten von Niederspannungsanlagen – Teil 4-43: Schutzmaßnahmen – Schutz bei Überstrom. Berlin · Offenbach: VDE VERLAG

[3] DIN VDE 0100-540 (**VDE 0100-540**):2012-06 Errichten von Niederspannungsanlagen – Teil 5-54: Auswahl und Errichtung elektrischer Betriebsmittel – Erdungsanlagen und Schutzleiter. Berlin · Offenbach: VDE VERLAG

[4] DIN VDE 0100-559 (**VDE 0100-559**):2014-02 Errichten von Niederspannungsanlagen – Teil 5-559: Auswahl und Errichtung elektrischer Betriebsmittel – Leuchten und Beleuchtungsanlagen. Berlin · Offenbach: VDE VERLAG

[5] DIN VDE 0100-710 (**VDE 0100-710**):2012-10 Errichten von Niederspannungsanlagen – Teil 7-710: Anforderungen für Betriebsstätten, Räume und Anlagen besonderer Art – Medizinisch genutzte Bereiche. Berlin · Offenbach: VDE VERLAG

[6] DIN EN 61557-8 (**VDE 0413-8**):2015-12 Elektrische Sicherheit in Niederspannungsnetzen bis AC 1 000 V und DC 1 500 V – Geräte zum Prüfen, Messen oder Überwachen von Schutzmaßnahmen – Teil 8: Isolationsüberwachungsgeräte für IT-Systeme. Berlin · Offenbach: VDE VERLAG

[7] DIN EN 61558-2-15 (**VDE 0570-2-15**):2012-09 Sicherheit von Transformatoren, Drosseln, Netzgeräten und entsprechenden Kombinationen – Teil 2-15: Besondere Anforderungen und Prüfungen an Trenntransformatoren zur Versorgung medizinischer Räume. Berlin · Offenbach: VDE VERLAG

[8] DIN EN 60601 (**VDE 0750**) (alle Teile) Medizinische elektrische Geräte. Berlin · Offenbach: VDE VERLAG

[9] DIN EN 60601-1 (**VDE 0750-1**):2013-12 Medizinisch elektrische Geräte – Teil 1: Allgemeine Festlegungen für die Sicherheit einschließlich der wesentlichen Leistungsmerkmale. Berlin · Offenbach VDE VERLAG

[10] *Rudnik, S.*; *Pelta, R.*: Der Lotse durch die DIN VDE 0100. VDE-Schriftenreihe 144. Berlin · Offenbach: VDE VERLAG, 2018. – ISBN 978-3-8007-4373-5, ISSN 0506-6719

[11] *Flügel, T.*; *Linke, W.; Möller, E.; Slischka, H.-J.*; *Tillmanns, K.*: Starkstromanlagen in medizinisch genutzten Gebäuden mit stationären oder ambulanten Bereichen. VDE-Schriftenreihe 17. Berlin · Offenbach: VDE VERLAG, 2004. – ISBN 978-3-8007-2781-0, ISSN 0506-6719

0100-710

Weitere Informationen enthält das Buch

Flügel, T.; *Linke, W.; Möller, E.; Slischka, H.-J.*; *Tillmanns, K.*: Starkstromanlagen in medizinisch genutzten Gebäuden mit stationären oder ambulanten Bereichen (VDE-Schriftenreihe 17, ISBN 978-3-8007-2781-0)

DEUTSCHE NORM		November 2003
	Errichten von Niederspannungsanlagen Anforderungen für Betriebsstätten, Räume und Anlagen besonderer Art Teil 711: Ausstellungen, Shows und Stände (IEC 60364-7-711:1998, modifiziert) Deutsche Fassung HD 384.7.711 S1:2003	DIN VDE 0100-711
VDE	Diese Norm ist zugleich eine **VDE-Bestimmung** im Sinne von VDE 0022. Sie ist nach Durchführung des vom VDE-Vorstand beschlossenen Genehmigungsverfahrens unter nebenstehenden Nummern in das VDE-Vorschriftenwerk aufgenommen und in der etz Elektrotechnische Zeitschrift bekannt gegeben worden.	Klassifikation **VDE 0100** Teil 711

Diese Norm enthält die Deutsche Fassung des Harmonisierungsdokuments **HD 384.7.711 S1**

ICS 91.140.50

Erection of low voltage installations – Requirements for special installations or locations – Part 711: Exhibitions, shows and stands (IEC 60364-7-711:1998, modified);
German version HD 384.7.711 S1:2003

0100-711

Anwendungsbereich

Die besonderen Anforderungen des Teils 711 der DIN VDE 0100 gelten in Verbindung mit den Teilen der Gruppen 100 bis 600 für vorübergehend errichtete Anlagen in Ausstellungen, Shows und Ständen zum Schutz der Benutzer. Sie sind auch bei mobilen und tragbaren Ständen und Ausstattungen anzuwenden.

Die Anforderungen aus dem Teil 711 gelten nicht für elektrische Anlagen eines Gebäudes, auch dann nicht, wenn in diesem Gebäude Ausstellungen, Shows oder Stände aufgebaut werden können. Außerdem gilt dieser Teil nicht für Ausstellungsgegenstände (Exponate), denn dafür müssen die gesonderten Normen herangezogen werden.

Wichtiger Hinweis: Die DIN VDE 0100-740 „Räume und Anlagen besonderer Art – Vorübergehend errichtete Anlagen für Aufbauten, Vergnügungseinrichtungen und Buden auf Kirmesplätzen, Vergnügungsparks und für Zirkusse" (in der Norm auch als „Fliegende Bauten" beschrieben) kann in der Praxis mit DIN VDE 0100-711 zu Überschneidungen führen.

Merke: Bei der DIN VDE 0100-711 und DIN VDE 0100-740 handelt es sich per Definition um unterschiedliche Räume und Anlagen besonderer Art und damit auch um unterschiedliche Anforderungen an die elektrischen Anlagen und Betriebsmittel, worauf die Elektrofachkraft achten muss.

Eingliederung des Teils 711 in die Struktur der Normen der Reihe DIN VDE 0100

Gruppe 100
Anwendungsbereich, Allgemeine Grundsätze

Gruppe 200
Begriffe

Gruppe 400 Schutzmaßnahmen	Gruppe 500 Auswahl und Errichtung	Gruppe 600 Prüfungen

Gruppe 700
Anforderungen für Betriebsstätten, Räume und Anlagen besonderer Art

Teil 701 Räume mit Badewanne oder Dusche	Teil 702 Becken von Schwimmbädern, begehbaren Wasserbecken und Springbrunnen	Teil 703 Räume und Kabinen mit Saunaheizungen	Teil 704 Baustellen	Teil 705 Elektrische Anlagen von landwirtschaftlichen und gartenbaulichen Betriebsstätten
Teil 706 Leitfähige Bereiche mit begrenzter Bewegungsfreiheit	Teil 708 Caravanplätze, Campingplätze und ähnliche Bereiche	Teil 709 Marinas und ähnliche Bereiche	Teil 710 Medizinisch genutzte Bereiche	Teil 711 Ausstellungen, Shows und Stände
Teil 712 Solar-Photovoltaik-(PV-)Stromversorgungssysteme	Teil 713 Möbel und ähnliche Einrichtungsgegenstände	Teil 714 Beleuchtungsanlagen im Freien	Teil 715 Kleinspannungs-Beleuchtungsanlagen	Teil 717 Ortsveränderliche oder transportable Baueinheiten
Teil 718 Öffentliche Einrichtungen und Arbeitsstätten	Teil 721 Elektrische Anlagen von Caravans und Motorcaravans	Teil 722 Stromversorgung Elektrofahrzeuge	Teil 723 Unterrichtsräume mit Experimentiereinrichtungen	Teil 729 Bedienungsgänge und Wartungsgänge
Teil 730 Elektrischer Landanschluss für Fahrzeuge der Binnenschifffahrt	Teil 731 Abgeschlossene elektrische Betriebsstätten	Teil 737 Feuchte und nasse Bereiche und Räume und Anlagen im Freien	Teil 740 Vorübergehend errichtete elektrische Anlagen für Aufbauten, Vergnügungseinrichtungen und Buden auf Kirmesplätzen, Vergnügungsparks und für Zirkusse	Teil 753 Heizleitungen und umschlossene Heizsysteme

Gruppe 800
Energieeffizienz, Intelligente Niederspannungsanlagen

Inhaltsverzeichnis der DIN VDE 0100-711

Wesentliche Änderungen in der Ausgabe 2003 gegenüber den Ausgaben 1994 und 1996

Der Norminhalt dieses Teils 711 der DIN VDE 0100 war vorher in den Entwürfen E DIN IEC 64(Sec)674 (**VDE 0100-711**):1994-04 und E DIN IEC 64/876/CD (**VDE 0100-711/A1**):1996-08 veröffentlicht und wurde komplett in die Ausgabe DIN VDE 0100-711:2003-11 übernommen. Daher sind an dieser Stelle keine Änderungen anzugeben.

Termine

Anwendungsbeginn der DIN VDE 0100-711:2003-11	**ab: 1. November 2003**
Für am 1. November 2003 in Planung oder in Bau befindliche Anlagen galt eine Einführungsfrist	**bis: 31. Januar 2006**

Zum Inhalt der DIN VDE 0100-711:2003-11

Kurzübersicht zur schnellen Information

- In „Räumen besonderer Art – Ausstellungen, Shows und Stände“ erhöht sich das Gefahrenpotenzial bei elektrischen Anlagen und Betriebsmitteln dadurch, dass es sich häufig nur um vorübergehend errichtete Anlagen handelt und die Betriebsmittel durch elektrotechnische Laien eingesetzt werden. Außerdem werden unter Umständen auch elektrische Betriebsmittel durch die Nutzer mitgebracht, die teilweise fehlerhaft sind.
- Versorgungsspannung Einphasenwechselstrom bis zu 230 V, Drehstrom bis zu 400 V, Gleichstrom bis zu 500 V.
- Einsatz von TN-System, nur als TN-S-System zulässig.
- Automatische Abschaltung: Endstromkreise und Steckdosenstromkreise $\leq$ 32 A müssen mit RCD 30 mA, Kabel und Leitungen, die zur Versorgung der Ausstellungen, Stände, Shows dienen, sollten am Speisepunkt mit RCD 300 mA geschützt sein.
- Ersatzstromversorgungsanlagen können als Speisepunkt genutzt werden.
- Zusätzlicher Schutzpotentialausgleich für alle fremden leitfähigen Teile von Fahrzeugen, Wagen, Containern und ähnlichen Gegenständen.
- Kleinspannung SELV und PELV zulässig.
- Nicht alle Schutzmaßnahmen gegen elektrischen Schlag sind erlaubt.
- Eigene Trennvorrichtung für jede vorübergehend errichtete Einheit, wie Stand, Fahrzeug usw.
- Achtung, Maßnahmen zum Brandschutz müssen ergriffen werden, u. a. nach DIN VDE 0100-420.
- Ausreichende Anzahl von Steckdosen sollten den Benutzern zur Verfügung stehen; bei Fußbodensteckdosen Eindringen von Wasser verhindern.
- Kabel und Leitungen: flexible Leitungen und fest verlegte Kabel sowie Leitungen mit Kupferleitern und einem Mindestquerschnitt von 1,5 mm^2 dürfen verwendet werden; gängige Kabeltypen wie NYM und NYY sind nur erlaubt, wenn in den Gebäuden Feueralarmsysteme installiert sind oder bei Verlegung in Rohren/Kanälen, ansonsten Bauarten wie NHMH.
- Steuer- und Schutzeinrichtungen in abschließbaren Verteilern, nur für Elektrofachkräfte zugänglich.
- Beleuchtungsanlagen und weitere Anforderungen siehe Erläuterungen.

Wichtiger Hinweis: Bei den erhöhten Anforderungen aus DIN VDE 0100-711 kann es zu Überschneidungen mit den Anforderungen aus DIN VDE 0100-740 kommen, daher sollte die Elektrofachkraft genauestens die Anforderungen aus den beiden Teilen prüfen und mit der zu errichtenden Anlage in der Praxis vergleichen, damit genau die richtigen Anforderungen vor Ort zur Anwendung kommen.

Erläuterungen

Begriffe: Ausstellungen: Zweck der Ausstellungen ist die Darbietung, Vorstellung und Veranschaulichung von z. B. Kunstwerken, das Anbieten oder Verkaufen von Produkten oder Dienstleistungen. Als Orte oder Räume für diese Veranstaltungen können Gebäude, vorübergehend errichtete Aufbauten wie Zelte o. Ä. gewählt werden. In der Regel werden für Ausstellungen Räume genutzt wie Galerien, Museen, Kirchen, öffentliche Gebäude, Mehrzweck- oder Messehallen. *Show* ist ein Ereignis mit vorrangigem Unterhaltungs- oder Informationsinhalt an jedem geeigneten Ort, in Räumen, auf Bühnen oder im Freien. *Stände:* Ein Bereich oder eigens zum Ausstellen Vermarkten, Verkauf, zur Unterhaltung errichteter Aufbau, der einem vorübergehenden Zweck dient. Die zum Stand gehörige elektrische Anlage ist ebenfalls wie der Stand vorübergehend errichtet und wird zur gleichen Zeit aufgebaut und wieder entfernt wie der Stand. *Speisepunkt für die vorübergehend errichtete Anlage* ist der Punkt der festen elektrischen Anlage oder einer anderen Stromquelle, z. B. eine Ersatzstromversorgungsanlage, von dem die elektrische Energie für die Anlagen der Ausstellungen, der Shows oder der Stände geliefert wird.

Gefahrenpotenziale: Es handelt sich bei den elektrischen Anlagen und Betriebsmitteln in der Regel um vorübergehend errichtete Anlagen und dies ist eine wichtige Gefahrenquelle, denn Auf- und Abbauten können sehr schnell Schäden an den Anlagen verursachen. Außerdem werden die Betriebs- und Verbrauchsmittel sehr oft von elektrotechnischen Laien montiert und ohne sachgerechte Prüfung durch eine Elektrofachkraft in Betrieb genommen. Eine weitere Gefahrenquelle stellen die zu den Ausstellungen, Shows und Ständen „mitgebrachten" elektrischen Betriebs- und Verbrauchsmittel dar, denn nicht selten sind sie fehlerbehaftet und werden dennoch in die Anlage, z. B. am Stand, integriert.

Stromversorgung: Versorgung aus Stromkreisverteiler, der als fester Anschlusspunkt zur Verfügung steht oder vorübergehend für den Anschluss errichtet wird. Die Nennversorgungsspannung darf AC 230/400 V oder DC 500 V nicht überschreiten.

Schutzmaßnahmen: Wird ein TN-System verwendet, muss es als TN-S-System errichtet werden. TN-S-System (fünf Leiter, L1, L2, L3, N, PE): bei den TN-S-Systemen werden im gesamten System der Neutral- und der Schutzleiter getrennt verlegt, also ist der PEN nicht zulässig.

Zusätzlicher Schutzpotentialausgleich: Fremde leitfähige Teile eines Fahrzeugs, Wagens, Caravans, Containers müssen mit dem Schutzleiter der Anlage verbunden werden. Ist die Verbindung nicht dauerhaft sichergestellt, muss die Verbindung an mehr als einer Stelle erfolgen, Querschnitt der Leiter für die Verbindung $\geq 4\ mm^2$ Cu. Ausnahme: Die fremden leitfähigen Teile bestehen hauptsächlich aus isolierendem Material, sodass Metallteile wahrscheinlich im Fehlerfall nicht unter Spannung stehen.

Anmerkung zum zusätzlichen Schutzpotentialausgleich: Der Autor Dipl.-Ing. *Herbert Schmolke* hat z. B. in der Schriftenreihe 35 „Potentialausgleich, Fundamenterder, Korrosionsgefährdung" [1] und in der VDE-Schriftenreihe 45 „Elektroinstallation in Wohngebäuden" [2] den zusätzlichen Schutzpotentialausgleich mit zwei Begriffen gut definiert, um die Bedeutung klar herauszustellen. Einmal geht es bei dem zusätzlichen Schutzpotentialausgleich um eine sog. **Ersatzmaßnahme**, die dann angewendet wird, wenn für die Schutzmaßnahme „Schutz durch automatische Abschaltung im Fehlerfall" die Abschaltzeiten nach DIN VDE 0100-410:2008-10, Tabelle 41.1 nicht eingehalten werden können. Zum anderen kann es möglich sein, dass eine besondere Gefährdung vorausgesetzt werden muss, wie es z. B. bei der in diesem Buch beschriebenen Gruppe 700 von DIN VDE 0100 in einigen Teilen möglich ist, d. h., obwohl der Schutz durch automatische Abschaltung funktioniert, wird dennoch aufgrund des erhöhten Risikos der zusätzliche Schutzpotentialausgleich gefordert. Dipl.-Ing. *Herbert Schmolke* wendet dann den Begriff **Ergänzungsmaßnahme** an. **Bild 711.1** macht die begriffliche Unterteilung deutlich.

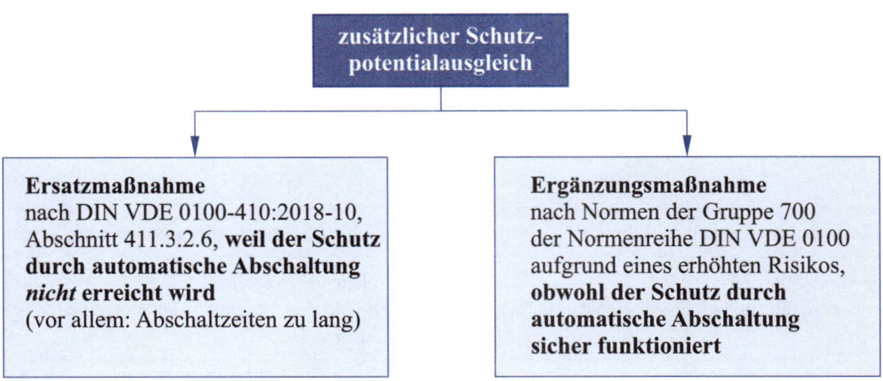

Bild 711.1 Darstellung der Unterteilung der verschiedenen Forderungen nach einem zusätzlichen Schutzpotentialausgleich (aus VDE-Schriftenreihe 45 [2])

Ausführliche Details zum zusätzlichen Schutzpotentialausgleich können dem Kapitel 26.5 der VDE-Schriftenreihe 45 [2] entnommen werden.

Brandschutz: Zum Schutz gegen thermische Auswirkungen und weil das Brandrisiko bei Ausstellungen, Shows und Ständen erhöht ist, müssen zusätzlich die Anforderungen aus DIN VDE 0100-420 berücksichtigt werden. Betriebsmittel mit hoher Oberflächentemperatur, wie Heizgeräte, Scheinwerfer, müssen in ausreichendem Abstand zu brennbaren, leicht entzündlichen Stoffen installiert und auch überwacht werden. Wird z. B. bei Ständen, Ausstellungen oder Shows eine höhere Anzahl von wärmeerzeugenden elektrischen Geräten verwendet und stellen diese eine übermäßige Brandgefahr dar, so muss der Stand ausreichend belüftet sein oder der Aufbau eines solchen Standes ist nicht zulässig. Schaukästen und Leuchtschriften müssen aus Werkstoffen hergestellt sein, die eine ausreichende Wärmebeständigkeit, mechanische Festigkeit, elektrische Isolation und Belüftung haben, unter Berücksichtigung der Brennbarkeit von Ausstellungsgegenständen in Bezug auf die erzeugte Wärme.

Kleinspannung SELV und PELV: Der Schutz durch Isolierung muss vorgesehen werden, Abdeckungen oder Umhüllungen von Schutzart mindestens IP4X oder IPXXD. Die Isolierung muss 1 min lang einer Prüfwechselspannung von 500 V standhalten. Besondere Sorgfalt ist erforderlich, wenn Transformatoren für Kleinspannung eingebaut werden. Diese müssen für die Allgemeinheit außerhalb des Handbereichs angeordnet sein und eine ausreichende Belüftung haben. Die Zugänglichkeit durch Elektrofachkräfte oder unterwiesene Personen für Prüfung und Wartung muss möglich sein.

Einrichtungen zum Trennen: Jeder eigenständige, vorübergehend errichtete Aufbau, wie z. B. ein Fahrzeug, ein Stand oder eine Einheit, vorgesehen zur Inanspruchnahme eines speziellen Nutzers, und jeder Verteilungsstromkreis zur Versorgung von Außenanlagen muss mit einer eigenen, schnell erreichbaren und leicht erkennbaren Trenneinrichtung versehen sein. Die Trenneinrichtung muss in Übereinstimmung mit DIN VDE 0100-530 ausgewählt werden.

Schutz gegen elektrischen Schlag: ***nicht*** *erlaubt sind:*

Basisschutz/Schutz gegen direktes Berühren	Fehlerschutz/Schutz bei indirektem Berühren
• Hindernisse, • Anordnung außerhalb des Handbereichs	• nicht leitende Umgebung, • durch erdfreien örtlichen Schutzpotentialausgleich

Automatische Abschaltung: Alle Steckdosenstromkreise bis 32 A und alle Endstromkreise, außer für Notbeleuchtungen, müssen mit einer Fehlerstromschutzeinrichtung (RCD) mit einem Bemessungsdifferenzstrom $I_{\Delta n} \leq 30$ mA geschützt sein. Kabel und Leitungen, die zur Versorgung der Ausstellungen, Stände, Shows dienen, sollten am Speisepunkt mit RCD 300 mA ausgerüstet sein. Werden Betriebsmittel eingesetzt, die im Fehlerfall glatte Gleichstromfehlerströme hervorrufen, müssen allstromsensitive Fehlerstromschutzeinrichtungen (RCDs), Typ B oder B+, eingesetzt werden.

Steckdosen: Eine angemessene Anzahl von Steckdosen muss montiert sein, um den Anforderungen der Benutzer gefahrlos gerecht zu werden. Dort, wo eine Fußbodensteckdose eingebaut ist, muss diese ausreichend gegen zufälliges Eindringen von Wasser geschützt sein.

Kabel und Leitungen, die zur Versorgung von vorübergehenden Aufbauten vorgesehen sind, sollten in ihrem Speisepunkt durch Fehlerstromschutzeinrichtungen (RCDs) mit einem Bemessungsdifferenzstrom $I_{\Delta n} \leq 300$ mA geschützt werden. Diese RCDs müssen verzögert sein. Wenn die Gefahr einer mechanischen Beschädigung der Kabel und Leitungen besteht, müssen bewehrte Kabel und Leitungen verwendet werden. Flexible Leitungen, die der Öffentlichkeit zugänglich sind, sollten nur mit ausreichendem mechanischen Schutz versehen werden, wobei ein übergeworfener Teppichrest keinen ausreichenden Schutz darstellt. Elektrische Leiter in Kabeln oder Leitungen müssen aus Kupfer sein und einen Mindestquerschnitt von 1,5 mm^2 haben. Wenn in einem Gebäude, das für Ausstellungen usw. genutzt wird, kein Feueralarmsystem installiert ist, müssen Kabel- und Leitungssysteme entweder flammwidrig sein oder aus ein- oder mehradrigen unbewehrten Kabeln/Leitungen in metallenen oder nicht metallenen Rohren oder Kanälen bestehen. 0100-711

Merke: Es dürfen nur flexible Leitungen und fest verlegte Kabel und Leitungen mit Kupferleitern und einem Mindestquerschnitt von 1,5 mm^2 verwendet werden.

Steckverbindungen in Kabeln und Leitungen sind nur zulässig, wenn es für den Anschluss an einen Stromkreis nicht anders möglich ist. Dann können dazu Steckvorrichtungen, Installationssteckverbinder oder Verbindungen in einem Gehäuse vorgenommen werden, wobei das Gehäuse mindestens der Schutzart IPX4 bzw. IPXXD entsprechen muss.

Kabeltypen: innerhalb von Gebäuden: nachfolgende Bauarten, wie NYM, NYY, H05RN oder H07RN-F sind zugelassen, wenn sich in dem Gebäude eine Feueralarmanlage befindet. Ist dies nicht der Fall, dann müssen Leitungstypen mit geringer Rauchentwicklung im Falle eines Brandes verwendet werden, wie NHMH oder NHXMH. Es dürfen auch „normale“ Bauarten, wie NYM oder NYY, eingesetzt werden, wenn sie in Rohren oder Kanälen verlegt sind, die ausreichenden Brandschutz bieten.

Steuer- und Schutzeinrichtungen, die nur durch Elektrofachkräfte bedient werden dürfen, müssen in Verteilern oder Gehäusen untergebracht sein, die einen Zugang nur mit Schlüsseln oder Werkzeug ermöglichen.

Elektromotoren: Dort, wo ein Elektromotor zu einer Gefahr führen könnte, muss der Motor mit einer wirksamen allpoligen Trenneinrichtung versehen sein. Diese Einrichtung muss in der Nähe des Motors angeordnet sein, für den sie vorgesehen ist. Ein Motor, der automatisch oder ferngesteuert ist und nicht dauernd überwacht wird, muss mit einer manuell rückstellbaren Schutzeinrichtung gegen hohe Temperaturen und gegen Überlastung geschützt sein.

Beleuchtungsanlagen: Leuchten, die unterhalb 2,5 m (Handbereich) über Fußbodenniveau oder anderen Standflächen angebracht oder sonst bei zufälligem Berühren zugänglich sein könnten, müssen sicher und ausreichend befestigt sein und so platziert oder geschützt werden, dass dem Verletzungsrisiko für Personen oder einer Entzündung von Werkstoffen vorgebeugt wird. Es muss darauf geachtet werden, dass für die Errichtung von Beleuchtungsanlagen auch die allgemeinen Anforderungen aus DIN VDE 0100-559 gelten, für Außenbeleuchtungen auch DIN VDE 0100-714, und für Kleinspannungsbeleuchtungsanlagen die DIN VDE 0100-715 berücksichtigt werden muss. Werden Leuchten auf normal- und schwerentflammbaren Baustoffen oder direkt auf Möbeln montiert, so gelten die Anforderungen aus DIN VDE 0100-713. Außenbeleuchtungen müssen mindestens der Schutzart IP33 entsprechen. Lampenfassungen für Durchdringungsanschlusstechnik dürfen nicht verwendet werden, es sei denn, Leitungen und Lampenhalter passen zueinander und die Lampenfassungen sind nicht mehr entfernbar, sobald sie an der Leitung befestigt sind. Anlagen mit jeglicher Art von Leuchtröhrenschriften oder Leuchten als Illuminationseinheit auf einem Stand oder als Ausstellungsgegenstand mit Nennversorgungsspannung höher als AC 230/400 V müssen:

- als Leuchten außerhalb des Handbereichs errichtet sein,
- Abdeckung hinter der Leuchte darf nicht entzündbar sein,
- Steuereinrichtungen mit Ausgangsspannungen höher als AC 230/400 V müssen auf nicht entzündbarem Material befestigt sein.

Zur Versorgung derartiger Leuchtschriften, Leuchten oder Ausstellungsgegenstände ist ein separater Stromkreis zu verwenden, der durch einen Not-Aus-Schalter geschaltet werden muss. Der Schalter muss leicht erkennbar, zugänglich und in Übereinstimmung mit den Anforderungen der örtlichen Behörde gekennzeichnet sein. Eine manuell rückstellbare Schutzeinrichtung muss den Sekundärstromkreis von jedem Transformator oder Konverter schützen.

Prüfungen: Die vorübergehend errichteten elektrischen Anlagen von Ausstellungen, Shows und Ständen müssen nach jeder Montage vor Ort in Übereinstimmung mit DIN VDE 0100-600 geprüft werden.

Anforderungen kurzgefasst	
	Anforderungen
Stromversorgung	AC 230/400 V und DC 500 V
Netzsystem	bei TN-System ist nur das TN-S-System zulässig, kein PEN-Leiter
Schutzart	in Gebäuden verwendete Rohre oder Kanäle für „übliche" Kabel, wie NYM oder NYY, mindestens Schutzart IP4X; werden Leitungsverbindungen in einem Gehäuse errichtet, dann Gehäuse mindestens IP4X/IPXXD; Außenbeleuchtung mindestens IP33
Trennen und Schalten	Verteilerstromkreise zur Versorgung von Außenanlagen, eigene Trennvorrichtung: Schalter, Leistungsschalter, Fehlerstromschutzeinrichtung (RCD)
Steuer- und Schutzeinrichtungen	in geschlossenen Verteilern, Zugang nur durch Elektrofachkräfte
Beleuchtungen	Leuchten sicher befestigen, Handbereich unterhalb 2,5 m über dem Standort bzw. dem Fußboden; zusätzliche Normen berücksichtigen: DIN VDE 0100-559, DIN VDE 0100-713, DIN VDE 0100-714, DIN VDE 0100-715; Hochspannungsleuchten außerhalb des Handbereichs, für den Stromkreis Not-Aus-Schalter vorsehen
Steckdosen	ausreichende Anzahl von Steckdosen errichten; Fußbodensteckdosen gegen Eindringen von Wasser schützen
Steckverbindungen	Steckvorrichtungen, Installationssteckverbinder oder Gehäuse, in denen die Verbindung hergestellt wird
Motoren	schützen gegen Überlastung und Übertemperaturen durch manuell rückstellbare Schutzeinrichtungen; allpolige Trenneinrichtung in der Nähe des Aufstellungsorts
Kabel und Leitungen	Typen[1)] NYM, NYY in Gebäuden mit Feueralarmsystem erlaubt, ohne Alarmsystem nur in Rohren oder Kanälen, ansonsten NHMH[1)], Abdeckungen der Kabel und Leitungen dringend erforderlich
Schutz gegen elektrischen Schlag	• Endstromkreise und Steckdosenstromkreise RCD 30 mA, • Versorgungsstromkreise in den Speisepunkten für Ausstellungen, Shows, Stände RCD 300 mA
Schutzpotentialausgleich	fremde leitfähige Teile von Fahrzeugen, Wagen, Containern o. Ä.: zusätzlicher Schutzpotentialausgleich; Ausnahme: Einrichtungen aus isolierendem Material
Brandschutz	Scheinwerfer, Heizgeräte angemessen überwachen, Abstand zu brennbaren Materialien, Schaukästen wärmebeständig, mechanisch fest und ausreichend belüftet
Anmerkungen: [1)] Beispiele	

Tabelle 711.1 Anforderungen aus DIN VDE 0100-711

Literatur

[1] *Schmolke, H.*: Potentialausgleich, Fundamenterder, Korrosionsgefährdung. VDE-Schriftenreihe 35. Berlin · Offenbach: VDE VERLAG, 2013. – ISBN 978-3-8007-3545-7, ISSN 0506-6719

[2] *Schmolke, H.*: Elektroinstallation in Wohngebäuden. VDE-Schriftenreihe 45. Berlin · Offenbach: VDE VERLAG, 2018. – ISBN 978-3-8007-4641-5, ISSN 0506-6719

[3] *Rudnik, S.*; *Pelta, R.*: Der Lotse durch die DIN VDE 0100. VDE-Schriftenreihe 144. Berlin · Offenbach: VDE VERLAG, 2018. – ISBN 978-3-8007-4373-5, ISSN 0506-6719

[4] *Hösl, A.*; *Ayx, R.*; *Busch, H.-W.*: Die vorschriftsmäßige Elektroinstallation. Berlin · Offenbach: VDE VERLAG, 2019. – ISBN 978-3-8007-4709-2

[5] DIN VDE 0100-410 (**VDE 0100-410**):2018-10 Errichten von Niederspannungsanlagen – Teil 4-41: Schutzmaßnahmen – Schutz gegen elektrischen Schlag. Berlin · Offenbach: VDE VERLAG

[6] DIN VDE 0100-430 (**VDE 0100-430**):2010-10 Errichten von Niederspannungsanlagen – Teil 4-43: Schutzmaßnahmen – Schutz bei Überstrom. Berlin · Offenbach: VDE VERLAG

[7] DIN VDE 0100-540 (**VDE 0100-540**):2012-06 Errichten von Niederspannungsanlagen – Teil 5-54: Auswahl und Errichtung elektrischer Betriebsmittel – Erdungsanlagen und Schutzleiter. Berlin · Offenbach: VDE VERLAG

[8] DIN VDE 0100-559 (**VDE 0100-559**):2014-02 Errichten von Niederspannungsanlagen – Teil 5-559: Auswahl und Errichtung elektrischer Betriebsmittel – Leuchten und Beleuchtungsanlagen. Berlin · Offenbach: VDE VERLAG

[9] DIN VDE 0100-711 (**VDE 0100-711**):2003-11 Errichten von Niederspannungsanlagen – Anforderungen für Betriebsstätten, Räume und Anlagen besonderer Art – Teil 711: Ausstellungen, Shows und Stände. Berlin · Offenbach: VDE VERLAG

[10] DIN VDE 0100-714 (**VDE 0100-714**):2014-02 Errichten von Niederspannungsanlagen – Teil 7-714: Anforderungen für Betriebsstätten, Räume und Anlagen besonderer Art – Beleuchtungsanlagen im Freien. Berlin · Offenbach: VDE VERLAG

[11] DIN EN 50107-1 (**VDE 0128-1**):2003-06 Leuchtröhrengeräte und Leuchtröhrenanlagen mit einer Leerlaufspannung über 1 kV, aber nicht über 10 kV – Teil 1: Allgemeine Anforderungen. Berlin · Offenbach: VDE VERLAG

[12] DIN EN 61347-1 (**VDE 0712-30**):2016-05 Geräte für Lampen – Teil 1: Allgemeine und Sicherheitsanforderungen. Berlin · Offenbach: VDE VERLAG

Weitere Informationen enthält das Buch

Hösl, A.; *Ayx, R.*; *Busch, H.-W.*: Die vorschriftsmäßige Elektroinstallation (ISBN 978-3-8007-4709-2)

0100-711

DEUTSCHE NORM Oktober 2016

DIN VDE 0100-712
(VDE 0100-712)

DIN

Diese Norm ist zugleich eine **VDE-Bestimmung** im Sinne von VDE 0022. Sie ist nach Durchführung des vom VDE-Präsidium beschlossenen Genehmigungsverfahrens unter der oben angeführten Nummer in das VDE-Vorschriftenwerk aufgenommen und in der „etz Elektrotechnik + Automation" bekannt gegeben worden.

VDE

ICS 27.160; 91.140.50

Ersatz für
DIN VDE 0100-712
(VDE 0100-712):2006-06
Siehe Anwendungsbeginn

Errichten von Niederspannungsanlagen –
Teil 7-712: Anforderungen für Betriebsstätten, Räume und Anlagen besonderer Art –
Photovoltaik-(PV)-Stromversorgungssysteme;
Deutsche Übernahme HD 60364-7-712:2016

Anwendungsbereich

Die Anforderungen der DIN VDE 0100-712 gelten für:

PV-Systeme zur Einspeisung in eine elektrische Anlage,

- die nicht an ein öffentliches Stromverteilungsnetz angeschlossen ist,
- die parallel mit dem öffentlichen Stromverteilungsnetz betrieben werden soll,
- die alternativ zum öffentlichen Stromverteilungsnetz betrieben werden soll,
- für geeignete technische Kombinationen aus den obigen Alternativen

Anmerkungen zum Anwendungsbereich:

Die elektrischen Betriebsmittel eines PV-Systems sind nur insoweit in DIN VDE 0100-712 behandelt, wie es um ihre Auswahl und Anwendung in der Anlage geht. Elektrische Anlage eines PV-Systems: von einem einzelnen PV-Modul oder einer Kombination von PV-Modulen über Anschlusskabel und Anschlussleitungen (Hersteller) bis zum Netzanschlusspunkt des öffentlichen Stromverteilungsnetzes oder der Verbraucheranlage. Energiespeichersysteme sind nicht im Anwendungsbereich enthalten und werden in anderen Errichtungsnormen behandelt, z. B. VDE-Anwendungsregel VDE-AR-E 2510-2:2015-09 „Stationäre elektrische Energiespeichersysteme vorgesehen zum Anschluss an das Niederspannungsnetz". Normen für Betriebsmittel der PV-Systeme und Anforderungen für PV-Stromversorgungssysteme, die für einen unabhängigen Betrieb (Batterien oder andere Energiespeichermethoden) vorgesehen sind, werden bearbeitet.

Eingliederung des Teils 712 in die Struktur der Normen der Reihe DIN VDE 0100

Gruppe 100
Anwendungsbereich, Allgemeine Grundsätze

Gruppe 200
Begriffe

Gruppe 400	Gruppe 500	Gruppe 600
Schutzmaßnahmen	Auswahl und Errichtung	Prüfungen

Gruppe 700
Anforderungen für Betriebsstätten, Räume und Anlagen besonderer Art

Teil 701 Räume mit Badewanne oder Dusche	Teil 702 Becken von Schwimmbädern, begehbaren Wasserbecken und Springbrunnen	Teil 703 Räume und Kabinen mit Saunaheizungen	Teil 704 Baustellen	Teil 705 Elektrische Anlagen von landwirtschaftlichen und gartenbaulichen Betriebsstätten
Teil 706 Leitfähige Bereiche mit begrenzter Bewegungsfreiheit	Teil 708 Caravanplätze, Campingplätze und ähnliche Bereiche	Teil 709 Marinas und ähnliche Bereiche	Teil 710 Medizinisch genutzte Bereiche	Teil 711 Ausstellungen, Shows und Stände
Teil 712 Solar-Photovoltaik-(PV-)Stromversorgungssysteme	Teil 713 Möbel und ähnliche Einrichtungsgegenstände	Teil 714 Beleuchtungsanlagen im Freien	Teil 715 Kleinspannungs-Beleuchtungsanlagen	Teil 717 Ortsveränderliche oder transportable Baueinheiten
Teil 718 Öffentliche Einrichtungen und Arbeitsstätten	Teil 721 Elektrische Anlagen von Caravans und Motorcaravans	Teil 722 Stromversorgung Elektrofahrzeuge	Teil 723 Unterrichtsräume mit Experimentiereinrichtungen	Teil 729 Bedienungsgänge und Wartungsgänge
Teil 730 Elektrischer Landanschluss für Fahrzeuge der Binnenschifffahrt	Teil 731 Abgeschlossene elektrische Betriebsstätten	Teil 737 Feuchte und nasse Bereiche und Räume und Anlagen im Freien	Teil 740 Vorübergehend errichtete elektrische Anlagen für Aufbauten, Vergnügungseinrichtungen und Buden auf Kirmesplätzen, Vergnügungsparks und für Zirkusse	Teil 753 Heizleitungen und umschlossene Heizsysteme

Gruppe 800
Energieeffizienz, Intelligente Niederspannungsanlagen

Inhaltsverzeichnis der DIN VDE 0100-712

Wesentliche Änderungen in der Ausgabe 2016 gegenüber der Ausgabe 2006

- Festlegungen für Anforderungen an den Überspannungsschutz und den Blitzschutz sind aufgenommen worden,
- auf der Gleichspannungsseite sind nur noch die Schutzmaßnahmen „Schutz durch doppelte oder verstärkte Isolierung“ und „Schutz durch Kleinspannung mittels SELV oder PELV“ erlaubt,
- bei dem Anwendungsbereich ist der Stand der Technik berücksichtigt und der Umfang der Anforderungen präzisiert worden,
- die Struktur dieser Norm ist überarbeitet und entspricht der Normenreihe DIN VDE 0100, wobei insbesondere die DIN VDE 0100-410 berücksichtigt wurde,
- für die Anwendung der Anforderungen der DIN VDE 0100-712 gelten die, in dem Dokument enthaltenen Begriffe und als Basis die Begriffe nach DIN VDE 0100-200,
- um auf das Vorhandensein einer PV-Anlage hinzuweisen, ist ein Hinweisschild zwingend vorgeschrieben.

Termine

Anwendungsbeginn der DIN VDE 0100-712:2016-10	**ab: 1. Oktober 2016**
Für die DIN VDE 0100-712:2006-06 bestand eine Übergangsfrist	**bis: 8. April 2019**

Zum Inhalt der DIN VDE 0100-712:2016-10

Kurzübersicht zur schnellen Information

- In „Räumen besonderer Art – Solar-Photovoltaik-(PV-)Stromversorgungssysteme“ erhöht sich das Gefahrenpotenzial bei elektrischen Anlagen und Betriebsmitteln dadurch, dass es sich häufig um Anlagen handelt, die auf Dächern errichtet werden und somit eine Absturzgefahr gegeben sein kann. Außerdem sind elektrische Gefährdungen möglich durch Arbeiten an der DC-Seite, die nicht abgeschaltet werden kann, durch elektrotechnische Arbeiten an PV-Modulen, die als Arbeiten an unter Spannung stehenden Teilen gelten, Arbeiten an Steckverbindungen, die zu Lichtbögen führen können oder Arbeiten an PV-Anlagen in der Nähe unter Spannung stehender Freileitungen, z. B. bei Dachständeranlagen.
- Um sich mit den Begriffsdefinitionen vertraut zu machen, sind wichtige Begriffe aus DIN VDE 0100-712 erläutert.
- Die Wirkungsweise und der Aufbau von PV-Anlagen ist kurz erläutert.
- Folgende Schutzmaßnahmen dürfen nach DIN VDE 0100-712 **nicht** angewendet werden: „Schutz durch Hindernisse“, „Schutz durch Anordnung außerhalb des Handbereichs“, „Schutz durch nicht leitende Umgebung“, „Schutz durch erdfreien örtlichen Schutzpotentialausgleich“ und „Schutztrennung mit mehr als einem Verbrauchsmittel“,
- Schutz gegen elektrischen Schlag: möglich ist die Schutzmaßnahme: „Schutz durch doppelte oder verstärkte Isolierung“, auch SELV oder PELV ist möglich, aber DC-Nennspannung $\leq$ 120 V; „Schutz durch automatische Abschaltung“ normalerweise nicht möglich; Anforderungen und weitere besondere Bestimmungen, Erläuterungen,
- wird ein Fehlerstromschutzschalter (RCD) für den Schutz des PV-Wechselstrom-Versorgungsstromkreises verwendet, muss dieser vom Typ B eingesetzt werden oder entsprechende Ausnahmen, Erläuterungen,
- Maßnahmen für den Schutz bei Überlast auf der Gleichspannungsseite,
- Maßnahmen bei Kurzschluss und zu Trenn- und Schalteinrichtungen,
- Schutz gegen Brände,
- Einflüsse von Störspannungen,
- Kabel und Leitungen sind erd- und kurzschlusssicher zu verlegen, dies gilt auch für PV-Anlagen auf Dächern, da dort die Systeme noch zusätzlich durch Umwelt- und Umfeldeinflüsse beeinflusst werden

- Gewährleistung der Zugänglichkeit,
- Kennzeichen: wichtig ist ein Hinweisschild, das auf PV-Anlagen aufmerksam macht,
- Blitzschutzanlagen sind für PV-Anlagen nicht grundsätzlich gefordert, sondern nur dort, wo für Gebäude nach der Landesbauordnung Blitzschutzanlagen gefordert sind,
- Prüfung der PV-Anlage: Erstprüfungen nach DIN VDE 0100-600:2017-06 und gemäß DIN VDE 0100-712:2016-10 und den zusätzlichen Anforderungen für Systemdokumentation, Inbetriebnahme, Prüfungen und Besichtigen nach DIN EN 62446-1 (**VDE 0126-23-1**).

Erläuterungen

Begriffe: Zur Erläuterung der Anforderungen können des Teils 712 die Begriffsdefinitionen in **Tabelle 712.1** hilfreich sein. Weitere Begriffe für die Anwendung der Anforderungen können der DIN VDE 0100-200 entnommen werden.

Zum Aufbau von PV-Anlagen; Zitat aus [1], Kapitel 3.1: „Eine einzelne Zelle hat je nach Material, Technologie und Größe eine Leistung im Bereich bis zu 7 W, die Leerlaufspannung liegt dabei für nahezu alle Zellen in der Größenordnung bei 0,5 V bis 0,75 V. Die DC-Verbraucher benötigen Spannungen zwischen 6 V bis 48 V, die AC-Verbraucher AC-Spannungen von 230/400 V. Zur Erzielung höherer Spannungen bzw. höherer Ströme schaltet man die Zellen elektrisch als Reihen- und/oder Parallelschaltung. Die einzelnen Zellen ordnet man dazu auf einem Trägermaterial z. B. Glas an, verbindet sie elektrisch, fixiert sie mit dem Trägermaterial, schützt die Oberseite gegen mechanische Einflüsse, versiegelt alles hermetisch und montiert diese Anordnung in einem mechanischen Tragrahmen. Diese Anordnung bezeichnet man als Modul bzw. Panel. Module werden in verschiedenen Ausführungen bis zu einer Größe im Quadratmeterbereich und Leistungen bis zu 300 W hergestellt."

Merke: Ein Photovoltaikgenerator ist aus verschiedenen Strängen oder Strings in Parallelschaltung aufgebaut. Die einzelnen Strings bestehen aus Reihenschaltungen von Modulen, selten sind innerhalb der Strings Module parallel geschaltet. Auf den Modulen befinden sich die Solarzellen in Reihen- und/oder Parallelschaltung.

PV-Zelle	ist die Einrichtung, die die Elektrizität erzeugt, wenn sie mit Licht, z. B. durch die Sonneneinstrahlung in Berührung kommt
PV-Modul	sind nicht lineare Gleichstromquellen und bestehen aus mehreren Zellen, die untereinander verbunden sind in einer geschützten Kombination gegen Umwelteinflüsse
PV-Strang	es werden mehrere PV-Module zusammengefasst zu einem Stromkreis in Reihe geschalteter Module zu einem Teilgenerator, der durch eine vorher festgelegte Ausgangsspannung definiert ist
PV-Teilgenerator	PV-Module, die mechanisch und elektrisch zusammengefast sind und einschließlich anderer notwendiger Komponenten eine Gleichspannungs-versorgungseinheit bilden
PV-Generatorfeld	eine Kombination von elektrisch untereinander verbundener PV-Module, PV-Stränge, PV-Teilgeneratorfeldern und Anschlussgehäusen zur Kombination von PV-Generatorfeldern
PV-Generator	Zusammenfassung/Kombination mehrerer Teilgeneratoren
PV-System	PV-Generatorfeld einschließlich Wechselrichter und PV-Wechselstromversorgungsstromkreis
Anschlussgehäuse	Schaltgerätekombination, in denen PV-Teilgeneratorfelder oder PV-Stränge angeschlossen sind und auch elektrische Zubehörteile enthalten sein können
PV-Strangkabel oder -leitung	zusätzlich nicht mit den PV-Modulen geliefertes Kabel oder Leitung für die Verbindung zwischen einem PV-Strang und einem PV-Verteiler
PV-Generatorfeld-kabel/-leitung	Kabel oder Leitung für die Verbindung zwischen einem PV-Strang und einem PV-Verteiler, das zusätzlich und nicht mit den Modulen geliefert wird
PV-Gleichstromhaupt-kabel oder -leitung	Kabel und Leitungen zur Verbindung des Generators mit den gleichstrom-seitigen Klemmen des Wechselrichters
PV-Wechselrichter	eine Einrichtung, die die Gleichspannung und den Gleichstrom des PV-Generatorfelds in Wechselspannung und Wechselstrom umformt
PV-Wechselstrom-kabel/-leitung	Kabel oder Leitungen zur Verbindung der Anschlussklemmen auf der Wechselstromseite des PV-Wechselrichters mit einem Verteiler
PV-AC-Module	Kombination mit Modulen und Umrichter, Klemmen auf der Wechsel-spannungsseite
PV-Anlage	errichtete Installation mit elektrischen Betriebsmitteln eines PV-Stromversorgungssystems
Standardprüf-bedingungen (STC)	Prüfbedingungen, die in der DIN EN 60904-3 (**VDE 0126-4-3**) für PV-Zellen und PV-Module festgelegt sind
Leerlaufspannung unter Standardprüf-bedingungen $U_{\text{OC STC}}$	Spannung unter Standardprüfbedingungen an einem unbelasteten (offenen) PV-Modul, PV-Strang, PV-Generatorfeld, PV-Teilgeneratorfeld

Tabelle 712.1 Begriffe zur Erläuterung der Anforderungen aus DIN VDE 0100-712

Maximale Leerlaufspannung $U_{OC\ MAX}$	Maximalspannung an einem unbelasteten PV-Modul, PV-Strang, PV-Generatorfeld, PV-Teilgeneratorfeld
Kurzschlussstrom unter Standardprüfbedingungen $I_{SC\ STC}$	Kurzschlussstrom eines PV-Moduls, PV-Strang, PV-Teilgenerator oder PV-Generators unter Standardprüfbedingungen
Maximaler Kurzschlussstrom $I_{SC\ MAX}$	max. Kurzschlussstrom eines PV-Moduls, PV-Strangs, PV-Generatorfelds
Kurzschlussfestigkeit der Überspannungsschutzeinrichtung (SPD) auf der DC-Seite von Photovoltaikanlagen I_{SCPV}	höchster unbeeinflusster Kurzschlussstrom des elektrischen Netzes, für das die Überspannungsschutzeinrichtung in Verbindung mit den vorgegebenen Abtrennvorrichtungen bemessen ist
Gleichspannungsseite	Teil der PV-Anlage von den PV-Modulen bis zu den Gleichspannungsanschlüssen des PV-Wechselrichters
Wechselspannungsseite	Teil der PV-Anlage von den Wechselspannungsanschlüssen des PV-Wechselrichters bis zum Anschluss des PV-Versorgungskabels oder der PV-Versorgungsleitung an die elektrische Anlage
Maximum Power Point Tracking (MPPT)	interne Regel- oder Steuermethode eines Wechselrichters, mit der ein Betrieb mit max. Leistung sichergestellt ist
MOD_MAX_OCPR	max. Strom der Überstromschutzeinrichtung für ein PV-Modul
Blitzschutzanlage (LPS)	Vollständige Anlage, die dafür verwendet wird, physische Schäden an einem Gebäude durch Blitzeinwirkungen zu verhindern
Funktionspotentialausgleich	Potentialausgleich an einer oder mehreren Stellen in einer elektrischen Anlage oder innerhalb elektrischer Betriebsmittel, nicht zum Zweck der elektrischen Sicherheit, sondern aus betrieblichen Gründen
Einfache Trennung	Trennung durch die Basisisolierung: entweder zwischen den Stromkreisen oder zwischen einem Stromkreis und Erde
Auslegung der PV-Anlage	Nach der niedrigsten zu erwartenden Temperatur der PV-Module und nach der höchsten zu erwartenden Bestrahlstärke

Tabelle 712.1 (*Fortsetzung*) Begriffe zur Erläuterung der Anforderungen aus DIN VDE 0100-712

Gefährdungsbeurteilungen: Bei der Errichtung, Montage und Instandhaltung von PV-Anlagen drohen Gefahren durch den Installationsort (oft auf Dächern, somit Absturzgefahr) oder durch elektrische Gefährdungen, wie bei Arbeiten unter Spannung an PV-Modulen, dem Öffnen von Steckverbindungen und dadurch Lichtbogengefahren oder Arbeiten an PV-Anlagen in der Nähe unter Spannung stehender Freileitungen.

Beurteilung zur Notwendigkeit eines Blitzschutzes für das jeweilige Objekt: Zur Ermittlung der Notwendigkeit eines Blitzschutzes ist eine Schadensrisikobewertung nach DIN EN 62305-1 (**VDE 0185-305-1**):2011-10, Abschnitt 6.1 zu erstellen. Das Risiko eines Blitzeinschlags wird durch die Errichtung einer PV-Anlage normalerweise nicht erhöht.

Systeme nach Art der Erdverbindung: PV-Systeme ohne einfache oder sichere Trennung mit einem TN- oder TT-System: Es dürfen auf der Gleichspannungsseite aktive Leiter nicht geerdet werden. Einfache und sichere Trennung zwischen Wechsel- und Gleichspannungsseite: Es darf auf der Gleichspannungsseite des PV-Wechselrichters ein aktiver Leiter geerdet werden. Wird auf der Gleichspannungsseite eine Verbindung mit Erde ausgeführt, so sollte sie so elektrisch ausgelegt sein, dass Korrosion ausgeschlossen wird.

Schutz gegen elektrischen Schlag: *Schutz durch SELV oder PELV:* SELV oder PELV ist als Schutzmaßnahme möglich; die Nennspannung darf DC 120 V nicht übersteigen. Der Schutz der automatischen Abschaltung der Stromversorgung auf der Gleichspannungsseite des PV-Wechselrichters ist normalerweise nicht möglich, da die geforderte Abschaltzeit nicht eingehalten werden kann. Anforderungen auf der Wechselspannungsseite des PV-Wechselrichters: Der PV-Wechselrichter muss mit der Versorgungsseite der Schutzeinrichtungen der Verbraucheranlage verbunden sein. Falls das Gehäuse des PV-Wechselrichters nicht der Schutzklasse II entspricht, ist zusätzlich ein örtlicher Potentialausgleich (Funktionspotentialausgleich; siehe Empfehlung) wegen eines möglichen Fehlers auf der Gleichspannungsseite des Wechselrichters erforderlich, der die berührbaren fremden leitfähigen Teile mit dem Gehäuse des PV-Wechselrichters verbindet. Schutz durch nicht leitende Räume auf der Gleichspannungsseite des PV-Wechselrichters und Schutz durch erdfreien örtlichen Potentialausgleich sind nicht anwendbar. Wird eine Fehlerstromschutzeinrichtung (RCD) auf der Wechselspannungsseite des Wechselrichters gefordert, muss diese am Typ B nach DIN VDE 0664-100 (Entwurf) ausgerichtet sein, sofern das PV-Stromversorgungssystem nicht mindestens eine einfache Trennung zwischen der Wechsel- und der Gleichspannungsseite aufweist. Dies ist jedoch dann nicht erforderlich, wenn der PV-Wechselrichter konstruktiv so ausgeführt ist, dass ein Gleichstromfehler in der elektrischen Anlage nicht auftreten kann. Eine weitere wichtige Aussage der DIN VDE 0100-712 ist die Tatsache, dass PV-Betriebsmittel auf der Gleichspannungsseite immer als unter Spannung stehend betrachtet werden müssen, auch wenn die Gleichspannung von der Wechselspannungsseite getrennt ist.

Wichtig für den Schutz gegen elektrischen Schlag nach Abschnitt 712.41 von DIN VDE 0100-712:2016-10:

Die im Anhang B und Anhang C genannten Schutzvorkehrungen in DIN VDE 0100-410:2018-10 dürfen **nicht** angewendet werden:

Anhang B: „Schutz durch Hindernisse“ und „Schutz durch Anordnung außerhalb des Handbereichs“,

Anhang C: „Schutz durch nicht leitende Umgebung“, „Schutz durch erdfreien örtlichen Schutzpotentialausgleich“ und „Schutztrennung mit mehr als einem Verbrauchsmittel“.

Auf der Gleichspannungsseite muss eine dieser Schutzmaßnahmen angewendet werden:

- doppelte oder verstärkte Isolierung,
- Schutz durch Kleinspannung (SELV oder PELV); ist die Grenze von DC 120 V erreicht, darf die Schutzmaßnahme durch Kleinspannung mittels SELV oder PELV nicht angewendet werden.

Merke: PV-Anlagen sind entweder mit einer Spannung $U_{OC\ MAX} \leq 120$ V zu errichten (Schutzmaßnahme SELV oder PELV). Sind die Nennleerlaufspannungen $U_{OC\ MAX} >$ DC 30 V, muss für SELV- oder PELV-Stromkreise ein Basisschutz, doppelte oder verstärkte Isolierung (Schutzklasse II) durchgeführt werden. Die Schutzmaßnahme doppelte oder verstärkte Isolierung besteht aus einer einzelnen Schutzvorkehrung, bestehend aus der Basisisolierung zwischen den gefährlichen aktiven Teilen und Körpern und einer zusätzlichen Isolierung. Die Anforderungen an die Schutzklasse II sind zu erfüllen und das gilt für PV-Module, Kabel und Leitungen, Steckverbinder und Niederspannungs-Schaltgerätekombinationen. Die Auswahl der elektrischen Betriebsmittel auf der DC-Seite ist nach der max. Leerlaufspannung und dem max. Kurzschlussstrom auszuwählen.

Wechselrichter: müssen DIN EN 62109-1 (**VDE 0126-14-1**) und DIN EN 62109-2 (**VDE 0126-14-1**) entsprechen. Wechselrichter, die im Freien verwendet werden, müssen mindestens über die Schutzart IP44 zum Fremdkörperschutz und die Schutzart IK07 gegen mechanische Einwirkungen verfügen. Wechselrichter sind normalerweise herstellerseitig in Schutzklasse I ausgelegt, d. h., eine Vorkehrung für den Basisschutz und mit der Verbindung aller leitfähigen Teile mit dem Schutzleiter für den Fehlerschutz. Zum Schutz gegen elektrischen Schlag des PV-Wechselstromversorgungsstromkreises sind die Anforderungen wie bei Stromkreisen mit fest angeschlossenen Verbrauchsmitteln die Schutzmaßnahme „Schutz durch automatische Abschaltung" der Stromversorgung nach DIN VDE 0100-410:2018-10 zu berücksichtigen. Können die Anforderungen an den Schutz durch automatische Abschaltung nicht eingehalten werden, so ist nach Abschnitt 411.3.2.6 der DIN VDE 0100-410:2018-10 ein zusätzlicher Schutzpotentialausgleich durchzuführen. Die Körper der Wechselrichter sind dort anzuschließen. Werden Fehlerstromschutzeinrichtungen (RCDs) verwendet, so ist es normalerweise ausreichend RCDs vom Typ A einzusetzen. Da aber bei Wechselrichtern Fehlerströme einen Gleichstromanteil enthalten können, der > 6 mA sein kann und dann damit evtl. zur Sättigung des Eisenkerns im RCD und in Folge damit zu einer Unwirksamkeit der Schutzmaßnahme führen könnte, ist es erforderlich nach DIN VDE 0100-712:2016-10 Fehlerstromschutzeinrichtungen (RCDs) vom Typ B einzusetzen. Auf eine Fehlerstromschutzeinrichtung vom Typ B kann unter bestimmten Voraussetzungen verzichtet werden:

- eine einfache Trennung zwischen Wechselspannungs- und Gleichspannungsseite,
- ein Transformator mit getrennten Wicklungen ist zwischen Wechselrichter und Fehlerstromschutzeinrichtung (RCD) geschaltet,
- Bestätigung des Herstellers des Wechselrichters, dass der Gleichstromfehleranteil nicht über 6 mA liegt und eine Fehlerstromschutzeinrichtung (RCD) vom Typ A nicht unwirksam werden kann.

Erdungsanlagen: Für Montagegestelle der PV-Anlagen auf dem Dach ist normalerweise kein Potentialausgleich erforderlich, weil durch direkten Blitzeinschlag oder bei Isolationsfehlern kein Potential von außen ins Gebäude verschleppt werden kann. Funktionspotentialausgleichsleiter stellen keine Schutzmaßnahme nach DIN VDE 0100-410 dar, da sie eine reine Funktion erfüllen, das Potential der Anlage auf Erdpotential zu halten. Gleichspannungsseitig darf ein aktiver Leiter nur an einen Funktionspotentialausgleich angeschlossen werden, wenn Gleichspannungs- und Wechselspannungsseite durch einen Transformator galvanisch getrennt sind. Der Potentialausgleich muss zwischen der Trenneinrichtung und der Anschlussstelle auf der Gleichspannungsseite des Wechselrichters angeordnet sein.

Empfehlung: Funktionspotentialausgleich der Tragschienen des PV-Generators nach DIN VDE 0100-540 mit 4 mm^2 Cu (nur eine Verbindung mit dem Hauptschutzleiter und keine Erdungsanlage; die Farbe des Leiters darf nicht grün/gelb sein).

Schutz gegen thermische Einflüsse: Die Sicherheit von PV-Systemen muss gewährleistet sein:

- Wechselrichter und deren Verteilungen dürfen nicht in feuergefährdeten Bereichen errichtet werden,
- PV-Systeme müssen mit einem Belastungsgrad 1 für jedes Stromkreisbauteil und Betriebsmittel dimensioniert sein,
- ansonsten gelten die nationalen und örtlichen Anforderungen an den Brandschutz.

Schutz gegen Brände, die durch elektrische Betriebsmittel verursacht werden: Nach Abschnitt 712.421 wird empfohlen einen Isolationsfehler auf der Gleichspannungsseite von Wechselrichtern mit einfacher Trennung oder auf der Wechselspannungsseite so schnell wie möglich zu beseitigen. Dazu muss eine Isolationsüberwachungseinrichtung (IMD) installiert werden, damit auf der Gleichspannungsseite fortlaufend geprüft werden kann.

Schutz bei Überlast auf der Gleichspannungsseite: Der Schutz bei Überlast darf für den PV-Strang oder PV-Teilgeneratorkabel und Leitungen entfallen, wenn die Dauerstrombelastbarkeit dieser Kabel oder Leitungen dem ≥ 1,25-fachen Wert von $I_{SC\ STC}$ an jeder Stelle ist. Gleiches gilt für PV-Gleichstromhauptkabel oder Leitungen, wenn deren Dauerstrombelastbarkeit dem ≥ 1,25-fachen Wert von $I_{SC\ STC}$ des PV-Generators ist. $I_{SC\ STC}$ ist der vom Hersteller anzugebene Kurzschlussstrom eines PV-Moduls, eines PV-Strangs, eines PV-Teilgenerators oder eines PV-Generators unter Standardprüfbedingungen. Dieser Wert liegt normalerweise nur wenig über dem max. Bemessungsstrom. Auf der Gleichspannungsseite müssen Überstromschutzeinrichtungen die zu erwartenden Ströme sicher abschalten. Es dürfen als Überstromschutzeinrichtungen verwendet werden:

- gPV-Sicherungen nach DIN EN 60269-6 (**VDE 0636-6**) oder Lasttrennschalter nach DIN EN 60947-3 (**VDE 0660-107**) oder
- Leistungsschalter nach DIN EN 60947-2 (**VDE 0660-101**) oder Leitungsschutzschalter nach DIN EN 60898-2 (**VDE 0641-12**).

0100-712

Schutz bei Kurzschluss: Auf der Wechselspannungsseite des Wechselrichters durch eine Überstromschutzeinrichtung an der Anschlussstelle der Wechselspannungsseite. Auf der Gleichspannungsseite müssen die Kabel und Leitungen zwischen den PV-Modulen so ausgewählt werden, dass das Risiko eines Erd- oder Kurzschlusses begrenzt wird. Dabei sind auch Einflüsse, wie Eisbildung, Wind, Temperaturschwankungen und Sonneneinstrahlung zu berücksichtigen (Verstärkung des Schutzes für die Kabel und Leitungen gegen äußere Einflüsse). Um Überspannungen zu vermeiden, die durch Induktion aufgrund von nahen oder direkten Blitzeinschlägen möglich sind, müssen Kabel und Leitungen der PV-Anlage so errichtet werden, dass die Fläche aller Leiterschleifen so klein wie möglich ist.

Einflüsse von Störspannungen: Schutz bei Überspannungen infolge atmosphärischer Einflüsse oder von Schaltvorgängen muss entgegengewirkt werden, dazu kann die Verwendung von Überspannungsschutzeinrichtungen (SPDs) in PV-Systemen nach DIN EN 62305-3 Beiblatt 5 (VDE 0185-305-3 Beiblatt 5) helfen.

Trennen und Schalten: An geerdeten PV-Generatoren wird der Fehlerstrom durch eine Trenneinrichtung im Funktionspotentialausgleichsleiter eingesetzt. Durch Trennen wird der Fehlerstrom unterbrochen und der Gleichstromlichtbogen erlischt. Die automatische Trenneinrichtung zum Trennen des Funktionspotentialausgleichleiters ist in Reihe mit dem Funktionspotentialausgleichleiter anzuschließen. Für Wartungsarbeiten am PV-Wechselrichter müssen Einrichtungen zum Trennen des PV-Wechselrichters von beiden Spannungsseiten vorgesehen werden (Strom- und Spannungsangaben nach Angaben des Herstellers). Liegen keine Herstellerangaben vor, gilt, dass die Schalteinrichtung für den 1,25-fachen Wert des Kurzschlussstroms unter Standardprüfbedingungen und den 1,15-fachen Wert der Spannung des unbelasteten Stromkreises und Standardprüfbedingungen ($U_{OC\ STC}$) ausgelegt sein muss. Bei der Auswahl der Trenn- und Schalteinrichtung muss die öffentliche Versorgung als Stromquelle und die PV-Anlage als Last betrachtet werden. Auf der Gleichspannungsseite des Wechselrichters muss ein Lasttrennschalter errichtet werden.

Zugänglichkeit: Notwendige Instandhaltungsarbeiten müssen ohne Gefahr möglich sein, d. h. die Betriebsmittel einer PV-Anlage sind entsprechend auszuwählen. Die Herstellerangaben sind dabei zu berücksichtigen.

Kennzeichen: Sämtliche Anschlusskästen müssen mit einem Warnhinweis versehen werden, der deutlich macht, dass aktive Teile in den Anschlusskästen auch nach der Trennung vom PV-Wechselrichter unter Spannung stehen können. Für die Sicherheit von Personen muss ein Hinweisschild vorhanden sein, das auf die PV-Anlage aufmerksam macht. Dieses Hinweisschild muss dauerhaft angebracht sein, am Speisepunkt der elektrischen Anlage, am Zählerplatz oder am Stromkreisverteiler, an den die Versorgung vom Wechselrichter angeschlossen ist.

Kabel- und Leitungssysteme: Nach DIN VDE 0100-520 sind Kabel und Leitungen erd- und kurzschlusssicher zu verlegen. Daher ist die direkte Verlegung auf dem Dach aus mehreren Gründen (erhöhte Umgebungsbeanspruchungen, Wind, Sonneneinstrahlung, mechanische Beanspruchung) nicht erlaubt, sondern es werden einadrige Kabel mit einem metallischen Mantel oder isolierte einadrige Leitungen in einzeln isolierten Installationsrohren oder geschlossenen Kabelkanälen verlegt. Gleichstromseitig ist auf die Dauerstrombelastbarkeit zu achten. Außerdem müssen ebenfalls Beanspruchungen u. a. durch Temperaturen, UV-Strahlungen und mechanische Beeinflussungen berücksichtigt werden. Die Kabel und Leitungen der Gleichspannungsseite von PV-Anlagen müssen nach DIN EN 50618 (**VDE 0283-618**) errichtet werden. Gleichspannungsleitungen sind so zu verlegen, dass diese durch sich lösende Steckverbindungen keine Brandquelle durch einen sich nicht selbstlöschenden DC-Lichtbogen bilden. DC-Leitungen dürfen auch keine evtl. Brände fortleiten.

Schutzleiter: Werden Schutzleiter oder Schutzpotentialausgleichsleiter errichtet, müssen sie parallel und in engem Kontakt mit den DC- und AC-Kabeln und Leitungen (unter dem Gesichtspunkt der EMV) und dem entsprechenden Zubehör verlegt werden. Erdungen von Freiflächenanlagen müssen nach DIN VDE 0100-540 so errichtet werden, dass sie gegen Korrosion geschützt sind.

Blitzschutzanlagen: Die Errichtung einer PV-Anlage auf einem Gebäude nach DIN VDE 0100-712 erfordert nicht auch die Errichtung einer Blitzschutzanlage, denn eine Erhöhung der Blitz-Einschlaghäufigkeit durch die PV-Module in die Gebäudekonstruktionen tritt nicht auf. Nach der Landesbauordnung wird in der Regel gefordert, dass bauliche Anlagen, bei denen nach Lage, Bauart oder Nutzung ein Blitzeinschlag leicht eintreten oder zu schweren Folgen führen kann, mit dauernd wirksamen Blitzschutzanlagen zu versehen sind. In solchen Fällen müssen PV-Anlagen auf Gebäuden mit Blitzschutzanlagen geschützt werden.

Prüfungen: PV-Anlagen müssen durch den Errichter, wie alle elektrischen Anlagen, einer Erstprüfung unterzogen werden. Sie ist nach DIN VDE 0100-600:2017-06 durchzuführen. PV-Systeme (Gleichspannungsseite) sind nach den Anforderungen DIN VDE 0100-712 und den zusätzlichen Anforderungen für Systemdokumentation, Inbetriebnahme, Prüfungen und Besichtigen in DIN EN 62446-1 (**VDE 0126-23-1**) zu prüfen.

Literatur

[1] *Rudnik, S.*; *Pelta, R.*: Der Lotse durch die DIN VDE 0100. VDE-Schriftenreihe 144. Berlin · Offenbach: VDE VERLAG, 2018. – ISBN 978-3-8007-4373-5, ISSN 0506-6719

[2] *Schlabbach, J.*: Netzanschluss von EEG-Anlagen. Reihe Anlagentechnik für elektrische Verteilungsnetze, Hrsg. von *Rolf Rüdiger Cichowski*. Berlin · Offenbach: VDE VERLAG, 2016. – ISBN 978-3-8007-4191-5

[3] *Schlabbach, J.*, *Fischer, F.*: Netzgekoppelte Photovoltaikanlagen. Reihe Anlagentechnik für elektrische Verteilungsnetze, Hrsg. von *Rolf Rüdiger Cichowski*. Berlin · Offenbach: VDE VERLAG, 2011. – ISBN 978-3-8007-3340-8

[4] DIN VDE 0100-410 (**VDE 0100-410**):2018-10 Errichten von Niederspannungsanlagen – Teil 4-41: Schutzmaßnahmen – Schutz gegen elektrischen Schlag. Berlin · Offenbach: VDE VERLAG

[5] DIN VDE 0100-430 (**VDE 0100-430**):2010-10 Errichten von Niederspannungsanlagen – Teil 4-43: Schutzmaßnahmen – Schutz bei Überstrom. Berlin · Offenbach: VDE VERLAG

[6] DIN VDE 0100-540 (**VDE 0100-540**):2012-06 Errichten von Niederspannungsanlagen – Teil 5-54: Auswahl und Errichtung elektrischer Betriebsmittel – Erdungsanlagen und Schutzleiter. Berlin · Offenbach: VDE VERLAG

[7] DIN VDE 0100-551 (**VDE 0100-551**):2017-02 Errichten von Niederspannungsanlagen – Teil 5-55: Auswahl und Errichtung elektrischer Betriebsmittel – Andere Betriebsmittel – Abschnitt 551: Niederspannungsstromerzeugungseinrichtungen. Berlin · Offenbach: VDE VERLAG

[8] DIN VDE 0100-559 (**VDE 0100-559**):2014-02 Errichten von Niederspannungsanlagen – Teil 5-559: Auswahl und Errichtung elektrischer Betriebsmittel – Leuchten und Beleuchtungsanlagen. Berlin · Offenbach: VDE VERLAG

[9] DIN VDE 0100-712 (**VDE 0100-712**):2016-10 Errichten von Niederspannungsanlagen – Teil 7-712: Anforderungen für Betriebsstätten, Räume und Anlagen besonderer Art – Photovoltaik-(PV)-Stromversorgungssysteme. Berlin · Offenbach: VDE VERLAG

[10] DIN EN 61439-1 (**VDE 0660-600-1**):2012-06 Niederspannungs-Schaltgerätekombinationen – Teil 1: Allgemeine Festlegungen. Berlin · Offenbach: VDE VERLAG

[11] E DIN VDE 0664-100 (**VDE 0664-100**):2002-05 (Entwurf) Fehlerstrom-Schutzschalter Typ B zur Erfassung von Wechsel- und Gleichströmen. Berlin · Offenbach: VDE VERLAG

DEUTSCHE NORM Oktober 2017

	DIN VDE 0100-713 (VDE 0100-713)	DIN
	Diese Norm ist zugleich eine **VDE-Bestimmung** im Sinne von VDE 0022. Sie ist nach Durchführung des vom VDE-Präsidium beschlossenen Genehmigungsverfahrens unter der oben angeführten Nummer in das VDE-Vorschriftenwerk aufgenommen und in der „etz Elektrotechnik + Automation" bekannt gegeben worden.	VDE

ICS 91.140.50; 97.140

Ersatz für
DIN 57100-724 (VDE 0100-724):1980-06
Siehe Anwendungsbeginn

Errichten von Niederspannungsanlagen –
Teil 7-713: Anforderungen für Betriebsstätten, Räume und Anlagen besonderer Art –
Möbel und ähnliche Einrichtungsgegenstände

Anwendungsbereich

Schon der Titel der DIN VDE 0100-713:2017-10 „Anforderungen für Betriebsstätten, Räume und Anlagen besonderer Art – Möbel und ähnliche Einrichtungsgegenstände" macht deutlich, für welchen Anwendungsbereich dieser Teil der DIN VDE 0100 gilt.

Konkret ist im Abschnitt 713.1 der Anwendungsbereich erläutert.

In den Anwendungsbereich*) fallen	• elektrische Betriebsmittel in und an Möbeln und ähnlichen Einrichtungsgegenständen, die an eine elektrische Anlage **über eine feste oder dauernde Verbindung angeschlossen** sind, • elektrische Betriebsmittel in und an Möbeln und ähnlichen Einrichtungsgegenständen, die **vor Ort errichtet** und **über Steckvorrichtungen** an eine **feste Installation angeschlossen** wird, • Kabel- und Leitungsanlagen, • elektrische Komponenten, die vor Ort errichtet werden
Beispiele für den Anwendungsbereich	• dekorative Wand- und Deckenverkleidungen, • Regale im Ladenbau, • Ausstellungsvitrinen, • Betten, • Gardinenleisten, • begehbare Kleiderschränke, • Einbauküchen, • Schränke, • Wohnmöbel, • Büromöbel und weitere, ähnliche Einrichtungsgegenstände
In den Anwendungsbereich fallen nicht	• alle verwendungsfertigen Betriebsmittel gelten nicht als Installation und somit fallen sie auch nicht in den Anwendungsbereich dieser Norm (es sei denn, der Hersteller hat in seinen Montageerläuterungen entsprechend andere Hinweise gegeben), • elektrische Betriebsmittel in industriell gefertigten Möbeln, die als werksseitige Ausrüstung gelten, fallen nicht in den Anwendungsbereich dieser Norm

*) Anmerkung: Für Anlagen, die in diesen Anwendungsbereich fallen, können weitere Anforderungen aus DIN VDE 0100 gelten.

Eingliederung des Teils 713 in die Struktur der Normen der Reihe DIN VDE 0100

Gruppe 100 Anwendungsbereich, Allgemeine Grundsätze				
Gruppe 200 Begriffe				
Gruppe 400 Schutzmaßnahmen	Gruppe 500 Auswahl und Errichtung	Gruppe 600 Prüfungen		
Gruppe 700 Anforderungen für Betriebsstätten, Räume und Anlagen besonderer Art				
Teil 701 Räume mit Badewanne oder Dusche	Teil 702 Becken von Schwimmbädern, begehbaren Wasserbecken und Springbrunnen	Teil 703 Räume und Kabinen mit Saunaheizungen	Teil 704 Baustellen	Teil 705 Elektrische Anlagen von landwirtschaftlichen und gartenbaulichen Betriebsstätten
Teil 706 Leitfähige Bereiche mit begrenzter Bewegungsfreiheit	Teil 708 Caravanplätze, Campingplätze und ähnliche Bereiche	Teil 709 Marinas und ähnliche Bereiche	Teil 710 Medizinisch genutzte Bereiche	Teil 711 Ausstellungen, Shows und Stände
Teil 712 Solar-Photovoltaik-(PV-)Stromversorgungssysteme	Teil 713 Möbel und ähnliche Einrichtungsgegenstände	Teil 714 Beleuchtungsanlagen im Freien	Teil 715 Kleinspannungs-Beleuchtungsanlagen	Teil 717 Ortsveränderliche oder transportable Baueinheiten
Teil 718 Öffentliche Einrichtungen und Arbeitsstätten	Teil 721 Elektrische Anlagen von Caravans und Motorcaravans	Teil 722 Stromversorgung Elektrofahrzeuge	Teil 723 Unterrichtsräume mit Experimentiereinrichtungen	Teil 729 Bedienungsgänge und Wartungsgänge
Teil 730 Elektrischer Landanschluss für Fahrzeuge der Binnenschifffahrt	Teil 731 Abgeschlossene elektrische Betriebsstätten	Teil 737 Feuchte und nasse Bereiche und Räume und Anlagen im Freien	Teil 740 Vorübergehend errichtete elektrische Anlagen für Aufbauten, Vergnügungseinrichtungen und Buden auf Kirmesplätzen, Vergnügungsparks und für Zirkusse	Teil 753 Heizleitungen und umschlossene Heizsysteme
Gruppe 800 Energieeffizienz, Intelligente Niederspannungsanlagen				

Inhaltsverzeichnis der DIN VDE 0100-713

Wesentliche Änderungen in DIN VDE 0100-713:2017-10 gegenüber DIN 57100-724 (VDE 0100-724):1980-06

- Der Anwendungsbereich ist präzisiert worden.
- Der formale Aufbau ist an die aktuell gültigen Normen der Reihe DIN VDE 0100 angepasst worden.
- Die Anforderungen an Kabel und Leitungen für die Verlegung in Möbeln und die damit im Zusammenhang stehenden Anschlüsse an die fest errichtete Anlage sind neu zusammengestellt.
- Aderleitungen sind nicht mehr zugelassen, auch nicht in Rohren verlegt.

Termine

Anwendungsbeginn der DIN VDE 0100-713:2017-10	**ab: 1. Oktober 2017**
Für die DIN 57100-724 (**VDE 0100-724**):1980-06 bestand eine Übergangsfrist	**bis: 31. Mai 2018**

Zum Inhalt der DIN VDE 0100-713:2017-10

Kurzübersicht zur schnellen Information

- In „Räumen besonderer Art – Anlagen in Möbeln und ähnlichen Einrichtungsgegenständen" erhöht sich das Gefahrenpotenzial dadurch, dass es in Möbeln um leicht brennbare Materialien handeln kann und dadurch sich die Brandgefahr gegenüber „normalen" Verhältnissen erheblich erhöht.
- Netzanschlussstellen für die Betriebsmittel in den Möbeln oder ähnlichen Einrichtungsgegenständen müssen jederzeit zugänglich sein.
- Schutz gegen elektrischen Schlag: Schutz durch Kleinspannung mittels SELV oder PELV.
- Zusatzschutz: Fehlerstromschutzeinrichtungen (RCDs) mit einem Bemessungsdifferenzstrom nicht größer als 30 mA.
- Arten der Kabel und Leitungen: Anschluss der Möbel und innerhalb der Möbel mit gummiisolierten und PVC-isolierten, flexiblen Leitungen und der Anschluss der Möbel auch mit starren Leitungen möglich, Erläuterungen.
- Leitungsquerschnitt: 1,5 mm^2; Verringerung auf 0,75 mm^2 nur unter bestimmten Voraussetzungen.
- Keine Verwendung von Aderleitungen, auch nicht in Elektroinstallationsrohren.
- Verwendung von Hohlraumdosen möglich.
- Elektrische Verbindungen: nur mit geeigneten Installationssteckverbindern

Erläuterungen

Gefahrenpotenzial: Ein Möbel ist ein Stück der Innenausrüstung von Gebäuden zur Aufbewahrung oder zum Aufstellen von Gegenständen bzw. zum Aufnehmen von Gütern, zum Sitzen, zum Liegen oder zum Verrichten von Tätigkeiten, einschließlich von Einrichtungsgegenständen, wie Gardinenleisten, Holzabdeckungen, Zierleisten oder Dekorationsverkleidungen. Weitere Beispiele sind ähnliche Einrichtungen, wie Betten, Glasschränke, Kücheneinrichtungen, Tisch- und Ladenschaukästen, Bücherregale, Vitrinen, in denen elektrische Betriebsmittel wie Leuchten, Steckdosen, Schaltgeräte, Kabel und Leitungen angebracht sind und sich dadurch im Fehlerfall eine Brandgefahr ergeben kann. Daher müssen bei der Auswahl der Betriebsmittel besondere Sorgfalt und bei der Errichtung erhöhte Anforderungen aus DIN VDE 0100-713 berücksichtigt werden, damit hinsichtlich der Verbindungsstellen, der mechanischen Beanspruchung und der Brandgefahr alle Vorkehrungen positiv getroffen sind.

Dauernde Verbindung: ist im Anwendungsbereich dieser Norm genannt, daher ist der Begriff im Abschnitt 713.3.3 definiert.

Merke: Eine dauernde Verbindung ist die Verbindung in einer Installation, die nur für Wartungsarbeiten oder bei Änderung der Kabel- und Leitungsanlage geöffnet wird. Sie wird solange aufrechterhalten, wie die Installation besteht.

Schutz gegen elektrischen Schlag: Als Schutzmaßnahme ist der Schutz durch Kleinspannung mittels SELV oder PELV gefordert. Danach sind Konstriktionsbauteile von Möbeln oder ähnlichen Einrichtungsgegenständen, die dafür bestimmt sind, Betriebsströme zu führen, fest mit Spannungsquellen zu verbinden, die die Anforderungen der Schutzmaßnahme nach Abschnitt 414 aus DIN VDE 0100-410:2018-10 erfüllen, also Schutz durch Kleinspannung mittels SELV oder PELV. Nach DIN VDE 0100-713 ist die max. Spannung auf AC 25 V und DC 60 V und die zu übertragene Leistung auf 50 VA zu begrenzen.

Zusatzschutz: Nach DIN VDE 0100-410:2018-10, Abschnitt 415.1.1 haben sich Fehlerstromschutzeinrichtungen (RCDs) mit einem Bemessungsdifferenzstrom, der 30 mA nicht überschreitet, in Wechselstromsystemen als zusätzlicher Schutz beim Versagen von Vorkehrungen für den Basisschutz und für den Fehlerschutz bewährt. Allerdings ist dieser Zusatzschutz, wie der Name sagt, als Zusatz zu verstehen, er schließt die Anwendung einer der Schutzmaßnahmen gegen elektrischen Schlag nach DIN VDE 0100-410:2018-10, Abschnitte 411 bis 414 nicht aus. Für die elektrische Installation von Möbeln muss diese durch eine Fehlerstromschutzeinrichtung (RCD) mit einem Bemessungsdifferenzstrom nicht größer als 30 mA nach DIN VDE 0100-713 geschützt sein.

Auswahl und Errichtung elektrischer Betriebsmittel: Für die Berücksichtigung äußerer Einflüsse und für die Einhaltung der Betriebsbedingungen müssen Konstruktionsbauteile von Möbeln oder ähnlichen Einrichtungsgegenständen, die dafür bestimmt sind Betriebsströme zu führen, diese auch dazu geeignet sein, den Strom führen zu können, d. h. sie müssen vom Hersteller für diese Verwendung vorgesehen sein.

Arten von Kabel- und Leitungsanlagen: Grundsätzlich müssen die Anforderungen der DIN VDE 0100-520:2013-06, Abschnitt 521 bei der Errichtung elektrischer Anlagen und Betriebsmitteln in Möbeln und ähnlichen Einrichtungsgegenständen Berücksichtigung finden. Die DIN VDE 0100-713 ergänzt für die Verwendung flexibler/starrer Leitungen:

Flexible Leitungen	Für den **Anschluss der Möbel** an die elektrische Anlage müssen entsprechen: • gummiisolierte flexible Leitungen nach DIN EN 50525-2-21 (**VDE 0285-525-2-21**) oder • PVC-isolierte flexible Leitungen nach DIN EN 50525-2-11 (**VDE 0285-525-2-11**) dann, wenn die Verbindung über Stecker und Steckdose oder Installationssteckverbinder erfolgt. Für die **Verbindungen innerhalb der Möbel,** wenn die Leitungen einer Bewegung ausgesetzt werden könnten, sind **flexible Leitungen** nach DIN EN 50525-2-21 (**VDE 0285-525-2-21**) oder DIN EN 50525-2-11 (**VDE 0285-525-2-11**) vorzusehen.
Starre Leitungen	Für den **Anschluss der Möbel** an die elektrische Anlage durch **starre Leitungen mit der festen Kabel- und Leitungsanlage:** nach DIN EN 50525-2-31 (**VDE 0285-525-2-31**) und DIN EN 50525-1 (**VDE 0285-525-1**)

Merke: Aderleitungen für die Verlegung in Möbeln oder ähnlichen Einrichtungsgegenständen sind nicht mehr zulässig, auch dann nicht, wenn sie durch Elektroinstallationsrohre geführt werden.

0100-713

Auswahl und Errichtung elektrischer Betriebsmittel in Hohlwänden: Elektrische Betriebsmittel dürfen in Hohlwänden eingebaut und Kabel und Leitungen fest oder beweglich angebracht werden, wenn die Anforderungen nach DIN VDE 0100-520:2013-06, Abschnitt 15 eingehalten werden. In DIN VDE 0100-713 wird gefordert, Hohlwanddosen so einzubauen, dass sie vor mechanischer Beschädigung geschützt sind. Der Schutz vor mechanischer Beschädigung kann so umgesetzt werden, dass unzugängliche Hohlräume bzw. Nischen genutzt werden oder ein zusätzlicher mechanischer Schutz installiert wird.

Mechanische Beanspruchungen der Kabel und Leitungen: müssen weitestgehend vermieden werden. Nach DIN VDE 0100-520:2013-06 sind Kabel- und Leitungsanlagen so auszuwählen und zu errichten, dass Schäden durch mechanische Beanspruchung, wie Schlag, Druck, Eindringen während der Errichtung oder der Nutzung bzw. bei der Instandhaltung weitestgehend vermieden werden. In Möbeln müssen die Leitungen sicher befestigt, dürfen nicht gequetscht oder über scharfe Kanten verlegt werden. Zum Schutz vor mechanische Beschädigungen können sich die Leitungen auch

- in geschlossenen Elektroinstallationskanalsystemen,
- in zu öffnenden Elektroinstallationskanalsystemen,
- in Elektroinstallationsrohren oder
- in einem Kanal, der durch die Konstruktion der Möbel gebildet wird

befinden. An dieser Stelle erneut der Hinweis: Aderleitungen sind für die Installation in Möbeln nicht mehr zulässig.

Querschnitte von Leitern: mindestens 1,5 mm² Cu. Flexible Leitungen dürfen einen geringeren Querschnitt als < 1,5 mm² haben, aber nicht noch geringer als < 0,75 mm²; dazu müssen jedoch zwei Voraussetzungen erfüllt sein: die flexible Leitung speist keine Steckdose und ihre Länge überschreitet nicht 10 m.

Elektrische Verbindungen: grundsätzlich gelten die Anforderungen aus DIN VDE 0100-520:2013-06, Abschnitt 526. Zur Verbindung von Leitungsanlagen in Möbeln oder ähnlichen Einrichtungsgegenständen wird im Teil 713 von DIN VDE 0100 darauf hingewiesen, dass **geeignete Installationssteckverbinder** (DIN EN 61535 (**VDE 0606-200**) oder DIN EN 60320-1 (**VDE 0625-1**)), auch für den Fall einer Trennung der elektrischen Leitungsanlage, verwendet werden müssen. Eine Verbindung zwischen verwendungsfertigen Betriebsmitteln und anderen installierten Betriebsmitteln ist nur dann zulässig, wenn der Hersteller der verwendungsfertigen Betriebsmittel explizit auf diese Möglichkeit hingewiesen hat.

Elektrische Antriebe: müssen den Anforderungen nach DIN EN 60335-1 (**VDE 0700-1**) entsprechen.

Literatur

[1] DIN VDE 0100-410 (**VDE 0100-410**):2018-10 Errichten von Niederspannungsanlagen – Teil 4-41: Schutzmaßnahmen – Schutz gegen elektrischen Schlag. Berlin · Offenbach: VDE VERLAG

[2] DIN VDE 0100-510 (**VDE 0100-510**):2014-10 Errichten von Niederspannungsanlagen – Teil 5-51: Auswahl und Errichtung elektrischer Betriebsmittel – Allgemeine Bestimmungen. Berlin · Offenbach: VDE VERLAG

[3] DIN VDE 0100-530 (**VDE 0100-530**):2018-06 Errichten von Niederspannungsanlagen – Teil 530: Auswahl und Errichtung elektrischer Betriebsmittel – Schalt- und Steuergeräte. Berlin · Offenbach: VDE VERLAG

[4] DIN VDE 0100-540 (**VDE 0100-540**):2012-06 Errichten von Niederspannungsanlagen – Teil 5-54: Auswahl und Errichtung elektrischer Betriebsmittel – Erdungsanlagen und Schutzleiter. Berlin · Offenbach: VDE VERLAG

[5] DIN VDE 0100-713 (**VDE 0100-713**):2017-10 Errichten von Niederspannungsanlagen – Teil 7-713: Anforderungen für Betriebsstätten, Räume und Anlagen besonderer Art – Möbel und ähnliche Einrichtungsgegenstände. Berlin · Offenbach: VDE VERLAG

[6] VdS 2024:2009-12 Unverbindliche Richtlinien zur Schadenverhütung – Errichtung elektrischer Anlagen in Möbeln und ähnlichen Einrichtungsgegenständen. Köln: VdS-Verlag

[7] *Rudnik, S.*; *Pelta, R.*: Der Lotse durch die DIN VDE 0100.
VDE-Schriftenreihe 144. Berlin · Offenbach: VDE VERLAG, 2018. –
ISBN 978-3-8007-4373-5, ISSN 0506-6719

Weitere Informationen enthält das Buch

Rudnik, S.; *Pelta, R.*: Der Lotse durch die DIN VDE 0100
(VDE-Schriftenreihe 144, ISBN 978-3-8007-4373-5)

DEUTSCHE NORM Februar 2014

DIN VDE 0100-714 (VDE 0100-714)

DIN

Diese Norm ist zugleich eine **VDE-Bestimmung** im Sinne von VDE 0022. Sie ist nach Durchführung des vom VDE-Präsidium beschlossenen Genehmigungsverfahrens unter der oben angeführten Nummer in das VDE-Vorschriftenwerk aufgenommen und in der „etz Elektrotechnik + Automation" bekannt gegeben worden.

VDE

ICS 91.160.20

Ersatz für
DIN VDE 0100-714
(VDE 0100-714):2002-01
Siehe Anwendungsbeginn

**Errichten von Niederspannungsanlagen –
Teil 7-714: Anforderungen für Betriebsstätten, Räume und Anlagen besonderer Art –
Beleuchtungsanlagen im Freien
(IEC 60364-7-714:2011);
Deutsche Übernahme HD 60364-7-714:2012**

Anwendungsbereich

Die besonderen Anforderungen des Teils 714 der DIN VDE 0100 gelten für die Auswahl und die Errichtung von Leuchten und Beleuchtungsanlagen. Diese Betriebsmittel und Anlagen müssen ein Teil einer festen Anlage im Freien sein, dann gelten diese Anforderungen:

für	Anforderungen beziehen sich auf
Auswahl und die Errichtung von Leuchten und Beleuchtungsanlagen, wenn sie Teil einer festen Anlage im Freien sind	Beleuchtungsanlagen für Straßen, Parks, Gärten, Plätze mit öffentlichem Zugang, Sportplätze, Beleuchtung von Denkmälern, Flutlicht, Telefonzellen, Autobuswartehäuschen, Hinweistafeln, Stadtpläne und Verkehrszeichen

Die Anforderungen aus DIN VDE 0100-714 gelten ***nicht*** für:

- öffentliche Beleuchtungsanlagen, die Teil des öffentlichen Verteilungsnetzes sind,
- vorübergehende Festbeleuchtung,
- Straßenverkehrssignalanlagen,
- außen an ein Gebäude angebrachte Leuchten, die von dem Leitungssystem des Gebäudes versorgt werden,
- Beleuchtungsanlagen von Schwimmbädern und Springbrunnen (hier gilt DIN VDE 0100-702)

Der Speisepunkt der Beleuchtungsanlage im Freien:

- Übergabepunkt der Stromversorgung vom Netzbetreiber,
- Punkt des Stromkreises, von dem ausschließlich die Beleuchtungsanlage im Freien versorgt wird.

Eingliederung des Teils 714 in die Struktur der Normen der Reihe DIN VDE 0100

Gruppe 100 Anwendungsbereich, Allgemeine Grundsätze		
Gruppe 200 Begriffe		
Gruppe 400 Schutzmaßnahmen	Gruppe 500 Auswahl und Errichtung	Gruppe 600 Prüfungen
Gruppe 700 Anforderungen für Betriebsstätten, Räume und Anlagen besonderer Art		

Teil 701 Räume mit Badewanne oder Dusche	Teil 702 Becken von Schwimmbädern, begehbaren Wasserbecken und Springbrunnen	Teil 703 Räume und Kabinen mit Saunaheizungen	Teil 704 Baustellen	Teil 705 Elektrische Anlagen von landwirtschaftlichen und gartenbaulichen Betriebsstätten
Teil 706 Leitfähige Bereiche mit begrenzter Bewegungsfreiheit	Teil 708 Caravanplätze, Campingplätze und ähnliche Bereiche	Teil 709 Marinas und ähnliche Bereiche	Teil 710 Medizinisch genutzte Bereiche	Teil 711 Ausstellungen, Shows und Stände
Teil 712 Solar-Photovoltaik-(PV-)Stromversorgungssysteme	Teil 713 Möbel und ähnliche Einrichtungsgegenstände	Teil 714 Beleuchtungsanlagen im Freien	Teil 715 Kleinspannungs-Beleuchtungsanlagen	Teil 717 Ortsveränderliche oder transportable Baueinheiten
Teil 718 Öffentliche Einrichtungen und Arbeitsstätten	Teil 721 Elektrische Anlagen von Caravans und Motorcaravans	Teil 722 Stromversorgung Elektrofahrzeuge	Teil 723 Unterrichtsräume mit Experimentiereinrichtungen	Teil 729 Bedienungsgänge und Wartungsgänge
Teil 730 Elektrischer Landanschluss für Fahrzeuge der Binnenschifffahrt	Teil 731 Abgeschlossene elektrische Betriebsstätten	Teil 737 Feuchte und nasse Bereiche und Räume und Anlagen im Freien	Teil 740 Vorübergehend errichtete elektrische Anlagen für Aufbauten, Vergnügungseinrichtungen und Buden auf Kirmesplätzen, Vergnügungsparks und für Zirkusse	Teil 753 Heizleitungen und umschlossene Heizsysteme

Gruppe 800 Energieeffizienz, Intelligente Niederspannungsanlagen

Inhaltsverzeichnis der DIN VDE 0100-714

Wesentliche Änderungen in der Ausgabe 2014 gegenüber der Ausgabe 2002

- Umfangreiche Änderungen in den Abschnitten *Schutzmaßnahmen* und *Auswahl und Errichtung elektrischer Betriebsmittel*,
- Angleichung des formalen Aufbaus an die aktuell gültigen Teile 100 bis 600 der DIN VDE 0100,
- redaktionelle Klarstellung im gesamten Normentext.

Termine

Anwendungsbeginn der DIN VDE 0100-714:2014-02	**ab: 1. Februar 2014**
Für die DIN VDE 0100-714:2002-01 bestand eine Übergangsfrist	**bis: 14. März 2015**

Zum Inhalt der DIN VDE 0100-714:2014-02

Kurzübersicht zur schnellen Information

- In „Räumen besonderer Art – Beleuchtungsanlagen im Freien“ erhöht sich das Gefahrenpotenzial bei elektrischen Anlagen und Betriebsmitteln dadurch, dass die Anlagen und Betriebsmittel den Witterungs- und Umwelteinflüssen direkt ausgesetzt und Straßenbeleuchtungsanlagen durch den Straßenverkehr zusätzlich gefährdet sind.
- Alle aktiven Teile müssen isoliert oder durch Abdeckungen oder Umhüllungen geschützt sein, blanke Teile sind bei Beleuchtungsanlagen im Freien auf keinen Fall zugelassen.
- Sind aktive Teile zugänglich, so müssen sie mindestens der Schutzart IPX2 oder IPXXB entsprechen.
- Die Auswahl der Betriebsmittel entsprechend der äußeren Einflüsse ist für die richtige Funktion, aber auch für die Zuverlässigkeit der Schutzmaßnahmen wichtig.
- Beleuchtungsmasten, integriert in Schutzklasse II, nicht mit Schutzleiter verbinden.
- Schutzart IP33.

Erläuterungen

Begriffe: Beleuchtungsanlage im Freien: die Leuchte, die Kabel- und Leitungsanlagen und das entsprechende Zubehör im Freien. *Speisepunkt einer Beleuchtungsanlage im Freien* ist der Übergabepunkt der elektrischen Energie vom Stromversorger oder von dem Punkt des Stromkreises, von dem aus ausschließlich die Beleuchtungsanlage versorgt wird. Die Verbraucheranlage beginnt hinter der Überstromschutzeinrichtung zwischen Netz und Leuchte. Für diesen Teil der Anlage gelten die Anforderungen der DIN VDE 0100-714.

Basisschutz: Alle aktiven Teile müssen gegen Berühren durch Isolierung, Abdeckung oder Umhüllung geschützt sein. Gehäuse, in denen sich aktive Teile befinden, dürfen nur mit Werkzeug oder mit einem Schlüssel zu öffnen sein. Bis zu einer Höhe von 2,5 m über der Grundfläche (Standfläche) müssen die aktiven Teile hinter der Tür mindestens nach Schutzart IP2X oder IPXXB abgedeckt werden. Bei Leuchten mit einer Höhe von weniger als 2,8 m über der Grundfläche darf der Zugang zur Lichtquelle nur mit einem Werkzeug möglich sein oder sie sind in einem Raum angeordnet, zu dem nur Elektrofachkräfte oder elektrisch unterwiesene Personen Zutritt haben.

Schutz gegen elektrischen Schlag: ***nicht*** *erlaubt sind:* „Nicht leitende Umgebung“ und „Schutz durch erdfreien örtlichen Schutzpotentialausgleich“

Schutzklasse II mit doppelter oder verstärkter Isolierung: Lichtmasten, die Bestandteil von Leuchten und Betriebsmitteln der Schutzklasse II sind, dürfen nicht mit dem Schutzleiter oder einem Schutzpotentialausgleichsleiter verbunden werden. Sind Masten nicht als Bestandteil von Betriebsmitteln der Schutzklasse II anzusehen, dann können diese an den Schutzleiter angeschlossen werden.

Zusätzlicher Schutz für Endstromkreise für den Außenbereich und Steckdosen: Es muss ein zusätzlicher Schutz für Endstromkreise durch RCDs mit einem Bemessungsdifferenzstrom von ≤ 30 mA vorgesehen werden, da die Sicherheit von Personen im Allgemeinen wichtiger ist als die Beleuchtung der jeweiligen Einrichtungen. Zu diesen Einrichtungen gehören z. B. Hinweistafeln, die beleuchtet sind, Wartehäuschen, Stadtpläne, Telefonzellen oder ähnliche Anlagen.

Schutz durch Kleinspannung SELV oder PELV: Blanke aktive Teile sind unzulässig.

Potentialausgleich: In der Nähe von Beleuchtungsanlagen befindliche Metallteile, wie Zäune, Gitter, die nicht Teil der Beleuchtungsanlage im Freien sind, brauchen nicht mit der Erdungsklemme der Leuchte, des Mastes oder dem Potentialausgleich verbunden werden.

Äußere Einflüsse: Elektrische Betriebsmittel sollten in Übereinstimmung mit den Anforderungen aus der Tabelle ZA.1 aus DIN VDE 0100-510 ausgewählt und errichtet werden. Die Auswahl der Betriebsmittel entsprechend der äußeren Einflüsse ist für die richtige Funktion, aber auch für die Zuverlässigkeit der Schutzmaßnahmen wichtig. Die Tabelle ZA.1 enthält Merkmale äußerer Einflüsse. Sie sind in der **Tabelle 714.1** in Abhängigkeit der Anforderungen an die Merkmale für die Auswahl und Errichtung der Betriebsmittel aus DIN VDE 0100-714 dargestellt.

Für die Schutzklassen gelten danach folgende Mindestanforderungen: Auftreten von Wasser: IPX3 (Sprühwasser), Auftreten von Fremdkörpern: IP3X (kleine Gegenstände), somit gilt für elektrische Betriebsmittel nach DIN VDE 0100-714 mindestens die Schutzart IP33. (Ausnahme für Leuchten, wenn die Gefahr einer Verschmutzung gering ist und wenn sie in einer Höhe oberhalb von 2,5 m und außerhalb des Handbereichs errichtet sind: IP23.) Es kann auch eine höhere Schutzart notwendig werden, dies ist abhängig von den Betriebs- und Reinigungsarbeiten, z. B. durch Anstrahlen der Betriebsmittel.

Klasse (Kurzzeichen) nach Tabelle ZA.1 aus DIN VDE 0100-510	**Umgebungs-temperatur [1] nach DIN VDE 0100-714**	**Umgebungs-bedingungen – relative Luft-feuchte [2] nach DIN VDE 0100-714**	**Auftreten von Wasser nach DIN VDE 0100-714**	**Auftreten von Fremdkörpern nach DIN VDE 0100-714**
AA2 und AA4	–40 °C bis +40 °C	–	–	–
AB2 und AB4	–	zwischen 5 % und 100 %	–	–
AD3	–	–	Sprühwasser IPX3	–
AE2	–	–	–	kleine Gegen-stände IP3X
[1] die Temperatur der umgebenden Luft an der Stelle, an der das Betriebsmittel eingesetzt wird; [2] atmosphärische Luftfeuchte				

Tabelle 714.1 Merkmale für die Auswahl und Errichtung von Betriebsmitteln für die Beleuchtungsanlagen im Freien nach DIN VDE 0100-714

0100-714

Trennen und Schalten: Jeder Stromkreis muss einzeln von den aktiven Leitern der Versorgungsleitung getrennt werden können, es sei denn, der Netzbetreiber hat erklärt, dass entweder der PEN-Leiter oder der Neutralleiter zuverlässig mit einem geeignet niedrigen Widerstand mit Erde im TN-C-S- und TN-S-System verbunden ist (nach DIN VDE 0100-460).

Literatur

[1] DIN VDE 0100-410 (**VDE 0100-410**):2018-10 Errichten von Niederspannungsanlagen – Teil 4-41: Schutzmaßnahmen – Schutz gegen elektrischen Schlag. Berlin · Offenbach: VDE VERLAG

[2] DIN VDE 0100-430 (**VDE 0100-430**):2010-10 Errichten von Niederspannungsanlagen – Teil 4-43: Schutzmaßnahmen – Schutz bei Überstrom. Berlin · Offenbach: VDE VERLAG

[3] DIN VDE 0100-540 (**VDE 0100-540**):2012-06 Errichten von Niederspannungsanlagen – Teil 5-54: Auswahl und Errichtung elektrischer Betriebsmittel – Erdungsanlagen und Schutzleiter. Berlin · Offenbach: VDE VERLAG

[4] DIN VDE 0100-559 (**VDE 0100-559**):2014-02 Errichten von Niederspannungsanlagen – Teil 5-559: Auswahl und Errichtung elektrischer Betriebsmittel – Leuchten und Beleuchtungsanlagen. Berlin · Offenbach: VDE VERLAG

[6] DIN VDE 0100-714 (**VDE 0100-714**):2014-02 Errichten von Niederspannungsanlagen – Teil 7-714: Anforderungen für Betriebsstätten, Räume und Anlagen besonderer Art – Beleuchtungsanlagen im Freien. Berlin · Offenbach: VDE VERLAG

[5] DIN VDE 0100-702 (**VDE 0100-702**):2012-03 Errichten von Niederspannungsanlagen – Teil 7-702: Anforderungen für Betriebsstätten, Räume und Anlagen besonderer Art – Becken von Schwimmbädern, begehbare Wasserbecken und Springbrunnen. Berlin · Offenbach: VDE VERLAG

[7] DIN EN 60598 (**VDE 0711**) (alle Teile) Leuchten. Berlin · Offenbach: VDE VERLAG

[8] *Rudnik, S.*; *Pelta, R.*: Der Lotse durch die DIN VDE 0100. VDE-Schriftenreihe 144. Berlin · Offenbach: VDE VERLAG, 2018. – ISBN 978-3-8007-4373-5, ISSN 0506-6719

Weitere Informationen enthält das Buch

Rudnik, S.; *Pelta, R.*: Der Lotse durch die DIN VDE 0100
(VDE-Schriftenreihe 144, ISBN 978-3-8007-4373-5)

DEUTSCHE NORM Februar 2014

DIN VDE 0100-715 (VDE 0100-715)

DIN

Diese Norm ist zugleich eine **VDE-Bestimmung** im Sinne von VDE 0022. Sie ist nach Durchführung des vom VDE-Präsidium beschlossenen Genehmigungsverfahrens unter der oben angeführten Nummer in das VDE-Vorschriftenwerk aufgenommen und in der „etz Elektrotechnik + Automation" bekannt gegeben worden.

VDE

ICS 91.140.50

Ersatz für
DIN VDE 0100-715
(VDE 0100-715):2006-06
Siehe Anwendungsbeginn

**Errichten von Niederspannungsanlagen –
Teil 7-715: Anforderungen für Betriebsstätten, Räume und Anlagen besonderer Art –
Kleinspannungsbeleuchtungsanlagen
(IEC 60364-7-715:2011, modifiziert);
Deutsche Übernahme HD 60364-7-715:2012**

Anwendungsbereich

Die besonderen Anforderungen des Teils 715 der DIN VDE 0100 gelten für die Auswahl und die Errichtung von Kleinspannungsbeleuchtungsanlagen[1]. Diese Beleuchtungsanlagen werden von einer Stromquelle mit einer max. Bemessungsspannung von AC 50 V oder DC 120 V versorgt.

[1] Kleinspannungsbeleuchtungsanlagen sind definiert in DIN EN 60598-2-23 (**VDE 0711-2-23**):2001-06: *Kleinspannungsbeleuchtungssystem ist ein Beleuchtungssystem für Glühlampen, bestehend aus Transformator bzw. Konverter, Trägerleiter und Leuchten sowie aller erforderlichen Befestigungselemente und elektrischen und mechanischen Verbindern.*

Eingliederung des Teils 715 in die Struktur der Normen der Reihe DIN VDE 0100

Gruppe 100
Anwendungsbereich, Allgemeine Grundsätze

Gruppe 200
Begriffe

Gruppe 400	Gruppe 500	Gruppe 600
Schutzmaßnahmen	Auswahl und Errichtung	Prüfungen

Gruppe 700
Anforderungen für Betriebsstätten, Räume und Anlagen besonderer Art

Teil 701 Räume mit Badewanne oder Dusche	Teil 702 Becken von Schwimmbädern, begehbaren Wasserbecken und Springbrunnen	Teil 703 Räume und Kabinen mit Saunaheizungen	Teil 704 Baustellen	Teil 705 Elektrische Anlagen von landwirtschaftlichen und gartenbaulichen Betriebsstätten
Teil 706 Leitfähige Bereiche mit begrenzter Bewegungsfreiheit	Teil 708 Caravanplätze, Campingplätze und ähnliche Bereiche	Teil 709 Marinas und ähnliche Bereiche	Teil 710 Medizinisch genutzte Bereiche	Teil 711 Ausstellungen, Shows und Stände
Teil 712 Solar-Photovoltaik-(PV-)Stromversorgungssysteme	Teil 713 Möbel und ähnliche Einrichtungsgegenstände	Teil 714 Beleuchtungsanlagen im Freien	Teil 715 Kleinspannungs-Beleuchtungsanlagen	Teil 717 Ortsveränderliche oder transportable Baueinheiten
Teil 718 Öffentliche Einrichtungen und Arbeitsstätten	Teil 721 Elektrische Anlagen von Caravans und Motorcaravans	Teil 722 Stromversorgung Elektrofahrzeuge	Teil 723 Unterrichtsräume mit Experimentiereinrichtungen	Teil 729 Bedienungsgänge und Wartungsgänge
Teil 730 Elektrischer Landanschluss für Fahrzeuge der Binnenschifffahrt	Teil 731 Abgeschlossene elektrische Betriebsstätten	Teil 737 Feuchte und nasse Bereiche und Räume und Anlagen im Freien	Teil 740 Vorübergehend errichtete elektrische Anlagen für Aufbauten, Vergnügungseinrichtungen und Buden auf Kirmesplätzen, Vergnügungsparks und für Zirkusse	Teil 753 Heizleitungen und umschlossene Heizsysteme

Gruppe 800
Energieeffizienz, Intelligente Niederspannungsanlagen

Inhaltsverzeichnis der DIN VDE 0100-715

Wesentliche Änderungen in der Ausgabe 2014 gegenüber der Ausgabe 2006

- Überarbeitung des Abschnitts „Querschnitte von Leitern",
- Abschnitt „Spannungsfall" konkretisiert,
- Verweise auf LED-Module und ihre speziellen Anforderungen an die Installation,
- Angleichung des formalen Aufbaus an die aktuell gültigen Teile 100 bis 600 der DIN VDE 0100,
- redaktionelle Klarstellung im gesamten Normentext.

Termine

Anwendungsbeginn der DIN VDE 0100-715:2014-02	**ab: 1. Februar 2014**
Für die DIN VDE 0100-715:2006-06 bestand eine Übergangsfrist	**bis: 18. Januar 2015**

Zum Inhalt der DIN VDE 0100-715:2014-02

Kurzübersicht zur schnellen Information

- In „Räumen besonderer Art – Kleinspannungsbeleuchtungsanlagen“ sind die Gefahren durch den elektrischen Schlag auf der Ausgangsseite der Transformatoren gering, auf der Primärseite ist der Basis- und Fehlerschutz nach DIN VDE 0100-410 anzuwenden. Dennoch kann sich das Gefahrenpotenzial bei elektrischen Anlagen und Betriebsmitteln dadurch erhöhen, dass aufgrund der geringen Spannungen relativ große Betriebsströme fließen, die Kurzschlussströme erhöht sind, diese wiederum erhöhen die Brandgefahr und auch durch die abgestrahlte Wärmeenergie der Leuchtmittel (z. B. Niedervolt-Halogenglühlampen) kann sich die Brandgefahr erhöhen.
- Nur mit Kleinspannungen SELV mit ≤ AC 50 V oder ≤ DC 120 V bei der Verwendung von blanken Leitern, zulässige Spannung max. AC 25 V oder DC 60 V.
- Spannungsfall: max. 5 % der Nennspannung der Kleinspannungsanlage.
- Die Verwendung von Arten der Kabel- und Leitungsanlagen ist vorgeschrieben.
- Anforderungen an den Schutz gegen thermische Auswirkungen.
- Jeder Stromkreis muss von den aktiven Leitern der Versorgungsleitung getrennt werden können.
- Schutzeinrichtungen müssen leicht zugänglich sein oder es müssen entsprechende Gegenmaßnahmen getroffen werden, siehe Erläuterungen.

Erläuterungen

Als Schutz gegen elektrischen Schlag ist nur die Schutzmaßnahme Kleinspannung mittels SELV (Safety Extra Low Voltage) zulässig. Der Schutz wird in diesem Fall durch kleine Spannungen (AC 50 V und DC 120 V) und durch eine sichere Trennung vom Primärnetz erreicht. Bei der Verwendung von blanken Leitern (Leitungen müssen durch Schutzgeräte überwacht werden, die bei Überlastung oder Kurzschluss abschalten) sind höchstens AC 25 V und DC 60 V zugelassen. Außerdem sind die Anforderungen zu erfüllen:

- Mindestquerschnitt 4 mm² Cu bei Systemen mit Leuchten, die von den Leitern abgehängt werden, also frei hängenden Leitungen, ansonsten Auswahl entsprechend des Laststroms, mindestens 1,5 mm² Cu (bei max. 3 m Leiterlänge ist 1 mm² Cu erlaubt),

- Anordnung der Leiter nicht direkt auf brennbaren Materialien,
- die Anlage ist so umhüllt oder errichtet, dass ein evtl. Kurzschluss sehr begrenzt bleibt.

Stromquellen für die Kleinspannungsbeleuchtungsanlagen: Sicherheitstransformatoren nach DIN EN 61558-2-6 (**VDE 0570-2-6**):2010-04 und Konverter mit sicherer Trennung nach DIN EN 61347-2-2 (**VDE 0712-32**):2012-11 (Parallelschaltung von Konvertern ist nicht erlaubt).

Der Spannungsfall zwischen dem Transformator und der installierten Leuchte darf in der größten Entfernung zwischen Erzeuger und Verbraucher 5 % nicht überschreiten.

Als Kabel- und Leitungsarten sind zu verwenden:

- Aderleitungen im Installationsrohr nach DIN EN 50085-1 (**VDE 0604-1**),
- Kabel- und Mantelleitungen,
- flexible Leitungen,
- Beleuchtungssysteme nach DIN EN 60598-2-23 (**VDE 0711-2-23**),
- Stromschienensysteme nach DIN EN 60570 (**VDE 0711-300**),
- blanke Leiter.

Metallene Konstruktionsteile von Möbeln dürfen nicht als aktive Leiter verwendet werden.

Überstromschutzeinrichtungen nach DIN VDE 0100-430 einsetzen. Bei Transformatoren mit einer Ausgangsleistung bis zu 50 VA können Überstromschutzeinrichtungen verwendet werden, die sich selbst zurücksetzen.

Schutz gegen thermische Auswirkungen:

- Leuchten und ihre Einsatzorte müssen so ausgewählt werden, dass eine schädliche Erhitzung von Materialien der Umgebung dieser Standorte ausgeschlossen wird.
- Eine Brandgefahr durch Transformatoren/Konverter (Geräte, die zwischen die Spannungsversorgung und die Halogenglühlampen geschaltet werden, um sie mit hochfrequenter Spannung zu versorgen) muss vermieden werden durch Schutzeinrichtungen der Primärseite der Transformatoren, durch Einsatz von kurzschlussfesten Transformatoren, durch Konverter, die z. B. LED-Modulen DIN EN 61347-2-13 (**VDE 0712-43**) entsprechen.
- Eine Brandgefahr durch Kurzschluss muss vermieden werden durch besondere Schutzeinrichtungen (DIN VDE 0100-715), durch Leistungsbegrenzung des Transformators auf 200 VA, durch Verwendung von Kleinspannungsbeleuchtungssystemen nach DIN EN 60598-2-23 (**VDE 0711-2-23**).

Anforderungen an die Schutzeinrichtungen gegen Brandgefahr: Besondere Schutzeinrichtungen gegen Brandgefahr müssen die nachfolgenden Bedingungen erfüllen:

- dauernde Überwachung des Leistungsbedarfs der Leuchten,
- die automatische Abschaltung beim Einschalten des Versorgungsstromkreises, falls ein Fehler eine Leistungsanhebung ≥ 60 W verursacht,
- die automatische Abschaltung der Stromversorgung innerhalb von 0,3 s bei einem Fehler, der eine Anhebung der Leistung ≥ 60 W bewirkt, oder im Falle eines Kurzschlusses,
- die automatische Abschaltung, wenn der Versorgungsstromkreis mit verminderter Leistung betrieben wird und ein Fehler eine Leistungsanhebung ≥ 60 W verursacht,
- die Schutzeinrichtung muss fehlersicher sein und die Einschaltströme müssen berücksichtigt werden.

Transformatoren dürfen auf der Sekundärseite nur parallel geschaltet werden, wenn sie gleiche Eigenschaften haben und auch auf der Primärseite parallel geschaltet sind.

Schutzeinrichtungen zum Trennen, Schalten und Steuern und Stromquellen für SELV müssen leicht zugänglich sein. Werden sie oberhalb abgehängter Zwischendecken oder an vergleichbaren Plätzen untergebracht, müssen sie

- fest angeschlossen,
- mechanisch geschützt,
- thermisch isoliert sein, sodass eine Überhitzung vermieden wird.

Die Zwischendecken oder andere vergleichbare Plätze müssen leicht entfernbar sein und zusätzlich muss ein Hinweis vorhanden sein, der deutlich macht, wo Schutzeinrichtungen vorhanden und wie sie angeordnet sind.

Die Montageanweisungen der Hersteller sind zu beachten.

Anforderungen kurzgefasst	
	Anforderungen
Stromversorgung	Kleinspannung mit max. Bemessungsspannung AC 50 V oder DC 120 V; blanke Leiter höchstens: AC 25 V oder DC 60 V
Stromquellen	Anforderungen an die Installation, siehe Erläuterungen
Schutzmaßnahme	Schutz durch Kleinspannung SELV
Schutz gegen thermische Auswirkungen	Brandgefahren durch Räume mit Brandrisiko, durch Transformatoren oder Konverter, durch Kurzschluss muss entgegengewirkt werden, siehe Erläuterungen
Trennen und Schalten	jeder Stromkreis muss einzeln von den aktiven Leitern getrennt werden können; Schutzeinrichtungen müssen leicht zugänglich sein
besondere Schutzeinrichtungen	gegen Brandgefahren müssen Anforderungen erfüllt werden, siehe Erläuterungen
leitfähige Konstruktionsteile	dürfen nicht als Leiter für Kleinbeleuchtungsanlagen verwendet werden
blanke Leiter	sind zulässig bei AC 25 V oder DC 60 V, aber mit zusätzlichen Anforderungen; siehe Erläuterungen
Anschlüsse	Anschlüsse und Verbindungen mit Schraubklemmen oder mit schraubenlosen Verbindungen; Schneidklemmen nicht zugelassen
Spannungsfall	nicht mehr als 5 % der Nennspannung
Kabel und Leitungen, Querschnitt	nur bestimmte Kabel und Leitungen verwenden, siehe Erläuterungen; entsprechend Laststrom auswählen oder Mindestquerschnitt 4 mm^2
hängende Systeme	müssen ausgelegt sein für fünffache Masse der angeschlossenen Leuchten, mindestens für 5 kg

Tabelle 715.1 Anforderungen aus DIN VDE 0100-715

Literatur

[1] DIN VDE 0100-410 (**VDE 0100-410**):2018-10 Errichten von Niederspannungsanlagen – Teil 4-41: Schutzmaßnahmen – Schutz gegen elektrischen Schlag. Berlin · Offenbach: VDE VERLAG

[2] DIN VDE 0100-430 (**VDE 0100-430**):2010-10 Errichten von Niederspannungsanlagen – Teil 4-43: Schutzmaßnahmen – Schutz bei Überstrom. Berlin · Offenbach: VDE VERLAG

[3] DIN VDE 0100-530 (**VDE 0100-530**):2018-06 Errichten von Niederspannungsanlagen – Teil 530: Auswahl und Errichtung elektrischer Betriebsmittel – Schalt- und Steuergeräte. Berlin · Offenbach: VDE VERLAG

[4] DIN VDE 0100-540 (**VDE 0100-540**):2012-06 Errichten von Niederspannungsanlagen – Teil 5-54: Auswahl und Errichtung elektrischer Betriebsmittel – Erdungsanlagen und Schutzleiter. Berlin · Offenbach: VDE VERLAG

[5] DIN VDE 0100-559 (**VDE 0100-559**):2014-02 Errichten von Niederspannungsanlagen – Teil 5-559: Auswahl und Errichtung elektrischer Betriebsmittel – Leuchten und Beleuchtungsanlagen. Berlin · Offenbach: VDE VERLAG

[6] DIN VDE 0100-715 (**VDE 0100-715**):2014-02 Errichten von Niederspannungsanlagen – Teil 7-715: Anforderungen für Betriebsstätten, Räume und Anlagen besonderer Art – Kleinspannungsbeleuchtungsanlagen. Berlin · Offenbach: VDE VERLAG

[7] DIN VDE 0298-4 (**VDE 0298-4**):2013-06 Verwendung von Kabeln und isolierten Leitungen für Starkstromanlagen – Teil 4: Empfohlene Werte für die Strombelastbarkeit von Kabeln und Leitungen für feste Verlegung in und an Gebäuden und von flexiblen Leitungen. Berlin · Offenbach: VDE VERLAG

[8] DIN EN 60598 (**VDE 0711**) (alle Teile) Leuchten. Berlin · Offenbach: VDE VERLAG

[9] *Rudnik, S.*; *Pelta, R.*: Der Lotse durch die DIN VDE 0100. VDE-Schriftenreihe 144. Berlin · Offenbach: VDE VERLAG, 2018. – ISBN 978-3-8007-4373-5, ISSN 0506-6719

[10] *Nienhaus, H.*; *Thaele, R.*: Halogenbeleuchtungsanlagen mit Kleinspannung. VDE-Schriftenreihe 75. Berlin · Offenbach: VDE VERLAG, 2007. – ISBN 978-3-8007-2990-6, ISSN 0506-6719

Weitere Informationen enthält das Buch

Nienhaus, H.; *Thaele, R.*: Halogenbeleuchtungsanlagen mit Kleinspannung (VDE-Schriftenreihe 75, ISBN 978-3-8007-2990-6)

DEUTSCHE NORM Oktober 2010

DIN VDE 0100-717 (VDE 0100-717)

DIN

Diese Norm ist zugleich eine **VDE-Bestimmung** im Sinne von VDE 0022. Sie ist nach Durchführung des vom VDE-Präsidium beschlossenen Genehmigungsverfahrens unter der oben angeführten Nummer in das VDE-Vorschriftenwerk aufgenommen und in der „etz Elektrotechnik + Automation“ bekannt gegeben worden.

VDE

ICS 91.140.50 Ersatzvermerk siehe unten

Errichten von Niederspannungsanlagen –
Teil 7-717: Anforderungen für Betriebsstätten, Räume und Anlagen besonderer Art –
Ortsveränderliche oder transportable Baueinheiten
(IEC 60364-7-717:2009, modifiziert);
Deutsche Übernahme HD 60364-7-717:2010

Anwendungsbereich

Die besonderen Anforderungen des Teils 717 der DIN VDE 0100 gelten für Wechselstrom- und Gleichstromanlagen von ortsveränderlichen oder transportablen Baueinheiten. Dieser Teil 717 der Norm befasst sich hauptsächlich mit der Errichtung von Wechselstromanlagen von ortsveränderlichen oder transportablen Baueinheiten. Gleichstromanlagen werden bei der Stromerzeugung durch Niederspannungsstromerzeugungseinrichtungen berücksichtigt. Dort, wo die Elektrofachkraft die Notwendigkeit erkennt, müssen auch Anforderungen aus anderen Teilen der Gruppe 700 zusätzlich berücksichtigt werden, wie für Duschen, Teil 701, oder medizinische Bereiche, Teil 710.

Baueinheiten im Sinne dieser Norm	Beispiele für die Baueinheiten für
ein Fahrzeug und/oder eine ortsveränderliche oder transportable Konstruktion, in der alle oder Teile von elektrischen Anlagen enthalten sind	• Fernsehen und Rundfunk, • medizinische Bereiche, • Werbung, • Feuerwehr, • Verwendung für spezielle Informationstechniken, • Katastrophenhilfe, • Partyservice und Ähnliches

Wenn zwei oder mehr Baueinheiten miteinander verbunden sind, um eine einzige elektrische Anlage zu bilden, dann sind die Anforderungen aus diesem Teil 717 ebenfalls zu berücksichtigen (zusätzliche Anforderungen aus Kapitel 717.55 beachten!).

Die Anforderungen des Teils 717 gelten *nicht* für:

- Stromkreise und Betriebsmittel zum Zwecke des Selbstantriebs,
- Baueinheiten, die durch andere Teile der Gruppe 700 abgedeckt sind, wie Caravans und Motorcaravans; Teil 721,
- Antriebseinrichtungen von elektrischen Fahrzeugen,
- ortsveränderliche Maschinen in Übereinstimmung mit DIN EN 60204-1 (**VDE 0113-1**),
- Wassersportfahrzeuge (siehe DIN EN 60092-507 (**VDE 0129-507**)),
- ortsveränderliche oder transportable Mobilheime, Büros und Ähnliches für ausgedehnte Anwendungen am selben Ort, dafür gelten die allgemeinen Anforderungen der DIN VDE 0100,
- Stromerzeugungseinrichtungen.

Eingliederung des Teils 717 in die Struktur der Normen der Reihe DIN VDE 0100

Gruppe 100 Anwendungsbereich, Allgemeine Grundsätze

Gruppe 200 Begriffe

Gruppe 400 Schutzmaßnahmen	Gruppe 500 Auswahl und Errichtung	Gruppe 600 Prüfungen

Gruppe 700 Anforderungen für Betriebsstätten, Räume und Anlagen besonderer Art

Teil 701 Räume mit Badewanne oder Dusche	Teil 702 Becken von Schwimmbädern, begehbaren Wasserbecken und Springbrunnen	Teil 703 Räume und Kabinen mit Saunaheizungen	Teil 704 Baustellen	Teil 705 Elektrische Anlagen von landwirtschaftlichen und gartenbaulichen Betriebsstätten
Teil 706 Leitfähige Bereiche mit begrenzter Bewegungsfreiheit	Teil 708 Caravanplätze, Campingplätze und ähnliche Bereiche	Teil 709 Marinas und ähnliche Bereiche	Teil 710 Medizinisch genutzte Bereiche	Teil 711 Ausstellungen, Shows und Stände
Teil 712 Solar-Photovoltaik-(PV-)Stromversorgungssysteme	Teil 713 Möbel und ähnliche Einrichtungsgegenstände	Teil 714 Beleuchtungsanlagen im Freien	Teil 715 Kleinspannungs-Beleuchtungsanlagen	Teil 717 Ortsveränderliche oder transportable Baueinheiten
Teil 718 Öffentliche Einrichtungen und Arbeitsstätten	Teil 721 Elektrische Anlagen von Caravans und Motorcaravans	Teil 722 Stromversorgung Elektrofahrzeuge	Teil 723 Unterrichtsräume mit Experimentiereinrichtungen	Teil 729 Bedienungsgänge und Wartungsgänge
Teil 730 Elektrischer Landanschluss für Fahrzeuge der Binnenschifffahrt	Teil 731 Abgeschlossene elektrische Betriebsstätten	Teil 737 Feuchte und nasse Bereiche und Räume und Anlagen im Freien	Teil 740 Vorübergehend errichtete elektrische Anlagen für Aufbauten, Vergnügungseinrichtungen und Buden auf Kirmesplätzen, Vergnügungsparks und für Zirkusse	Teil 753 Heizleitungen und umschlossene Heizsysteme

Gruppe 800 Energieeffizienz, Intelligente Niederspannungsanlagen

Inhaltsverzeichnis der DIN VDE 0100-717

Wesentliche Änderungen in der Ausgabe 2010 gegenüber der Ausgabe 2005 und DIN VDE 0845-1:1987-10

- Der Anwendungsbereich ist detaillierter dargestellt.
- Abschnitt „Schutz gegen elektrischen Schlag“ ist an die DIN VDE 0100-410:2018-10 angepasst.
- Abschnitte „Schutz durch automatische Abschaltung der Stromversorgung“ und „Zusätzlicher Schutz“ wurden aufgenommen.
- Alle Bilder sind überarbeitet.

Termine

Anwendungsbeginn der DIN VDE 0100-717:2010-10	**ab: 1. Oktober 2010**
Für die DIN VDE 0100-717:2005-06 und DIN VDE 0845-1:1987-10 bestand eine Übergangsfrist	**bis: 1. Oktober 2012**

Zum Inhalt der DIN VDE 0100-717:2010-10

Kurzübersicht zur schnellen Information

- In „Räumen besonderer Art – Ortsveränderliche oder transportable Baueinheiten“ sind die Gefahren durch den elektrischen Schlag seitens der Elektrofachkräfte besonders einzuschätzen.
- Verschiedene Möglichkeiten, die Versorgung einer Baueinheit zu errichten: 1. feste elektrische Anlage: automatische Abschaltung RCD 30 mA, TN-C-System nicht erlaubt; 2. Niederspannungsstromerzeugungseinrichtung: nur TN- oder IT-System erlaubt; 3. Schutztrennung: Anforderungen siehe Erläuterungen.
- Schutzpotentialausgleich durchführen.
- Zusätzlicher Schutz: Steckdosen für Verbrauchsmittel außerhalb der Baueinheit: RCD 30 mA.
- Kabel und Leitungen: H07RN-F oder gleichwertig, 2,5 mm^2.
- Schutzart IP44, in besonderen Fällen IP55.
- Kennzeichnung: in der Nähe der Einführung der Stromversorgung und in der Nähe von Steckdosen, siehe Erläuterungen.

Erläuterungen

0100-717

Begriffe: Baueinheit im Sinne der Norm DIN VDE 0100-717 bedeutet: ein Fahrzeug und/oder eine ortsveränderliche, bewegliche oder transportable Konstruktion. In dieser Baueinheit sind alle oder einige Teile einer elektrischen Anlage enthalten und sie kann selbstfahrend sein oder gezogen werden (ortsveränderliche Baueinheiten) bzw. sie lässt sich transportieren (transportable Baueinheiten), wie ein Container.

Stromversorgung: Für die Stromversorgung einer Baueinheit muss (müssen) eine oder mehrere der folgenden Alternativen angewendet werden:

- Versorgung aus einer festen elektrischen Anlage (z. B. öffentliches Netz eines Netzbetreibers); wichtig ist, dass die Schutzmaßnahmen wirksam sind,
- Versorgung aus einer Niederspannungsstromerzeugungseinrichtung nach DIN VDE 0100-551, also aus einem Ersatzstromerzeuger bzw. einem Notstromaggregat,
- Versorgung über einen Trenntransformator,
- Versorgung aus zwei voneinander unabhängigen Stromquellen (z. B. öffentliches Netz und Niederspannungsstromerzeugungseinrichtung); der Parallelbetrieb muss durch geeignete Maßnahmen verhindert werden.

Schutz durch automatische Abschaltung:

1. Für die Stromversorgung aus einer Niederspannungsstromerzeugungseinrichtung sind nur TN- oder IT-Systeme erlaubt, wobei
   - bei einem TN-System in der beweglichen Baueinheit die Körper der Betriebsmittel mit dem Neutralpunkt oder einem Außenleiter und der leitfähigen Umhüllung der Baueinheit oder (wenn diese nicht leitfähig ist) mit dem Schutzleiter oder (wenn dieser nicht zugänglich ist) mit einem Außenleiter verbunden werden müssen;
   - bei einem IT-System in der beweglichen Baueinheit die Körper der Betriebsmittel mit der leitfähigen Umhüllung der Baueinheit oder (wenn diese nicht leitfähig ist) untereinander und mit dem Schutzleiter verbunden werden müssen.
2. Für die Stromversorgung aus einer festen elektrischen Anlage muss die automatische Abschaltung mit Fehlerstromschutzeinrichtungen (RCDs) mit einem Bemessungsdifferenzstrom $\leq$ 30 mA vorgesehen werden.
3. Bei allen Alternativen der Stromversorgung sind vor der Schutzeinrichtung für die automatische Abschaltung Betriebsmittel der Schutzklasse II (oder gleichwertige Isolierung) einzusetzen.
4. Ein TN-C-System ist innerhalb der Baueinheit mit der beweglichen und ortsveränderlichen elektrischen Anlage nicht erlaubt.

Schutztrennung: Ein Transformator für die Schutztrennung ist nur dann erlaubt, wenn

- eine Isolationsüberwachungseinrichtung errichtet ist; diese muss die automatische Abschaltung der Stromversorgung im Fall eines ersten Fehlers zwischen aktiven Teilen und dem Rahmen der Baueinheit bewirken;
- eine Fehlerstromschutzeinrichtung (RCD) und ein Erder errichtet sind; diese müssen die automatische Abschaltung der Stromversorgung im Fall eines Fehlers im Transformator mit einfacher Trennung sicherstellen. Alle Betriebsmittel außerhalb der Baueinheit müssen durch separate Fehlerstromschutzeinrichtungen (RCDs) mit einem Bemessungsdifferenzstrom $\leq$ 30 mA geschützt werden.

Schutzpotentialausgleich: Körper und leitfähige Teile der elektrischen Anlage sowie Rahmen, Konstruktionsteile, Rohrsysteme und die Schutzleiter des inneren TN- und IT-Systems müssen durch einen Potentialausgleichsleiter in feindrähtiger Ausführung über die Haupterdungsschiene innerhalb der Baueinheit miteinander verbunden werden. Auch der Erder außerhalb der Baueinheit wird mit der Haupterdungsschiene verbunden.

Zusätzlicher Schutz: Steckdosen, die Verbrauchsmittel außerhalb der Baueinheit versorgen, müssen mit einem zusätzlichen Schutz durch Fehlerstromschutzeinrichtungen (RCDs) mit einem Bemessungsdifferenzstrom ≤ 30 mA geschützt werden. Dies gilt nicht für Steckdosen von Kleinspannungsstromkreisen (SELV oder PELV) oder für Steckdosen der Schutzmaßnahme Schutztrennung.

Schutz bei Überstrom: Erfolgt die Stromversorgung mittels einer Ersatzstromversorgung oder mit einem Trenntransformator und ist ein Außenleiter mit der leitfähigen Umhüllung der Baueinheit verbunden, so kann eine Überstromschutzeinrichtung in diesem Außenleiter entfallen.

Kabel und Leitungen: Für die Verbindung der beweglichen und ortsveränderlichen elektrischen Anlagen mit der Stromversorgung muss eine flexible, schwere Schlauchleitung Typ H07RN-F oder eine gleichwertige Ausführung verwendet werden. Der Mindestquerschnitt muss 2,5 mm^2 betragen. Die Einführung der Leitung in die Baueinheit muss mechanisch (Zugbelastung) erfolgen und die Isolation geschützt werden. Innerhalb der Baueinheit müssen die Leitungen DIN EN 50525-2-21 (**VDE 0285-525-2-21**) entsprechen (z. B. H07V-U/-R/-K). Folgende Leitungsarten können eingesetzt werden:

- isolierte, einadrige und flexible oder mehrdrähtige (mindestens sieben Drähte) Leiter, die in nicht metallenen Kabelkanälen oder Elektroinstallationsrohren geführt werden oder
- umhüllte, flexible Kabel und Leitungen.

0100-717

Alle Kabel und Leitungen müssen den brandschutztechnischen Anforderungen nach DIN EN 60332-1-2 (**VDE 0482-332-1-2**) entsprechen.

Steckvorrichtungen: Für die Einspeisung sind Steckvorrichtungen nach DIN EN 60309-1 (**VDE 0623-1**) vorzusehen und dabei ist zu berücksichtigen, dass die Gehäuse aus Isolierstoff bestehen, der Steckerteil mit den Stiftkontakten an der Baueinheit angeordnet und die Schutzart mindestens IP44 sein muss. Die Außensteckdosen müssen jeweils ein Gehäuse mit dem Schutzgrad IP55 aufweisen. Stromerzeugungseinrichtungen innerhalb einer Baueinheit müssen bei einem Unfall automatisch ausgeschaltet werden oder es muss an einer leicht zugänglichen Stelle ein Notschalter vorhanden sein. Geräteeinlässe für die Versorgung der Baueinheiten müssen der Schutzart IP55 entsprechen.

Kennzeichnung: Für die Auswahl und Errichtung elektrischer Betriebsmittel ist eine Kennzeichnung zu beachten. Diese muss an einer gut sichtbaren Stelle in der Nähe der Einführung der Stromversorgung in die Baueinheit angebracht werden und folgende Angaben enthalten: Art der Stromversorgung, mit der die Baueinheit versorgt werden darf, die Bemessungsspannung der Baueinheit, die Anzahl der Außenleiter und ihre Anordnung, die Art der Erdungsanlage und die max. Leistungsanforderung. Außerdem ist eine Kennzeichnung in der Nähe von Steckdosen vorzusehen, die durch Schutztrennung einzeln geschützt sind, mit dem Hinweis, dass nur ein einziges elektrisches Verbrauchsmittel angeschlossen werden darf.

Hinweise zu Wiederholungsprüfungen: Ortsveränderliche Baueinheiten sind mindestens alle zwölf Monate und transportable Baueinheiten mindestens alle zwei Jahre zu überprüfen.

Anforderungen kurzgefasst	
	Anforderungen
Stromversorgung	• aus dem öffentlichen Netz mit fest errichteter Anlage, • Niederspannungsersatzstromversorgungseinrichtung, • Trenntransformator
Schutzart	IP44 oder IP55
Schutzmaßnahme, Steckdosen außerhalb der Baueinheiten	bei Niederspannungsersatzstromversorgungseinrichtung ausschließlich IT- oder TN-System erlaubt; Zusatzanforderungen an IT- und TN-Systeme; TN-C-Systeme innerhalb der Baueinheiten nicht erlaubt; SELV/PELV/Schutztrennung und RCD $\leq$ 30 mA
Schutztrennung	mit besonderen Anforderungen
zusätzlicher Schutz	RCDs $\leq$ 30 mA
Steckvorrichtungen	• Gehäuse aus Isolierstoff, • mindestens IP44, • Steckerteil mit den Isolierstiften an Baueinheit angeordnet
Kennzeichnung	für Auswahl und Errichtung ist die Kennzeichnung bei der Einführung der Stromversorgung in die Baueinheit und in der Nähe von Steckdosen zu beachten
Kabel und Leitungen, Querschnitt	Typ H07RN-F oder andere Leitungsarten, siehe Erläuterungen; 2,5 mm^2; brandschutztechnische Anforderungen nach DIN EN 60332-1-2 (**VDE 0482-332-1-2**); Verdrahtung innerhalb der Baueinheiten: H05VV-F oder H05RN-F
Wiederholungsprüfungen	zwölf Monate bei ortsveränderlichen und zwei Jahre bei transportablen Baueinheiten

Tabelle 717.1 Anforderungen aus DIN VDE 0100-717

Literatur

[1] DIN VDE 0100-410 (**VDE 0100-410**):2018-10 Errichten von Niederspannungsanlagen – Teil 4-41: Schutzmaßnahmen – Schutz gegen elektrischen Schlag. Berlin · Offenbach: VDE VERLAG

[2] DIN VDE 0100-430 (**VDE 0100-430**):2010-10 Errichten von Niederspannungsanlagen – Teil 4-43: Schutzmaßnahmen – Schutz bei Überstrom. Berlin · Offenbach: VDE VERLAG

[3] DIN VDE 0100-530 (**VDE 0100-530**):2018-06 Errichten von Niederspannungsanlagen – Teil 530: Auswahl und Errichtung elektrischer Betriebsmittel – Schalt- und Steuergeräte. Berlin · Offenbach: VDE VERLAG

[4] DIN VDE 0100-540 (**VDE 0100-540**):2012-06 Errichten von Niederspannungsanlagen – Teil 5-54: Auswahl und Errichtung elektrischer Betriebsmittel – Erdungsanlagen und Schutzleiter. Berlin · Offenbach: VDE VERLAG

[5] DIN VDE 0100-551 (**VDE 0100-551**):2018-12 Errichten von Niederspannungsanlagen – Teil 5-55: Auswahl und Errichtung elektrischer Betriebsmittel – Andere Betriebsmittel – Abschnitt 551: Niederspannungsstromerzeugungseinrichtungen. Berlin · Offenbach: VDE VERLAG

[6] DIN VDE 0100-717 (**VDE 0100-717**):2010-10 Anforderungen für Betriebsstätten, Räume und Anlagen besonderer Art – Ortsveränderliche oder transportable Baueinheiten. Berlin · Offenbach: VDE VERLAG

[7] DIN VDE 0298-4 (**VDE 0298-4**):2013-06 Verwendung von Kabeln und isolierten Leitungen für Starkstromanlagen – Teil 4: Empfohlene Werte für die Strombelastbarkeit von Kabeln und Leitungen für feste Verlegung in und an Gebäuden und von flexiblen Leitungen. Berlin · Offenbach: VDE VERLAG

[8] DIN EN 60598 (**VDE 0711**) (alle Teile) Leuchten. Berlin · Offenbach: VDE VERLAG

[9] *Rudnik, S.*; *Pelta, R.*: Der Lotse durch die DIN VDE 0100. VDE-Schriftenreihe 144. Berlin · Offenbach: VDE VERLAG, 2018. – ISBN 978-3-8007-4373-5, ISSN 0506-6719

DEUTSCHE NORM Juni 2014

	DIN VDE 0100-718 (VDE 0100-718)	DIN
	Diese Norm ist zugleich eine **VDE-Bestimmung** im Sinne von VDE 0022. Sie ist nach Durchführung des vom VDE-Präsidium beschlossenen Genehmigungsverfahrens unter der oben angeführten Nummer in das VDE-Vorschriftenwerk aufgenommen und in der „etz Elektrotechnik + Automation" bekannt gegeben worden.	VDE

ICS 91.040.20; 91.140.50

Mit DIN VDE 0100-560
(VDE 0100-560):2013-10
Ersatz für
DIN VDE 0100-718
(VDE 0100-718):2005-10
Siehe Anwendungsbeginn

**Errichten von Niederspannungsanlagen –
Teil 7-718: Anforderungen für Betriebsstätten,
Räume und Anlagen besonderer Art –
Öffentliche Einrichtungen und Arbeitsstätten
(IEC 60364-7-718:2011);
Deutsche Übernahme HD 60364-7-718:2013**

Anwendungsbereich

Die besonderen Anforderungen des Teils 718 der DIN VDE 0100 gelten für elektrische Anlagen in öffentlichen Einrichtungen und in Arbeitsstätten.

Elektrische Anlagen in öffentlichen Einrichtungen und Arbeitsstätten	Typische Beispiele für öffentliche Einrichtungen und Arbeitsstätten
Besonderheit dieses Teils 718: die Vorgängernorm DIN VDE 0100-718:2005-10 „Bauliche Anlagen für Menschenansammlungen" wurde überführt in die gültige DIN VDE 0100-718:2014-06 und in die DIN VDE 0100-560:2013-10 „Elektrische Anlagen für Sicherheitszwecke"	• Versammlungsstätten und Versammlungsräume, • Ausstellungshallen, • Theater, Kinos, • Sportstätten, • Verkaufsstätten, • Gaststätten, • Schulen, • Hotels, Gästehäuser/Beherbergungsstätten, • Alten- und Pflegeheime, • Parkhäuser, Tiefgaragen, • Begegnungsstätten, Schwimmhallen, Flughäfen, Bahnhöfe, Hochhäuser, • Arbeitsstätten, Fabriken

Zugänge sowie Flucht- und Rettungswege werden gesondert hervorgehoben, gehören jedoch zu den genannten typischen Beispielen.

Wichtiger Hinweis: Anforderungen für Einrichtungen für Sicherheitszwecke sind in der DIN VDE 0100-560 „Elektrische Anlagen für Sicherheitszwecke" enthalten. Anmerkung: Einrichtungen für Sicherheitszwecke in speziellen Gebäuden und Bereichen können nach strengeren Anforderungen geregelt sein, d. h. es muss evtl. eine nationale Vorschrift Berücksichtigung finden.

Merke: In allen o. g. Gebäudebeispielen sind Flucht- und Rettungswege enthalten, somit ist die enge Verbindung der DIN VDE 0100-718 zur DIN VDE 0100-560 (Einrichtungen für Sicherheitszwecke) erklärlich.

Eingliederung des Teils 718 in die Struktur der Normen der Reihe DIN VDE 0100

Gruppe 100 Anwendungsbereich, Allgemeine Grundsätze		
Gruppe 200 Begriffe		
Gruppe 400 Schutzmaßnahmen	Gruppe 500 Auswahl und Errichtung	Gruppe 600 Prüfungen
Gruppe 700 Anforderungen für Betriebsstätten, Räume und Anlagen besonderer Art		

Teil 701 Räume mit Badewanne oder Dusche	Teil 702 Becken von Schwimmbädern, begehbaren Wasserbecken und Springbrunnen	Teil 703 Räume und Kabinen mit Saunaheizungen	Teil 704 Baustellen	Teil 705 Elektrische Anlagen von landwirtschaftlichen und gartenbaulichen Betriebsstätten
Teil 706 Leitfähige Bereiche mit begrenzter Bewegungsfreiheit	Teil 708 Caravanplätze, Campingplätze und ähnliche Bereiche	Teil 709 Marinas und ähnliche Bereiche	Teil 710 Medizinisch genutzte Bereiche	Teil 711 Ausstellungen, Shows und Stände
Teil 712 Solar-Photovoltaik-(PV-)Stromversorgungssysteme	Teil 713 Möbel und ähnliche Einrichtungsgegenstände	Teil 714 Beleuchtungsanlagen im Freien	Teil 715 Kleinspannungs-Beleuchtungsanlagen	Teil 717 Ortsveränderliche oder transportable Baueinheiten
Teil 718 Öffentliche Einrichtungen und Arbeitsstätten	Teil 721 Elektrische Anlagen von Caravans und Motorcaravans	Teil 722 Stromversorgung Elektrofahrzeuge	Teil 723 Unterrichtsräume mit Experimentiereinrichtungen	Teil 729 Bedienungsgänge und Wartungsgänge
Teil 730 Elektrischer Landanschluss für Fahrzeuge der Binnenschifffahrt	Teil 731 Abgeschlossene elektrische Betriebsstätten	Teil 737 Feuchte und nasse Bereiche und Räume und Anlagen im Freien	Teil 740 Vorübergehend errichtete elektrische Anlagen für Aufbauten, Vergnügungseinrichtungen und Buden auf Kirmesplätzen, Vergnügungsparks und für Zirkusse	Teil 753 Heizleitungen und umschlossene Heizsysteme

Gruppe 800 Energieeffizienz, Intelligente Niederspannungsanlagen

Inhaltsverzeichnis der DIN VDE 0100-718

Wesentliche Änderungen in der Ausgabe 2014 gegenüber der Ausgabe 2005

- Anforderungen an Einrichtungen für Sicherheitszwecke sind in DIN VDE 0100-718 nicht mehr enthalten, da sie in DIN VDE 0100-560 überführt worden sind,
- der mechanische Schutz entsprechend den Umgebungsbedingungen ist allgemein geregelt, daher sind konkrete Anforderungen an Leuchten im Handbereich oder dort, wo mechanische Beschädigungen möglich werden, im Teil 718 nicht mehr gefordert,
- Festlegungen für Stromkreise der allgemeinen Beleuchtung sind geändert,
- Anforderungen an Prüfungen sind nicht mehr enthalten, weil diese durch DIN VDE 0100-600 abgedeckt sind.

Termine

Anwendungsbeginn der DIN VDE 0100-718:2014-06	**ab: 1. Juni 2014**
Für die DIN VDE 0100-718:2005-10 bestand eine Übergangsfrist	**bis: 14. Mai 2016**

Zum Inhalt der DIN VDE 0100-718:2014-06

Kurzübersicht zur schnellen Information

- In „Räumen besonderer Art – Öffentliche Einrichtungen und Arbeitsstätten" handelt es sich in der Regel um Gebäude mit darin befindlichen elektrischen Einrichtungen und Betriebsmitteln, in denen sich viele Personen aufhalten. Damit von den elektrischen Anlagen keine Gefahren ausgehen, wie Brandrisiken, ungeeignete Betriebsmittel verwendet oder Fehler an den elektrischen Anlagen auftreten, muss die Elektrofachkraft die Gefahren bei der Errichtung gut beurteilen können und Schutzmaßnahmen durchführen.
- Die Vorgängernorm der DIN VDE 0100-718 mit dem Titel „Bauliche Anlagen für Menschenansammlungen" ist mit ihren Anforderungen teilweise in andere Normen überführt worden und die Anforderungen gelten nun unter dem Titel „Öffentliche Einrichtungen und Arbeitsstätten"
- Zusatzanforderungen sind zu den Schutzmaßnahmen, zu Maßnahmen bei besonderen Brandrisiken, zur Auswahl und Errichtung elektrischer Betriebsmittel, zu Kabeln und Leitungen und zu Beleuchtungsanlagen enthalten.
- Anforderungen an Einrichtungen für Sicherheitszwecke sind in DIN VDE 0100-560 überführt worden und Aussagen zu Prüfungen werden durch DIN VDE 0100-600 abgedeckt.

Erläuterungen

Begriffe: Öffentliche Einrichtungen: Standorte oder Gebäude, die für die Öffentlichkeit zugänglich sind. *Arbeitsstätten:* Hier führen Beschäftigte Aktivitäten aus, die im Zusammenhang mit ihrer Arbeit stehen.

Gefährdungsbeurteilungen: Von elektrischen Betriebsmitteln darf für Personen in öffentlichen Gebäuden und Arbeitsstätten keine Gefahr ausgehen, daher ist vor Verletzungen durch Feuer oder Wärme, hervorgerufen durch elektrische Anlagen, zu schützen. Wesentlich ist dabei auch die Beurteilung von Brandrisiken, denn elektrische Betriebsmittel können durch Wärmestau oder heiße Teile einen Brand verursachen. Weitere Gefahrenquellen können die ungeeignete Auswahl von Betriebsmitteln, Isolationsfehler an den Betriebsmitteln oder Überspannungen durch Blitzeinschläge sein.

Schutzmaßnahmen: In öffentlichen Einrichtungen und Arbeitsstätten sind Anforderungen an die Schutzmaßnahmen aus DIN VDE 0100-410 und DIN VDE 0100-420 umzusetzen. Als Ergänzung für den Schutz gegen thermische Auswirkungen ist in DIN VDE 0100-718 die Aussage enthalten, dass in Haupt- und Unterverteilungen eine einfache Messung des Isolationswiderstands möglich sein muss. Die Messung aller Leiter gegen Erde muss in jedem abgehenden Stromkreis erfolgen.

Bei Leiterquerschnitten $\leq 10\ mm^2$ muss diese Messung ohne Abklemmen des Neutralleiters möglich sein. Das kann in der Praxis durch den Einbau von Neutralleiter-Trennklemmen durchgeführt werden.

Maßnahmen bei besonderen Brandrisiken: In der DIN VDE 0100-420 werden in entsprechenden Abschnitten 422 Anforderungen an Maßnahmen bei besonderen Brandrisiken gestellt, die beachtet werden müssen. In DIN VDE 0100-718 wird der Hinweis gegeben, dass für öffentliche Einrichtungen und Arbeitsstätten

- Bedingungen für die Evakuierung im Notfall festgelegt werden müssen,
- Motoren gegen unzulässig hohe Temperaturen geschützt oder blockierungssicher sein müssen (Ausnahmen: Motoren unter 500 W, Motoren die beim Blockieren nicht überhitzen),
- elektrische Anlagen von nicht benötigten Betriebsmitteln in ungenutzten Bereichen abschaltbar sein müssen (z. B. in Pausenräumen, Kantinen, Umkleideräumen, Verkaufsräumen und Ausstellungsräumen).

Auswahl und Errichtung elektrischer Betriebsmittel: Dafür müssen die Anforderungen aus DIN VDE 0100-510 Berücksichtigung finden. Zusätzlich dazu ist in DIN VDE 0100-718:2014-06 eine Ergänzung zu den äußeren Einflüssen gemacht worden. Danach besteht die Forderung, dass zum Schutz vor mechanischen Beschädigungen die Umhüllungen von Verteilern aus Stahlblech bestehen müssen, es sei denn, sie sind in separaten Räumen untergebracht. Anmerkung: Diese Forderung nach *Stahlblech* hat das zuständige DKE-Gremium UK 221.3 „Bauliche Anlagen für Menschenansammlungen“ bereits revidiert durch die Veröffentlichung der Vornorm DIN VDE V 0100-0718:2016-06, sodass in der Vornorm des Teils 718 der Abschnitt lautet:

Zum Schutz vor mechanischen Beschädigungen müssen Verteiler in separaten Räumen untergebracht werden oder durch zusätzliche Maßnahmen entsprechend mechanisch geschützt werden. Die Verteiler müssen dem Zugriff unbefugter Personen entzogen werden. Die eingesetzten Betriebsmittel müssen die Anforderungen der folgenden Normen erfüllen:

- Verteiler nach den Normen der Reihe DIN EN 61439 (**VDE 0660-600-*x***),
- Installationskleinverteiler nach DIN VDE 0603-1 oder DIN EN 60670-24 (**VDE 0606-24**),
- Gehäuse für zentrale Stromversorgungssysteme nach DIN EN 50171 (**VDE 0558-508**).
- Diese Veränderung ist bereits dem europäischen Komitee für elektrotechnische Normung (CENELEC) eingereicht, d. h. es ist zulässig, Verteiler aus Isolierstoff in Übereinstimmung mit der Norm einzusetzen.

Eine weitere Anforderung ist zu freihängenden Betriebsmitteln (gilt nicht für Leuchten, diese sind nach DIN VDE 0100-559 zu errichten) im Teil 718 enthalten, und zwar müssen freihängende Betriebsmittel über 5 kg Masse mit einer zusätzlichen Befestigung gesichert sein, die wiederum so konstruiert ist, dass diese die Gesamtmasse mit fünffacher Sicherheit tragen kann.

Kabel und Leitungen: Diese sind nach DIN VDE 0100-520 zu errichten, aber für öffentliche Einrichtungen und Arbeitsstätten gelten noch weitere Anforderungen:

- Vorübergehend errichtete Betriebsmittel müssen zusätzlich befestigt werden, d. h. z. B. müssen Steckdosenverteiler befestigt sein.
- Kabel und Leitungen auf Bühnen müssen auf der Wandoberfläche mit mechanischem Schutz montiert werden und eine Überprüfung der Betriebsbedingungen muss leicht möglich sein. Außerdem sind für vieladrige Kabel und Leitungen auf Bühnen mehrere Bedingungen einzuhalten: Abstand zwischen parallelen Kabeln von mindestens einem Kabeldurchmesser, damit eine ausreichende Wärmeverteilung möglich ist; Verlegung der Kabel und Leitungen nur auf nicht brennbaren Oberflächen oder eine Trennung aus nicht brennbarem Material zwischen Oberfläche und Kabel und Leitungen; Zuleitungen für Bühnen müssen von der Versorgungsquelle bis zum Betriebsmittel oder den Klemmkästen ungeschnitten verlegt werden; alle Stromkreise des vieladrigen Kabels müssen mit einem gemeinsamen Schalter schaltbar sein; die Kabel und Leitungen für Leuchten in Besucherräumen müssen so verlegt (auf Kabelpritschen) sein, dass eine Beschädigung durch Feuer auf der Bühne nicht möglich ist; für nicht dauerhaft verlegte Kabel und Leitungen müssen gummiisolierte Leitungen des Typs H05RR oder gleichwertig verwendet werden; nicht fest installierte Leuchten auf Gestellen müssen mit den Leitungen H07RN oder gleichwertig angeschlossen werden.

Steckvorrichtungen: Vorübergehend installierte Kabel und Leitungen in Theatern, Versammlungsräumen und Sportarenen, die mit Steckvorrichtungen installiert sind, müssen besondere Steckvorrichtungen nach DIN EN 60309-1 (**VDE 0623-1**) aufweisen, also stabiler Ausführung sein.

Trennen und Schalten: Anforderungen an Schalt- und Steuergeräte sind in DIN VDE 0100-530 erläutert, aber für öffentliche Einrichtungen und Arbeitsstätten gelten noch weitere Anforderungen:

- Die Entfernung zwischen den Abschaltvorrichtungen für elektrische Anlagen und der Stelle, an welcher die zugehörigen Einspeisekabel in das Gebäude eingeführt werden, sollte so kurz wie möglich sein,
- stehen Betriebsmittel in ungenutzten Räumen unter Spannung, so muss die elektrische Anlage dafür entsprechend ausgelegt sein, z. B. dadurch, dass getrennte Stromkreise dafür berücksichtigt sind.

Beleuchtungsanlagen: Anforderungen an Beleuchtungsanlagen sind in DIN VDE 0100-559 erläutert, aber für öffentliche Einrichtungen und Arbeitsstätten gelten noch weitere Anforderungen:

- Die ausreichende Beleuchtung eines Raums muss durch eine Risikobeurteilung (Örtlichkeiten verschiedener Risiken in Abhängigkeit der Nutzungsbedingungen) vorgenommen werden, dabei muss berücksichtigt werden, dass ein oder mehrere Endstromkreise der allgemeinen Beleuchtung bei einem Fehler des/der Stromkreise(s) nicht zu einer unzureichenden Beleuchtung führen können, d. h. die Verteilung der Leuchten hat auf mehrere Stromkreise zu erfolgen. Kommen Fehlerstromschutzeinrichtungen (RCDs) zum Einsatz, so darf ein RCD nicht mehr als einen Endstromkreis versorgen.
- Ist die Beleuchtung eines öffentlich zugänglichen Bereichs dimmbar, muss von einer anderen Stelle die volle Beleuchtungsstärke wiederhergestellt werden können, diese Schaltstellen sollten gegen unbefugtes Bedienen geschützt sein.

Anforderungen kurzgefasst	
	Anforderungen
Schutzmaßnahmen	es gelten Anforderungen aus DIN VDE 0100-410 und DIN VDE 0100-420; zusätzlich aus DIN VDE 0100-718: Messung des Isolationswiderstand in Verteilungen muss möglich sein, bei kleineren Querschnitten ohne Abklemmen des Neutralleiters
Brandschutz	Bedingungen für den Notfall festlegen, Motoren gegen zu hohe Temperaturen schützen, nicht benötigte Betriebsmittel müssen schaltbar sein
Schutz vor mechanischer Beschädigung	Verteiler in separaten Räumen oder zusätzliche Schutzmaßnahmen
Kabel und Leitungen	vorübergehende Betriebsmittel zusätzlich befestigen; auf Bühnen: z. B. mechanischer Schutz, Abstand zwischen parallelen Kabeln, Verlegung auf nicht brennbaren Oberflächen, alle Stromkreise eines Kabels müssen mit einem Schalter trennbar sein
Trennen und Schalten	Abschaltvorrichtungen für elektrische Anlagen: möglichst kurzer Abstand
Steckvorrichtungen	stabile Ausführung: nach DIN EN 60309-1 (**VDE 0623-1**)
Beleuchtungsanlagen	nach DIN VDE 0100-559 zusätzliche Anforderungen berücksichtigen: z. B. die Verteilung der Leuchten auf mehrere Stromkreise; ein RCD darf nur einen Endstromkreis versorgen; die volle Beleuchtungsstärke muss von einer Stelle aus hergestellt werden können; Schaltstelle gegen unbefugtes Bedienen schützen

Tabelle 718.1 Anforderungen aus DIN VDE 0100-718

Literatur

[1] DIN VDE 0100-410 (**VDE 0100-410**):2018-10 Errichten von Niederspannungsanlagen – Teil 4-41: Schutzmaßnahmen – Schutz gegen elektrischen Schlag. Berlin · Offenbach: VDE VERLAG

[2] DIN VDE 0100-430 (**VDE 0100-430**):2010-10 Errichten von Niederspannungsanlagen – Teil 4-43: Schutzmaßnahmen – Schutz bei Überstrom. Berlin · Offenbach: VDE VERLAG

[3] DIN VDE 0100-510 (**VDE 0100-510**):2014-10 Errichten von Niederspannungsanlagen – Teil 5-51: Auswahl und Errichtung elektrischer Betriebsmittel – Allgemeine Bestimmungen Berlin · Offenbach VDE VERLAG

[4] DIN VDE 0100-530 (**VDE 0100-530**):2018-06 Errichten von Niederspannungsanlagen – Teil 530: Auswahl und Errichtung elektrischer Betriebsmittel – Schalt- und Steuergeräte. Berlin · Offenbach: VDE VERLAG

[5] DIN VDE 0100-540 (**VDE 0100-540**):2012-06 Errichten von Niederspannungsanlagen – Teil 5-54: Auswahl und Errichtung elektrischer Betriebsmittel – Erdungsanlagen und Schutzleiter. Berlin · Offenbach: VDE VERLAG

[6] DIN VDE 0100-551 (**VDE 0100-551**):2018-12 Errichten von Niederspannungsanlagen – Teil 5-55: Auswahl und Errichtung elektrischer Betriebsmittel – Andere Betriebsmittel – Abschnitt 551: Niederspannungsstromerzeugungseinrichtungen. Berlin · Offenbach: VDE VERLAG

[7] DIN VDE 0100-718 (**VDE 0100-718**):2014-06 Errichten von Niederspannungsanlagen – Teil 7-718: Anforderungen für Betriebsstätten, Räume und Anlagen besonderer Art – Öffentliche Einrichtungen und Arbeitsstätten. Berlin · Offenbach: VDE VERLAG

[8] DIN VDE 0298-4 (**VDE 0298-4**):2013-06 Verwendung von Kabeln und isolierten Leitungen für Starkstromanlagen – Teil 4: Empfohlene Werte für die Strombelastbarkeit von Kabeln und Leitungen für feste Verlegung in und an Gebäuden und von flexiblen Leitungen. Berlin · Offenbach: VDE VERLAG

[9] *Rudnik, S.*; *Pelta, R.*: Der Lotse durch die DIN VDE 0100. VDE-Schriftenreihe 144. Berlin · Offenbach: VDE VERLAG, 2018. – ISBN 978-3-8007-4373-5, ISSN 0506-6719

DEUTSCHE NORM Februar 2010

DIN VDE 0100-721
(VDE 0100-721)

DIN

Diese Norm ist zugleich eine **VDE-Bestimmung** im Sinne von VDE 0022. Sie ist nach Durchführung des vom VDE-Präsidium beschlossenen Genehmigungsverfahrens unter der oben angeführten Nummer in das VDE-Vorschriftenwerk aufgenommen und in der „etz Elektrotechnik + Automation" bekannt gegeben worden.

VDE

ICS 43.100; 91.140.50

Ersatzvermerk
siehe unten

Errichten von Niederspannungsanlagen –
Teil 7-721: Anforderungen für Betriebsstätten,
Räume und Anlagen besonderer Art –
Elektrische Anlagen von Caravans und Motorcaravans
(IEC 60364-7-721:2007, modifiziert);
Deutsche Übernahme HD 60364-7-721:2009

Anwendungsbereich

Der Anwendungsbereich der DIN VDE 0100-721 gilt bei Caravans und ist für die Elektrofachkraft dann relevant, wenn ein Umbau von Fahrzeugen zum Freizeitfahrzeug erfolgt oder bei Reparaturen bzw. Prüfungen von Caravans, da der Bau bzw. die Errichtung von Caravans und damit auch die elektrotechnischen Anlagen in der Regel industriemäßig hergestellt werden. Neben dem Teil 721 von DIN VDE 0100 kann für Caravans auch die Normenreihe DIN EN 1648 gelten. In dieser Norm sind sicherheitstechnische, gesundheitliche und funktionelle Anforderungen für 12 V Gleichspannung im Wohnbereich von Freizeitfahrzeugen festgelegt. Aber diese Norm gilt ausschließlich dann, wenn die elektrischen Anlagen des Caravans mit der elektrischen Anlage des Basisfahrzeugs galvanisch verbunden sind. Für Bade- und Duschräume in Caravans müssen die gesonderten Anforderungen aus DIN VDE 0100-701 eingehalten werden.

Eingliederung des Teils 721 in die Struktur der Normen der Reihe DIN VDE 0100

Gruppe 100 Anwendungsbereich, Allgemeine Grundsätze		
Gruppe 200 Begriffe		
Gruppe 400 Schutzmaßnahmen	**Gruppe 500** Auswahl und Errichtung	**Gruppe 600** Prüfungen
Gruppe 700 Anforderungen für Betriebsstätten, Räume und Anlagen besonderer Art		

Teil 701 Räume mit Badewanne oder Dusche	Teil 702 Becken von Schwimmbädern, begehbaren Wasserbecken und Springbrunnen	Teil 703 Räume und Kabinen mit Saunaheizungen	Teil 704 Baustellen	Teil 705 Elektrische Anlagen von landwirtschaftlichen und gartenbaulichen Betriebsstätten
Teil 706 Leitfähige Bereiche mit begrenzter Bewegungsfreiheit	Teil 708 Caravanplätze, Campingplätze und ähnliche Bereiche	Teil 709 Marinas und ähnliche Bereiche	Teil 710 Medizinisch genutzte Bereiche	Teil 711 Ausstellungen, Shows und Stände
Teil 712 Solar-Photovoltaik-(PV-)Stromversorgungssysteme	Teil 713 Möbel und ähnliche Einrichtungsgegenstände	Teil 714 Beleuchtungsanlagen im Freien	Teil 715 Kleinspannungs-Beleuchtungsanlagen	Teil 717 Ortsveränderliche oder transportable Baueinheiten
Teil 718 Öffentliche Einrichtungen und Arbeitsstätten	**Teil 721** **Elektrische Anlagen von Caravans und Motorcaravans**	Teil 722 Stromversorgung Elektrofahrzeuge	Teil 723 Unterrichtsräume mit Experimentiereinrichtungen	Teil 729 Bedienungsgänge und Wartungsgänge
Teil 730 Elektrischer Landanschluss für Fahrzeuge der Binnenschifffahrt	Teil 731 Abgeschlossene elektrische Betriebsstätten	Teil 737 Feuchte und nasse Bereiche und Räume und Anlagen im Freien	Teil 740 Vorübergehend errichtete elektrische Anlagen für Aufbauten, Vergnügungseinrichtungen und Buden auf Kirmesplätzen, Vergnügungsparks und für Zirkusse	Teil 753 Heizleitungen und umschlossene Heizsysteme

Gruppe 800 Energieeffizienz, Intelligente Niederspannungsanlagen

Inhaltsverzeichnis der DIN VDE 0100-721

Wesentliche Änderungen in der Ausgabe 2010 gegenüber der Ausgabe 2006

- Für Stromkreise *mit* und *ohne* Steckdosen in Caravans und Motorcaravans: Schutz durch automatische Abschaltung der Stromversorgung mit einer Fehlerstromschutzeinrichtung (RCD) mit einem Bemessungsdifferenzstrom nicht größer als 30 mA.
- Abgrenzung zu *transportablen* Einheiten (DIN VDE 0100-717).
- Der Mindestquerschnitt der Leiter ist nicht auf Kupfer bezogen, die Leiterquerschnitte sind nach dem Bemessungsstrom gestuft.
- Die Leitungen und Kabel von Niederspannungsanlagen müssen räumlich getrennt von Kabeln und Leitungen für Kleinspannungsanlagen verlegt sein.
- Anforderungen an Verlängerungsleitungen sind im normativen Text übernommen worden.
- Es ist eine Anweisung enthalten für das Anschließen und das Beenden der Verbindung der elektrischen Stromversorgung.

Termine

Anwendungsbeginn der DIN VDE 0100-721:2010-02	**ab: 1. Februar 2010**
Für die DIN VDE 0100-721:2006-02 bestand eine Übergangsfrist	**bis: 1. April 2012**

Zum Inhalt der DIN VDE 0100-721:2010-02

Kurzübersicht zur schnellen Information

- Stromversorgung des Caravans: 230 V bei Einphasenwechselstrom (AC) und 400 V bei Drehstrom dürfen nicht überschritten werden; 48 V max. Nennspannung bei Gleichstromanlagen (DC).
- Alle elektrischen Wechselspannungsanschlüsse an einem Caravan müssen nach DIN EN 60309-2 (**VDE 0623-2**):2013-01 „Stecker, Steckdosen und Kupplungen für industrielle Anwendungen" ausgerichtet sein.
- Für den Anschluss von Verbrauchsmitteln können zusätzlich Schutzkontaktsteckdosen im Außenbereich des Caravans angebracht sein. Die Anschlüsse müssen dann gut erreichbar sein, max. 1,8 m über dem Boden, und dürfen nicht wesentlich über die Hülle des Caravans hinausragen und müssen mindestens Schutzart IP44 entsprechen.
- Für die Anwendung des Schutzes durch automatische Abschaltung der Stromversorgung im Fehlerfall ist ein Zusatzschutz durch eine Fehlerstromschutzeinrichtung (RCD) erforderlich; wichtig: mit einem Bemessungsdifferenzstrom 30 mA.
- Jede Einspeisestelle für die Stromversorgung muss direkt mit der zugeordneten Fehlerstromschutzeinrichtung (RCD) verbunden werden.
- Bei mehreren elektrischen Anlagen innerhalb des Caravans muss für jede dieser Anlagen ein getrennter Anschluss mit eigener zugehöriger Fehlerstromschutzeinrichtung (RCD) vorhanden sein.
- Der Teil der Anlage des Caravans, der mit Kleinspannung betrieben wird, muss den Anforderungen aus DIN VDE 0100-410, Abschnitt 414 „Schutzmaßnahme durch Kleinspannung mittels SELV oder PELV" genügen.
- Jeder Endstromkreis in Caravans muss gegen Überlastung und Kurzschluss geschützt werden. Dies geschieht durch eine Überstromschutzeinrichtung, die alle aktiven Leiter des Stromkreises abschaltet. In einem Caravan sollten immer zwei- oder vierpolige Überstromschutzeinrichtungen mit Neutralleiterkontakt verwendet werden, da zusätzlich zu den Außenleitern auch der Neutralleiter geschaltet werden muss.
- Einige Schutzmaßnahmen dürfen nicht angewendet werden, siehe Anforderungen kurzgefasst.
- Besondere Anforderungen an Kabel- und Leitungsanlagen; siehe Erläuterungen.

- Bedienungsanleitung für die elektrische Anlage seitens der Hersteller wird gefordert.
- Für Betriebsmittel im Innenraum gelten besondere Anforderungen.
- Kleinspannungs-Gleichstromanlage: besondere Anforderungen sind im Anhang B erläutert.
- Erstprüfungen nach DIN VDE 0100-600 und Wiederholungsprüfungen nach DIN VDE 0100-721, Anhang A.

Erläuterungen

Stromversorgung von Caravans: Bei der Planung, Errichtung und Prüfung elektrischer Anlagen ist die DIN VDE 0100-100 einzuhalten. Bereits bei der Planung ist darauf zu achten, dass Personen, Nutztiere und Sachwerte geschützt werden und das geeignete Funktionieren der elektrischen Anlage für den Caravanbetrieb gewährleistet wird. 230 V bei Einphasenwechselstrom (AC) und 400 V bei Drehstrom, 48 V max. Nennspannung bei Gleichstromanlagen (DC) dürfen nicht überschritten werden.

Anschluss des Caravans an den Stellplatz: Als Steckvorrichtungen für industrielle Anwendungen in Räumen und im Freien sind sog. CEE-Steckvorrichtungen nach DIN EN 60309 (**VDE 0623**) „Stecker, Steckdosen und Kupplungen für industrielle Anwendungen" im Campingbereich zu verwenden. Diese Steckvorrichtungen sind für den speziellen Einsatz im industriellen Bereich und im Freien entwickelt worden. Die Gehäuse der Steckvorrichtungen bestehen aus schlagfestem Kunststoff. Sie sind je nach Nennbetriebsspannung, Bemessungsstrom und Anzahl der Pole (drei- oder fünfpolig) unterschiedlich in den Abmessungen und sie unterscheiden sich auch farblich. Mit der eindeutigen Anordnung und festen Lage des Schutzkontakts (bei verschiedenen Spannungen und Frequenzen) kann sichergestellt werden, dass immer der Außenleiter und nicht der Neutralleiter geschaltet wird. Der Schutzleiter befindet sich innerhalb des Steckers/der Kupplung in einer von zwölf möglichen Positionen im Uhrzeigersinn. Diese ist markiert durch eine „Außennase" am Stecker und die dazugehörige Aussparung (Nut) an der Steckdose. Außerdem ist der Schutzleiter dicker als die restlichen Kontakte und der Übergangswiderstand verringert sich. Durch diese konstruktiven Anordnungen der Unverwechselbarkeitsnut, die stets unten liegt (6h) und durch die Lage der Schutzkontaktbuchse (PE-Kontakt), die je nach Nennbetriebsspannung, Frequenz, Bemessungsstrom und Polzahl verschieden angeordnet ist, und durch den größeren Durchmesser des PE-Kontakts ist eine absolute Unverwechselbarkeit gegeben. Zusätzlich ist die Buchse für den PE-Kontakt länger als die anderen Kontaktbuchsen. Dadurch wird der PE-Kontakt während des Zusammensteckens voreilend und während des Trennvorgangs nacheilend. Die Verpolungssicherheit ist gewährleistet.

Schutzpotentialausgleich: Alle im Innenraum berührbaren, leitfähigen Konstruktionsteile müssen mit dem Schutzleiter verbunden werden. Durch den Potentialausgleich werden elektrische Potentialunterschiede (Spannungen) zwischen z. B. den Körpern von elektrischen Betriebsmitteln und anderen, fremden leitfähigen Teilen beseitigt. Wird dieser Potentialausgleich zum Zweck der Sicherheit, also im Zusammenhang mit dem Schutz gegen elektrischen Schlag ausgeführt, so wird er nach DIN VDE 0100-410 als Schutzpotentialausgleich bezeichnet.

Kabel- und Leitungsanlagen: Alternativen für die Kabel- und Leitungsanlagen sind isolierte einadrige Kabel und Leitungen mit flexiblen Leitern der Klasse 5 in Elektroinstallationsrohren oder in zu öffnenden Elektroinstallationskanälen; feindrähtige Litzenleiter, z. B. H07V-K/oder mit verseilten Leitern der Klasse 2; mehrdrähtige (z. B. H07V-R) oder umhüllte flexible Leitungen (z. B. H05RN-F) oder Kunststoffschlauchleitungen H05VV-F. Der Querschnitt jedes Leiters muss mindestens 1,5 mm^2 Cu betragen. Verbindungen dürfen nur in Verbindungsdosen oder in elektrischen Betriebsmitteln installiert werden. Schutzleiter müssen zusammen mit den aktiven Leitern entweder in Kanälen, mehradrigen Kabeln oder mehradrigen Leitungen geführt werden.

Gegen Brandgefahr müssen alle verwendeten Kabel und Leitungen flammwidrig sein (DIN EN 60332-1-2 (**VDE 0482-332-1-2**):2017-06). Gegen mechanische Beschädigung müssen bei Durchführung von Leitungen durch Metallteile geeignete Tüllen oder Ösen verwendet und scharfe Kanten oder scheuernde Teile vermieden werden.

Bei der Verlegung von Kabeln und Leitungen müssen zum Schutz gegen andere mechanische Beschädigungen die Leitungen bei senkrechter Verlegung im Abstand von 0,4 m und bei waagerechter Verlegung im Abstand von 0,25 m befestigt oder in formbeständigen Elektroinstallationsrohren verlegt werden. Elektrische Betriebsmittel und Kabel und Leitungen dürfen grundsätzlich nicht dort errichtet werden, wo Gasflaschen lagern. Zwei Ausnahmen:

- Wenn die Gasversorgung durch Kleinspannungsbetriebsmittel überwacht wird; sie müssen dann so errichtet bzw. gebaut sein, dass sie keine potenzielle Zündquelle darstellen,
- Durchführung von Kabeln/Leitungen durch Fächer zur Lagerung von Gasflaschen; diese müssen dann gegen mechanische Beschädigungen in geschlossenen Elektroinstallationskanälen verlegt sein, die der Beanspruchung AG3 (DIN VDE 0100-510) widerstehen.

Verwendung von Adaptern: In der DIN VDE 0100-708 ist die Forderung enthalten, dass jede Steckdose bzw. alle elektrischen Wechselspannungsanschlüsse an einem Caravan (DIN VDE 0100-721) in Übereinstimmung mit DIN EN 60309-2

(**VDE 0623-2**) sein müssen. Außerdem ist in DIN VDE 0100-721 festgelegt, dass die Verbindungsleitung zwischen der Steckdose und dem Caravan an beiden Enden eine Steckvorrichtung nach DIN EN 60309-2 (**VDE 0623-2**) sein muss. Das bedeutet, der „Ausgang" des Campingplatzes und der „Eingang" des Caravans und auch die Anschlussleitung zwischen Campingplatz und Caravan müssen mit Steckvorrichtungen nach DIN EN 60309-2 (**VDE 0623-2**) ausgestattet sein. Die Notwendigkeit und die Verwendung eines Adapters schließen sich hier aus normativen Gründen aus, denn die Auswahl und die Art der zu errichtenden Steckvorrichtungen nach DIN VDE 0100-708 und DIN VDE 0100-721 sind eindeutig geregelt.

Zentraler Trennschalter: Trennen einer elektrischen Anlage von der Stromversorgung bedeutet, dass die elektrische Anlage oder Teile dieser Anlage von der Stromquelle aus Sicherheitsgründen getrennt wird. Nach DIN VDE 0100-721 wird gefordert, dass für jede elektrische Anlage ein Trennschalter vorhanden sein muss, der leicht zugänglich für den Camper sein muss. In Caravans ist für jede elektrische Anlage ein Trennschalter notwendig, er muss alle aktiven Leiter – auch den Neutralleiter – abschalten; bei Wechselstromanschluss: zweipolig, bei Drehstromanschluss: vierpoliger Trennschalter.

Automatische Abschaltung der Stromversorgung: Für die Anwendung des Schutzes durch automatische Abschaltung der Stromversorgung im Fehlerfall ist ein Zusatzschutz durch eine Fehlerstromschutzeinrichtung (RCD) erforderlich mit einem Bemessungsdifferenzstrom 30 mA. Jede Einspeisestelle für die Stromversorgung muss direkt mit der zugeordneten Fehlerstromschutzeinrichtung (RCD) verbunden werden. Bei mehreren elektrischen Anlagen innerhalb des Caravans muss für jede dieser Anlagen ein getrennter Anschluss mit eigener zugehöriger Fehlerstromschutzeinrichtung (RCD) vorhanden sein.

0100-721

Betriebsmittel im Innenraum: Für die Installation im Inneren der Caravans gilt die wichtige Forderung nach Zugänglichkeit der Betriebsmittel ebenso wie in Gebäuden oder anderen Räumen, d. h., dass die Betriebsmittel, die errichtet, bedient, geprüft, gewartet werden, leicht zugänglich sein müssen. In DIN VDE 0100-100 ist die Forderung enthalten, Betriebsmittel so anzuordnen, dass ausreichender Platz für die Errichtung und das spätere Ersetzen einzelner Teile und die Zugänglichkeit für den Betrieb, die Prüfung, die Besichtigung und die Instandhaltung bleibt. Nach DIN VDE 0100-721 muss jede Niederspannungssteckdose einen Schutzkontakt haben. Wichtig ist, dass die Niederspannungssteckdosen von den Steckdosen für Kleinspannung auch für elektrotechnische Laien, den Campern also, unterschieden und damit nicht verwechselt werden können. An allen Steckdosen für Kleinspannungen müssen außerdem die Nennspannung und die max. Bemessungsleistung gut sichtbar angebracht sein. Die Schutzmaßnahme Schutztrennung ist nach DIN VDE 0100-721 in Caravans nicht erlaubt, jedoch mit einer Ausnahme, nämlich für Rasiersteckdosen.

Leuchten in Caravans: Die Befestigung von Leuchten muss vorzugsweise direkt an der Konstruktion oder an der Verkleidung des Caravans erfolgen. Hängeleuchten dürfen nicht durch die Bewegung des Caravans beschädigt werden, es sind daher entsprechende Vorkehrungen zu treffen und für die Aufhängung muss das richtige Zubehör ausgewählt werden, damit das Gewicht und die Kräfte durch die eventuelle Bewegung des Caravans nicht zu Beschädigungen führen. Leuchten für unterschiedliche Spannungen, z. B. für Klein- und Niederspannung, müssen mit allen zutreffenden Normen übereinstimmen. LED-Leuchten sind zunehmend im Trend, sie zeichnen sich durch einen geringeren Energiebedarf aus, was sich gerade bei Caravans durch teilweise geringe Batteriekapazität positiv auf den Energiebedarf im Caravan auswirkt, wenn nicht auf dem Campingplatz mit einem zugeordneten Stellplatz und Anschluss an die Stromversorgung gecampt wird.

Kleinspannungs-Gleichstromanlage: Die besonderen Anforderungen an die Kleinspannungs-Gleichstromanlage sind ebenfalls in DIN VDE 0100-721 festgeschrieben und in deren Anhang B ausführlich erläutert. Diese besonderen Anforderungen gelten jedoch nicht für die Gleichstromanlage mit 12 V Nennspannung, die mit der elektrischen Anlage des Basisfahrzeugs in Verbindung steht oder in Verbindung gebracht werden kann. Für die Gleichspannungsanlage mit der Nennspannung 12 V gelten die Anforderungen aus DIN EN 1648-1:2018-04. Die elektrische Energie wird zunächst aus dem Batteriesystem an Bord für die elektrischen Verbraucher gespeist, wobei es sich in der Regel um zwei Batterien handelt, die Starterbatterie des Fahrzeugs, die das Starten des Motors sicherstellt, und eine Fahrzeuglichtmaschine (Generator), die die Verbraucher des eigentlichen Fahrzeugs versorgt. Während der Fahrt sind sie miteinander verbunden, sodass beide Batterien geladen werden können. Beim Stillstand des Motors werden beide Batteriesysteme wieder getrennt, sodass kein Strom aus der Starterbatterie entnommen werden kann und die Funktion des Startens gewährleistet ist.

Bedienungsanleitung: Eine Bedienungsanleitung muss dem Camper für die sichere Bedienung des Caravans und die Handhabung der elektrischen Anlage seitens des Herstellers zur Verfügung gestellt werden.

Prüfungen: Eine Erstprüfung nach DIN VDE 0100-600 ist in jedem Fall nach der Errichtung, einer Änderung oder Ergänzung der elektrischen Anlage des Caravans durchzuführen. Die Überprüfung der Funktion der Fehlerstromschutzeinrichtung (RCD) ist durch den Nutzer durch das Betätigen der Prüftaste durchzuführen, und zwar mindestens nach jedem Wechsel bzw. erneuten Anschluss des Caravans an die Stromversorgung des Stellplatzes. Eine wiederkehrende Prüfung ist nach DIN VDE 0100-721, Anhang A gefordert. Dabei sollte intensiv auf Nachrüstungen durch den Nutzer (Camper als elektrotechnischer Laie) geachtet und unzulässige bzw. defekte Verbrauchsmittel entfernt werden.

Anforderungen kurzgefasst	
	Anforderungen
Stromversorgung	230 V bei Einphasenwechselstrom (AC) und 400 V bei Drehstrom dürfen nicht überschritten werden; 48 V max. Nennspannung bei Gleichstromanlagen (DC)
Anschluss des Caravans	nur drei- oder fünfpolige Industriesteckvorrichtungen zulässig, um die Verpolungssicherheit zu gewährleisten
Steckvorrichtungen	nach DIN EN 60309-2 (**VDE 0623-2**) (Stecker) und DIN EN 60309-1 (**VDE 0623-1**) (Kupplung); Anschlussleitungen mit Schutzkontaktsteckvorrichtungen und Adapter mit solchen Steckvorrichtungen sind nicht zulässig!
Anschluss von Verbrauchsmitteln	Außenbereich des Caravans: Schutzkontaktsteckdose max. 1,8 m über dem Boden; mindestens Schutzart IP44
automatische Abschaltung	Zusatzschutz durch Fehlerstromschutzeinrichtung (RCD) 30 mA; bei mehreren Anlagen innerhalb des Caravans: für jede Anlage ein getrennter Anschluss mit zugehöriger Fehlerstromschutzeinrichtung (RCD)
Trennen und Schalten	für jede elektrische Anlage ist ein Trennschalter notwendig
Steckdosen im Innenraum	Niederspannungssteckdose mit Schutzkontakt, muss von den Steckdosen für Kleinspannung unterscheidbar sein
Kabel und Leitungen	isolierte einadrige Kabel und Leitungen mit flexiblen Leitern der Klasse 5 in Elektroinstallationsrohren oder -kanälen, feindrähtige Litzenleiter (z. B. H07V-K/H07V-R) oder umhüllte Leiter (z. B. H05RN-F); Querschnitt mindestens 1,5 mm^2; die Schutzleiter müssen entsprechend DIN VDE 0100-510 über die gesamte Länge durch die Zweifarbenkombination grün-gelb gekennzeichnet sein; einadrige Leiter müssen isoliert sein
Verlängerungsleitungen	ist für die Versorgung zum Anschluss des Caravans an die Stromversorgung des Stellplatzes eine Verlängerungsleitung notwendig, so ist nur eine Gummischlauchleitung Typ H07RN-F (oder mindestens gleichwertige Ausführung) zulässig. Länge der Verlängerungsleitung: max. 25 m (Toleranz ±2 m). Querschnitt der Verlängerungsleitung: 16 A Bemessungsstrom 2,5 mm^2 Cu; 25 A Bemessungsstrom 4,0 mm^2 Cu; 32 A Bemessungsstrom 6,0 mm^2 Cu; 63 A Bemessungsstrom 16 mm^2 Cu; 100 A Bemessungsstrom 35 mm^2 Cu
Schutz gegen elektrischen Schlag	folgende Schutzmaßnahmen dürfen nicht angewendet werden: Schutz durch Hindernisse, Schutz durch Anordnung außerhalb des Handbereichs, Schutz durch nicht leitende Umgebung, Schutz durch erdfreien örtlichen Schutzpotentialausgleich und Schutztrennung (ausgenommen sind Rasiersteckdosen)
Schutzpotentialausgleich	alle im Innenraum berührbaren, leitfähigen Konstruktionsteile müssen mit dem Schutzleiter verbunden werden

Tabelle 721.1 Anforderungen aus DIN VDE 0100-721

Literatur

[1] DIN VDE 0100-410 (**VDE 0100-410**):2018-10 Errichten von Niederspannungsanlagen – Teil 4-41: Schutzmaßnahmen – Schutz gegen elektrischen Schlag. Berlin · Offenbach: VDE VERLAG

[2] DIN VDE 0100-430 (**VDE 0100-430**):2010-10 Errichten von Niederspannungsanlagen – Teil 4-43: Schutzmaßnahmen – Schutz bei Überstrom. Berlin · Offenbach: VDE VERLAG

[3] DIN VDE 0100-510 (**VDE 0100-510**):2014-10 Errichten von Niederspannungsanlagen – Teil 5-51: Auswahl und Errichtung elektrischer Betriebsmittel – Allgemeine Bestimmungen Berlin · Offenbach VDE VERLAG

[4] DIN VDE 0100-530 (**VDE 0100-530**):2018-06 Errichten von Niederspannungsanlagen – Teil 530: Auswahl und Errichtung elektrischer Betriebsmittel – Schalt- und Steuergeräte. Berlin · Offenbach: VDE VERLAG

[5] DIN VDE 0100-540 (**VDE 0100-540**):2012-06 Errichten von Niederspannungsanlagen – Teil 5-54: Auswahl und Errichtung elektrischer Betriebsmittel – Erdungsanlagen und Schutzleiter. Berlin · Offenbach: VDE VERLAG

[6] DIN VDE 0100-551 (**VDE 0100-551**):2018-12 Errichten von Niederspannungsanlagen – Teil 5-55: Auswahl und Errichtung elektrischer Betriebsmittel – Andere Betriebsmittel – Abschnitt 551: Niederspannungsstromerzeugungseinrichtungen. Berlin · Offenbach: VDE VERLAG

[7] DIN VDE 0100-708 (**VDE 0100-708**):2010-02 Errichten von Niederspannungsanlagen – Teil 7-708: Anforderungen für Betriebsstätten, Räume und Anlagen besonderer Art – Caravanplätze, Campingplätze und ähnliche Bereiche. Berlin · Offenbach: VDE VERLAG

[8] DIN VDE 0100-721 (**VDE 0100-721**):2010-02 Errichten von Niederspannungsanlagen – Teil 7-721: Anforderungen für Betriebsstätten, Räume und Anlagen besonderer Art – Elektrische Anlagen von Caravans und Motorcaravans. Berlin · Offenbach: VDE VERLAG

[9] DIN VDE 0298-4 (**VDE 0298-4**):2013-06 Verwendung von Kabeln und isolierten Leitungen für Starkstromanlagen – Teil 4: Empfohlene Werte für die Strombelastbarkeit von Kabeln und Leitungen für feste Verlegung in und an Gebäuden und von flexiblen Leitungen. Berlin · Offenbach: VDE VERLAG

[10] *Rudnik, S.*; *Pelta, R.*: Der Lotse durch die DIN VDE 0100. VDE-Schriftenreihe 144. Berlin · Offenbach: VDE VERLAG, 2018. – ISBN 978-3-8007-4373-5, ISSN 0506-6719

[11] *Cichowski, R. R.*: Elektrische Anlagen auf Campingplätzen und in Caravans. VDE-Schriftenreihe 150. Berlin · Offenbach: VDE VERLAG, 2016. – ISBN 978-3-8007-4151-9, ISSN 0506-6719

Weitere Informationen enthält das Buch

Cichowski, R. R.: Elektrische Anlagen auf Campingplätzen und in Caravans (VDE-Schriftenreihe 150, ISBN 978-3-8007-4151-9)

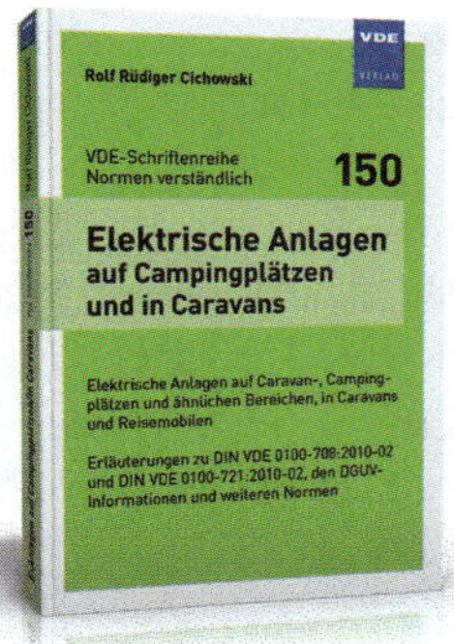

0100-721

DEUTSCHE NORM — Oktober 2016

	DIN VDE 0100-722 (VDE 0100-722)	DIN
	Diese Norm ist zugleich eine **VDE-Bestimmung** im Sinne von VDE 0022. Sie ist nach Durchführung des vom VDE-Präsidium beschlossenen Genehmigungsverfahrens unter der oben angeführten Nummer in das VDE-Vorschriftenwerk aufgenommen und in der „etz Elektrotechnik + Automation“ bekannt gegeben worden.	VDE

ICS 29.160.40; 43.120

Ersatz für
DIN VDE 0100-722
(VDE 0100-722):2012-10
Siehe Anwendungsbeginn

Errichten von Niederspannungsanlagen –
Teil 7-722: Anforderungen für Betriebsstätten, Räume und Anlagen besonderer Art –
Stromversorgung von Elektrofahrzeugen
(IEC 60364-7-722:2015, modifiziert);
Deutsche Übernahme HD 60364-7-722:2016

Anwendungsbereich

Der Anwendungsbereich der DIN VDE 0100-722 betrifft die Stromversorgung von Elektrofahrzeugen. Beim Anschluss eines Ladepunkts an das Niederspannungsnetz ist die ordnungsgemäße Errichtung zu beachten, d. h. die Anforderungen aus DIN VDE 0100-722 beziehen sich auf Stromkreise, die für Ladezwecke vorgesehen sind, und es handelt sich weiterhin um Schutzmaßnahmen bei der Rückspeisung von elektrischer Energie vom Elektrofahrzeug zum privaten oder öffentlichen Netz. Die drahtlose bzw. kontaktlose Energieübertragung ist nicht Gegenstand dieser Norm, sondern nur die Ladung eines Elektrofahrzeugs an einem Ladepunkt über Kabel und Steckvorrichtungen. Es werden verschiedene Möglichkeiten der Ladung unterschieden und die Ladebetriebsarten 1 bis 4 definiert.

Merke: Die Anforderungen des Teils 722 von DIN VDE 0100 sind anzuwenden für:

- Stromkreise für die Versorgung von Elektrofahrzeugen,
- Stromkreise für die Rückspeisung von elektrischer Energie von Elektrofahrzeugen zum Versorgungsnetz[1)]

[1)] Anmerkung: Die Anforderungen sind in Beratung. Außerdem wird das induktive Laden nicht behandelt.

Eingliederung des Teils 722 in die Struktur der Normen der Reihe DIN VDE 0100

Gruppe 100
Anwendungsbereich, Allgemeine Grundsätze

Gruppe 200
Begriffe

Gruppe 400	Gruppe 500	Gruppe 600
Schutzmaßnahmen	Auswahl und Errichtung	Prüfungen

Gruppe 700
Anforderungen für Betriebsstätten, Räume und Anlagen besonderer Art

Teil 701 Räume mit Badewanne oder Dusche	Teil 702 Becken von Schwimmbädern, begehbaren Wasserbecken und Springbrunnen	Teil 703 Räume und Kabinen mit Saunaheizungen	Teil 704 Baustellen	Teil 705 Elektrische Anlagen von landwirtschaftlichen und gartenbaulichen Betriebsstätten
Teil 706 Leitfähige Bereiche mit begrenzter Bewegungsfreiheit	Teil 708 Caravanplätze, Campingplätze und ähnliche Bereiche	Teil 709 Marinas und ähnliche Bereiche	Teil 710 Medizinisch genutzte Bereiche	Teil 711 Ausstellungen, Shows und Stände
Teil 712 Solar-Photovoltaik-(PV-)Stromversorgungssysteme	Teil 713 Möbel und ähnliche Einrichtungsgegenstände	Teil 714 Beleuchtungsanlagen im Freien	Teil 715 Kleinspannungs-Beleuchtungsanlagen	Teil 717 Ortsveränderliche oder transportable Baueinheiten
Teil 718 Öffentliche Einrichtungen und Arbeitsstätten	Teil 721 Elektrische Anlagen von Caravans und Motorcaravans	**Teil 722** **Stromversorgung Elektrofahrzeuge**	Teil 723 Unterrichtsräume mit Experimentiereinrichtungen	Teil 729 Bedienungsgänge und Wartungsgänge
Teil 730 Elektrischer Landanschluss für Fahrzeuge der Binnenschifffahrt	Teil 731 Abgeschlossene elektrische Betriebsstätten	Teil 737 Feuchte und nasse Bereiche und Räume und Anlagen im Freien	Teil 740 Vorübergehend errichtete elektrische Anlagen für Aufbauten, Vergnügungseinrichtungen und Buden auf Kirmesplätzen, Vergnügungsparks und für Zirkusse	Teil 753 Heizleitungen und umschlossene Heizsysteme

Gruppe 800
Energieeffizienz, Intelligente Niederspannungsanlagen

Inhaltsverzeichnis der DIN VDE 0100-722

Wesentliche Änderungen in der Ausgabe 2016 gegenüber der Ausgabe 2012

- internationale Interessen sind berücksichtigt,
- die Anforderungen an den Gleichzeitigkeitsfaktor sind konkretisiert,
- bei den Schutzmaßnahmen sind die Schutzvorkehrungen, die nicht verwendet werden dürfen, erweitert worden,
- Anforderungen an Einrichtungen zum Schutz bei Überstrom sind konkretisiert,
- Anforderungen zu Isolationsüberwachungsgeräten (IMDs) sind aufgenommen,
- Anforderungen an Einrichtungen zur Isolationsfehlersuche in IT-Systemen (IFLS) sind aufgenommen,
- Anforderungen an Not-Aus-Schaltungen sind entfallen,
- zusätzliche Anforderungen zu Schutz bei Überspannungen infolge atmosphärischer Einflüsse oder von Schaltvorgängen sind entfallen

Termine

Anwendungsbeginn der DIN VDE 0100-722:2012-10	**ab: 1. Oktober 2016**
Für DIN VDE 0100-722:2012-10 bestand eine Übergangsfrist	

Zum Inhalt der DIN VDE 0100-722:2016-10

Kurzübersicht zur schnellen Information

- In „Räumen besonderer Art – Stromversorgung von Elektrofahrzeugen" geht es für den Praktiker um wichtige Anforderungen zur Errichtung von Ladepunkten für Elektrofahrzeuge.
- Diese Norm beinhaltet Anforderungen an die Ladepunkte zur Aufladung der Batterien für elektrisch angetriebene Fahrzeuge, nicht Anforderungen für die Rückspeisung elektrischer Energie vom Fahrzeug in das Netz; diese befinden sich noch in der Beratung.
- Für konduktive Ladesysteme, also leitungsgebundenes Ladesysteme, sind verschiedene Ladebetriebsarten definiert; Ladebetriebsarten 1–4.
- Anschlusspunkte sind Stellen, an denen das Fahrzeug mit einer ortsfesten Steckdose/Ladesäule verbunden ist und an die einige Anforderungen gestellt werden.
- Jeder Anschluss für ein Elektrofahrzeug muss mit einem eigenen Stromkreis versorgt werden, darf nur ein einzelnes Fahrzeug versorgen und muss möglichst nah am Parkplatz, der versorgt werden soll, angeordnet sein;
- Gleichzeitigkeitsfaktor für Ladeeinrichtungen muss mit Faktor 1 angenommen werden;
- TN-System: ab dem Speisepunkt für die Ladestation nur TN-S-System erlaubt;
- Schutz gegen elektrischen Schlag: Schutzmaßnahme Schutztrennung;
- folgende Schutzvorkehrungen sind nicht erlaubt: „Schutz durch Hindernisse", „Schutz durch Anordnung außerhalb des Handbereichs", „Schutz durch nicht leitende Umgebung", „Schutz durch erdfreien örtlichen Schutzpotentialausgleich", „Schutztrennung mit mehr als einem Verbrauchsmittel";
- im Freien: Schutzart: IP44;
- Leitungsquerschnitt des Schutzleiters muss die Bedingungen der automatischen Abschaltung erfüllen;
- Anschlusspunkt durch Fehlerstromschutzeinrichtung (RCD) 30 mA zu schützen; Typ mindestens A oder B;
- Isolationsüberwachungseinrichtungen (IMDs);
- Not-Aus-Schaltungen: nach DIN VDE 0100-722:2016-10 keine zusätzlichen Anforderungen

Erläuterungen

Begriffe: Ein *Elektrofahrzeug* ist hergestellt für die Benutzung auf öffentlichen Straßen, Wegen und Autobahnen und wird anstelle eines Verbrennungsmotors mit einem Elektromotor angetrieben, der wiederum seine Energie von einer wieder aufladbaren Speicherbatterie oder einem anderen tragbaren Energiespeicher bezieht. Die Aufladung der Speicherbatterie erfolgt über eine Leitungsverbindung zwischen dem Ladepunkt und dem Fahrzeug aus dem öffentlichen Stromnetz, entweder über eine Steckdose in einem Wohngebäude oder über eine Ladesäule, z. B. auf einem öffentlichen Parkplatz. *Anschlusspunkte:* An diesen ist das Fahrzeug mit einer ortsfesten Steckdose oder Ladesäule verbunden. *Ladebetriebsarten:* Es wurden Ladebetriebsarten (nach DIN EN 61851 (**VDE 0122**)) definiert von 1 bis 4. Diese vier unterschiedlichen Ladebetriebsarten zur Ladung eines Elektrofahrzeugs beschreiben eine Unterscheidung nach der Spannungsart und der Spannungshöhe, der Stromstärke, der Anschlussart und den Anforderungen der Maßnahmen zur elektrischen Sicherheit.

Ladebetriebsart 1: Wechsel- (max. 250 V) und Drehstromnetz (480 V) über eine Versorgungsleitung und einen Stecker mit einem Ladestrom von 16 A. Speisende Steckdose: Fehlerstromschutzeinrichtung (RCD) Bemessungsdifferenzstrom 30 mA oder Verwendung PRCD-S in der Ladeleitung.

Der max. Ladestrom beträgt 16 A/230 V einphasig oder 400 V dreiphasig.

Ladebetriebsart 2: gleiche Bemessungsspannung wie 1, aber mit einem Ladestrom von 32 A. In der Ladeanschlussleitung ist ein ladeleitungsintegriertes Steuergerät (in-cable control box) zur Gewährleistung der elektrischen Sicherheit enthalten, zur Verriegelung der Fahrzeugsteckvorrichtung und zur Regelung der Ladeleistung.

Der max. Ladestrom beträgt 32 A/230 V einphasig oder 400 V dreiphasig.

Ladebetriebsart 3: Das Fahrzeug ist über ein Ladekabel mit dem Ladepunkt verbunden. Außerdem besteht eine Kommunikationsverbindung zwischen dem Fahrzeug und der Ladestation. Eine Steuerungs-Führungsfunktion regelt die max. zulässige Absicherung, verriegelt die Steckvorrichtungen und verhindert damit das Bewegen des Fahrzeugs bei gesteckter Vorrichtung. Die Steuereinheit und die Fehlerstromschutzeinrichtung (RCD) sind Bestandteil des Ladepunkts.

Der max. Ladestrom beträgt 63 A/400 V dreiphasig.

Ladebetriebsart 4: Das Fahrzeug wird über ein externes Ladegerät an das Netz angeschlossen, ansonsten wie Ladebetriebsart 3. Wird das Fahrzeug mit Gleichstrom geladen, ist ein Ladegerät, in dem sich auch ein Gleichrichter befindet, an das Drehstromnetz der ortsfesten elektrischen Anlage angeschlossen. Diese Ladebetriebsart soll in Zukunft im öffentlichen Raum mit Ladesäulen eingesetzt werden, die von der öffentlichen Stromversorgung gespeist werden.

Es sind Ladeleistungen bis zu 150 kW geplant.

Ladestationen für Elektrofahrzeuge: müssen in der Nähe des zu ladenden Fahrzeugs errichtet werden. Über eine Ladestation im häuslichen Bereich kann normalerweise eine Leistung von 11 kW bis 22 kW übertragen werden. Ladestationen müssen den jeweiligen Teilen der Normenreihe DIN EN 61851 (**VDE 0122**) entsprechen.

Betriebsbedingungen und äußere Einflüsse: Wird der Anschlusspunkt im Freien errichtet, müssen gegen Wasser mindestens Schutzart IPX4 und gegen Fremdkörper Schutzart IP4X, also Schutzart IP44 sichergestellt sein. Mechanische Beanspruchung müssen auf jeden Fall vermieden werden, vor allem dann, wenn elektrische Anlagen öffentlich zugänglich sind, z. B. auf Parkplätzen. Die Position bzw. Standorte der elektrischen Anlagen und Betriebsmittel müssen so ausgewählt werden, dass Beschädigungen durch jede angemessen vorhersehbare Beanspruchung ausgeschlossen werden oder es muss ein zusätzlicher mechanischer Schutz (Rammschutz) errichtet werden.

Einspeisung durch das Elektrofahrzeug in die ortsfeste Installation: Bei den Ladebetriebsarten 1 und 2 ist die Einspeisung nicht erlaubt, bei den Ladebetriebsarten 3 und 4 müssen Vorkehrungen gegen das unbeabsichtigte Einspeisen in die ortsfeste Installation durch das Elektrofahrzeug getroffen werden.

Anforderungen an die Anschlusspunkte: Jeder Anschlusspunkt muss mindestens mit einer Steckdose oder einem Fahrzeugstecker (DIN EN 60309-1 (**VDE 0623-1**) oder DIN EN 60309-2 (**VDE 0623-2**)) ausgerüstet sein. Steckdosen müssen in einem Verteiler oder in einem Gehäuse untergebracht werden. Ein fester Anschluss ist notwendig, Kupplungen sind nicht zulässig. Die Montage sollte möglichst nah am Stellplatz des Fahrzeugs errichtet werden. Für jedes Fahrzeug darf nur eine separate Anschlussmöglichkeit bestehen. Die Steckdosen sollten in einer Höhe zwischen 0,5 m bis 1,5 m vom Boden aus errichtet werden.

Leistungsbedarf und Gleichzeitigkeitsfaktor: Für die Errichtung der elektrischen Anlage sind die max. zulässige Erwärmung der Leitung sowie der Spannungsfall von Bedeutung und müssen entsprechend berechnet und berücksichtigt werden. Dazu ist der max. Leistungsbedarf zu ermitteln, der wiederum von der Gleichzeitigkeit der Leistung in den einzelnen Stromkreisen abhängig ist. Der Gleichzeitigkeitsfaktor für eine Ladevorrichtung eines Elektrofahrzeugs muss mit dem Faktor 1 angenommen werden, denn es ist davon auszugehen, dass jeder Anschlusspunkt mit dem Betriebsstrom über einen längeren Zeitraum betrieben wird (bei Stromversorgungsanlagen für Gemeinschaftsstellplätze kann von dem Faktor 1, je nach Herstellerangaben, abgewichen werden).

Merke: Jeder Anschluss eines Elektrofahrzeugs muss von einem eigenen Stromkreis versorgt werden.

Leiteranordnung und System der Erdung: In einem TN-System muss ab der Ladestation ein separater Neutralleiter und ein separater Schutzleiter errichtet werden, d. h. ein TN-S-System.

Schutz gegen elektrischen Schlag: Schutzmaßnahme Schutztrennung: der Stromkreis muss mit einem Trenntransformator mit einem festen Übersetzungsverhältnis nach DIN EN 61558-2-4 (VDE 0570-2-4) versorgt werden.

Schutz gegen elektrischen Schlag: Schutzvorkehrungen ***nicht*** *erlaubt sind:*

Basisschutz/Schutz gegen direktes Berühren	Fehlerschutz/Schutz bei indirektem Berühren
• Hindernisse, • Anordnung außerhalb des Handbereichs	• durch nicht leitende Umgebung, • durch Schutztrennung für die Versorgung von mehr als einem Elektrofahrzeug, • durch erdfreien örtlichen Schutzpotentialausgleich

Die Schutzmaßnahme Schutztrennung ist erlaubt. Die Schutztrennung verhindert Ströme, die einen elektrischen Schlag bei der Berührung von Körpern verursachen könnten, d. h. bei Fehlern in der Basisisolierung von unter Spannung stehenden Stromkreisen. Die Schutzmaßnahme Schutztrennung ist bei der Versorgung von einem Elektrofahrzeug aus *einer* ungeerdeten Stromversorgung mit einfacher Trennung möglich. Dabei ist der Stromkreis von einem unveränderlichen Trenntransformator zu speisen. Mehrere Verbrauchsmittel/Elektrofahrzeuge von einer ungeerdeten Stromquelle mit einfacher Trennung zu versorgen ist nach DIN VDE 0100-722 nicht anwendbar (DIN VDE 0100-410). Damit Überspannungen keine Schäden an den Elektrofahrzeugen verursachen können, sollten die versorgenden Stromkreise durch eine Überspannungsschutzeinrichtung geschützt werden.

Fehlerschutz durch automatische Abschaltung: Jeder Anschlusspunkt[1)] muss durch eine eigene Fehlerstromschutzeinrichtung (RCD) mit einem Bemessungsdifferenzstrom nicht größer als 30 mA geschützt werden, die alle aktiven Leiter und auch den Neutralleiter abschalten muss. Dabei muss mindestens der Typ A (in Verbindung mit einer geeigneten Einrichtung zur Abschaltung der Versorgung im Fall von Gleichfehlerströmen > 6 mA) der RCD oder Typ B (wenn evtl. Gleichfehlerströme auftreten können) eingesetzt werden.

Selektivität zwischen Fehlerstromschutzeinrichtungen (RCDs): Selektivität zwischen RCD des Anschlusspunkts und RCD des vorgeschalteten Stromkreises muss gegeben sein.

---

1) Anmerkung: Anforderungen für die Auswahl und Errichtung von Fehlerstromschutzeinrichtungen (RCDs) für die Stromversorgung mit DC-Fahrzeugkupplungen nach DIN EN 62196 (**VDE 0623**) sind in Beratung.

Schutz bei Überstrom: Jeder Stromkreis, der einen Anschlusspunkt versorgt, muss mit einer Schutzeinrichtung gegen Überstrom[1)] ausgerüstet sein (siehe DIN VDE 0100-530).

Trennen und Schalten: Falls an dem jeweiligen Einsatzort des Ladepunkts die Not-Aus-Schaltung (entfällt nach DIN VDE 0100-722:2016-10) erforderlich ist, muss diese den max. Ladestrom und dabei alle aktiven Leiter einschließlich des Neutralleiters abschalten.

Schutzleiter: Der Leitungsquerschnitt eines jeden Schutzleiters muss die Bedingungen der automatischen Abschaltung erfüllen und die mechanischen und thermischen Beanspruchungen, die ein Fehlerstrom bis zur Abschaltung verursachen könnte, standhalten. Es muss weiterhin durch eine galvanische Trennung innerhalb der Steuerelektronik darauf geachtet werden, dass Steuersignale auf dem Schutzleiter nicht in die ortsfeste Installation gelangen können und unter ungünstigen Bedingungen z. B. die Fehlerstromschutzeinrichtung (RCD) unbeabsichtigt abschaltet.

Einrichtungen zur Überwachung, Isolationsüberwachungseinrichtungen[2)] (IMDs) für IT-Systeme: Sollen Elektrofahrzeuge über Stromkreise in IT-Systemen versorgt werden, z. B. Trenntransformator oder Batteriesystem, muss eine Isolationsüberwachungseinrichtung (IMD) nach DIN EN 61557-8 (**VDE 0413-8**) errichtet werden.

Empfehlungen für IMDs, Ansprechwerte:

Fall: Vorwarnung; optisches oder akustisches Signal für Anwender	Isolationswiderstand unter 300 Ω/V: Der laufende Ladezyklus kann fortgesetzt werden, aber ein neuer Ladezyklus ist nicht erlaubt.
Fall: Alarm; optisches oder akustisches Signal für Anwender	Isolationswiderstand unter 100 Ω/V: Ladestromkreis darf innerhalb 10 s abgeschaltet werden.

Isolationsfehlersuche in IT-Systemen: Einrichtungen nach DIN EN 61557-9 (**VDE 0413-9**).

0100-722

Literatur

[1] DIN VDE 0100-410 (**VDE 0100-410**):2018-10 Errichten von Niederspannungsanlagen – Teil 4-41: Schutzmaßnahmen – Schutz gegen elektrischen Schlag. Berlin · Offenbach: VDE VERLAG

[2] DIN VDE 0100-510 (**VDE 0100-510**):2014-10 Errichten von Niederspannungsanlagen – Teil 5-51: Auswahl und Errichtung elektrischer Betriebsmittel – Allgemeine Bestimmungen Berlin · Offenbach VDE VERLAG

---

1) Anmerkung: Die Schutzeinrichtung kann Teil des Verteilers, der Festinstallation oder der EV-Ladeeinrichtung sein.

2) Anmerkung: Ein IMD ist für die Stromkreise nicht erforderlich, für die der Schutz durch automatische Abschaltung im ersten Fehlerfall gegeben ist.

[3] DIN VDE 0100-540 (**VDE 0100-540**):2012-06 Errichten von Niederspannungsanlagen – Teil 5-54: Auswahl und Errichtung elektrischer Betriebsmittel – Erdungsanlagen und Schutzleiter. Berlin · Offenbach: VDE VERLAG

[4] DIN VDE 0100-722 (**VDE 0100-722**):2016-10 Errichten von Niederspannungsanlagen – Teil 7-722: Anforderungen für Betriebsstätten, Räume und Anlagen besonderer Art – Stromversorgung von Elektrofahrzeugen. Berlin · Offenbach: VDE VERLAG

[5] DIN EN 61851 (**VDE 0122**) (alle Teile) Elektrische Ausrüstung von Elektro-Straßenfahrzeugen – Konduktive Ladesysteme für Elektrofahrzeuge. Berlin · Offenbach: VDE VERLAG

[6] DIN EN 60309 (**VDE 0623**) (alle Teile) Stecker, Steckdosen und Kupplungen für industrielle Anwendungen. Berlin · Offenbach: VDE VERLAG

[7] DIN EN 62196-1 (**VDE 0623-5-1**):2015-06 Stecker, Steckdosen, Fahrzeugkupplungen und Fahrzeugstecker – Konduktives Laden von Elektrofahrzeugen – Teil 1: Allgemeine Anforderungen. Berlin · Offenbach VDE VERLAG

[8] DIN EN 62196-2 (**VDE 0623-5-2**):2017-11 Stecker, Steckdosen, Fahrzeugkupplungen und Fahrzeugstecker – Konduktives Laden von Elektrofahrzeugen – Teil 2: Anforderungen und Hauptmaße für die Kompatibilität und Austauschbarkeit von Stift- und Buchsensteckvorrichtungen für Wechselstrom. Berlin · Offenbach VDE VERLAG

[9] *Hofheinz, W.*; *Haub, D.*; *Zeyen, M.*: Elektrische Sicherheit in der Elektromobilität. VDE-Schriftenreihe 174. Berlin · Offenbach: VDE VERLAG, 2019. – ISBN 978-3-8007-4882-2, ISSN 0506-6719

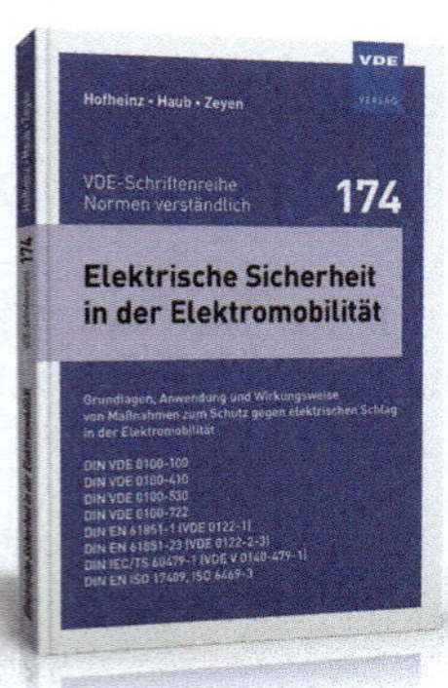

DEUTSCHE NORM Juni 2005

DIN VDE 0100-723
(VDE 0100-723)

DIN

Diese Norm ist zugleich eine **VDE-Bestimmung** im Sinne von VDE 0022. Sie ist nach Durchführung des vom VDE-Präsidium beschlossenen Genehmigungsverfahrens unter der oben angeführten Nummer in das VDE-Vorschriftenwerk aufgenommen und in der „etz Elektrotechnik + Automation“ bekannt gegeben worden.

VDE

ICS 03.180; 29.240.01

Ersatz für
DIN VDE 0100-723
(VDE 0100-723):1990-11
Siehe jedoch Beginn der Gültigkeit

Errichten von Niederspannungsanlagen –
Anforderungen für Betriebsstätten, Räume und Anlagen besonderer Art –
Teil 723: Unterrichtsräume mit Experimentiereinrichtungen

Anwendungsbereich

Der Anwendungsbereich der DIN VDE 0100-723 gilt für die Errichtung elektrischer Anlagen in Unterrichtsräumen mit Experimentiereinrichtungen, und zwar dann, wenn bei den Einrichtungen mit berührungsgefährlicher Spannung experimentiert werden kann. Für die Durchführung von Experimenten sind zusätzlich die Unfallverhütungsvorschrift DGUV-Vorschrift 3 und die DIN VDE 0105-112 anzuwenden.

Die Anforderungen des Teils 723 gelten nicht, wenn

- elektrische Betriebsmittel mit vollständigem Schutz gegen direktes Berühren über Steckvorrichtungen oder fest angeschlossen sind und ein Schutz bei indirektem Berühren wirksam ist oder
- elektrische Betriebsmittel nur mit einer Versorgung aus SELV- oder PELV-Stromkreisen zum Einsatz kommen,
- Einrichtungsgegenstände mit energieversorgten Baueinheiten eingesetzt werden, die fabrikfertig errichtet worden sind.

Außerdem gelten die Anforderungen aus DIN VDE 0100-723 dann nicht, wenn es sich um Errichten und Betreiben von elektrischen Prüfanlagen, z. B. Prüfplätzen, Prüffeldern und Versuchsanlagen, in der Industrie und im Handwerksbetrieb handelt. Dazu muss die DIN EN 50191 (**VDE 0104**) genutzt werden.

Eingliederung des Teils 723 in die Struktur der Normen der Reihe DIN VDE 0100

Gruppe 100 Anwendungsbereich, Allgemeine Grundsätze		
Gruppe 200 Begriffe		
Gruppe 400 Schutzmaßnahmen	Gruppe 500 Auswahl und Errichtung	Gruppe 600 Prüfungen
Gruppe 700 Anforderungen für Betriebsstätten, Räume und Anlagen besonderer Art		

Teil 701 Räume mit Badewanne oder Dusche	Teil 702 Becken von Schwimmbädern, begehbaren Wasserbecken und Springbrunnen	Teil 703 Räume und Kabinen mit Saunaheizungen	Teil 704 Baustellen	Teil 705 Elektrische Anlagen von landwirtschaftlichen und gartenbaulichen Betriebsstätten
Teil 706 Leitfähige Bereiche mit begrenzter Bewegungsfreiheit	Teil 708 Caravanplätze, Campingplätze und ähnliche Bereiche	Teil 709 Marinas und ähnliche Bereiche	Teil 710 Medizinisch genutzte Bereiche	Teil 711 Ausstellungen, Shows und Stände
Teil 712 Solar-Photovoltaik-(PV-)Stromversorgungssysteme	Teil 713 Möbel und ähnliche Einrichtungsgegenstände	Teil 714 Beleuchtungsanlagen im Freien	Teil 715 Kleinspannungs-Beleuchtungsanlagen	Teil 717 Ortsveränderliche oder transportable Baueinheiten
Teil 718 Öffentliche Einrichtungen und Arbeitsstätten	Teil 721 Elektrische Anlagen von Caravans und Motorcaravans	Teil 722 Stromversorgung Elektrofahrzeuge	Teil 723 Unterrichtsräume mit Experimentiereinrichtungen	Teil 729 Bedienungsgänge und Wartungsgänge
Teil 730 Elektrischer Landanschluss für Fahrzeuge der Binnenschifffahrt	Teil 731 Abgeschlossene elektrische Betriebsstätten	Teil 737 Feuchte und nasse Bereiche und Räume und Anlagen im Freien	Teil 740 Vorübergehend errichtete elektrische Anlagen für Aufbauten, Vergnügungseinrichtungen und Buden auf Kirmesplätzen, Vergnügungsparks und für Zirkusse	Teil 753 Heizleitungen und umschlossene Heizsysteme

Gruppe 800 Energieeffizienz, Intelligente Niederspannungsanlagen

Inhaltsverzeichnis der DIN VDE 0100-723

Wesentliche Änderungen in der Ausgabe 2005 gegenüber der Ausgabe 1990

- Alter Begriff „Experimentierstände“ wird durch Begriff „Experimentiereinrichtungen“ ersetzt.
- Wegfall der Forderungen nach isolierten Fußböden und der Regelung von Ausnahmefällen.
- Die Anordnung von Not-Aus- oder Not-Halt-Betätigungseinrichtungen ist unabhängig von der Nutzung einer Experimentiereinrichtung. Fabrikgefertigte Experimentiereinrichtungen werden denen, die bauseitig hergestellt sind, aus Sicherheitsgründen gleichgestellt.

Termine

Anwendungsbeginn der DIN VDE 0100-723:2005-06	**ab: 1. Juni 2005**
Für am 1. Juni 2005 in Planung oder Bau befindliche Anlagen galt eine Übergangsfrist	**bis: 31. Mai 2007**

Zum Inhalt der DIN VDE 0100-723:2005-06

Kurzübersicht zur schnellen Information

- In „Räumen besonderer Art – Unterrichtsräume mit Experimentiereinrichtungen“ erhöht sich das Gefahrenpotenzial bei elektrischen Anlagen und Betriebsmitteln dadurch, dass es sich in Unterrichtsräumen beim Experimentieren um gefährliche Spannungen handeln kann, die durch Versuche auch zu Lichtbögen führen können.
- Schutz durch Isolierung von aktiven Teilen: einpolige Anschlussstellen mit vollständigem Berührungsschutz.
- Zusätzlicher Schutzpotentialausgleich, alle fremden leitfähigen Teile mit Potentialausgleichsleiter untereinander und mit dem Schutzleiter verbinden.
- Beim TN- und TT-System Einsatz von RCD 30 mA; Typ B oder B+; beim IT-System muss Isolationsüberwachungseinrichtung eingesetzt werden (Isolationswert mindestens 50 Ω/V).
- Kleinspannung SELV oder PELV kann eingesetzt werden.
- Ausschalten im Notfall, alle Experimentiereinrichtungen müssen vom Netz getrennt werden.

Erläuterungen

Begriffe: Experimentieren ist eine Tätigkeit im Sinne der DIN VDE 0100-723, die sich damit beschäftigt, naturwissenschaftliche oder technische Vorgänge vorzubereiten, vorzuführen, zu beobachten und daraus entsprechende Erkenntnisse zu ziehen unter Verwendung von Einrichtungen und berührungsgefährlichen Spannungen. *Experimentiereinrichtungen:* Plätze zum Experimentieren mit elektrischen Betriebsmitteln oder Einrichtungen, die zum Vorführen und Üben oder zum Beobachten (Vorführstände mit Not-Aus-Einrichtung) geeignet sind.

Unterrichtsräume: Elektrische Anlagen in Unterrichtsräumen zum Experimentieren sind Einrichtungen in Ausbildungsstätten, Schulen, in Vorlesungs- und Praktikumsräumen von Hochschulen, die der Wissensvermittlung durch Vorführen und Üben dienen. *Energiezellen:* Baueinheiten innerhalb der Unterrichtsräume, die für Entnahmestellen von Wasser, Gas, Druckluft und elektrischen Strom mit Ventilen oder Steckvorrichtungen versehen sind.

Gefahrenpotenziale: Es ergibt sich eine erhöhte Gefährdung dadurch, dass in Unterrichtsräumen bei den Experimenten mit unterschiedlich hohen Spannungen gearbeitet werden kann und durch evtl. falsche Handhabung auch Lichtbögen entstehen können.

Außerdem sind häufig junge Menschen in Schulen und Ausbildungswerkstätten in Gruppen beteiligt, die den Umgang mit dem elektrischen Strom erst noch lernen sollen, und somit Fehler denkbar sind. Um aber beim Umgang mit den Experimentiereinrichtungen eine ausreichende Sicherheit zu gewährleisten, müssen geeignete organisatorische und technische Maßnahmen ergriffen werden, die in der Norm festgelegt sind.

Schutz gegen direktes Berühren durch Isolierung von aktiven Teilen: Für einpolige Anschlussstellen sind berührungssichere Steckbuchsen (Laborsteckbuchsen, Sicherheitsbuchsen) mit vollständigem Berührungsschutz zu errichten (Ausnahme: nur beim Experimentieren mit ungefährlichen Spannungen). Als Leitungen sind einadrige, flexible und isolierte Leitungen mit beidseitigen fest installierten Steckverbindern oder Kabelschuhen zu verwenden, die zum Verbinden und/oder Anschließen der elektrischen Betriebsmittel während des Experimentierens genutzt werden können. Für einpolige Anschlussstellen sind berührungssichere Steckbuchsen zu verwenden. Für den Schutz durch Isolierung aktiver Teile gelten zusätzlich bzw. grundsätzlich die Anforderungen aus DIN VDE 0100-410.

Zusätzlicher Schutzpotentialausgleich: Zur Vermeidung gefährlicher Spannungen müssen in Unterrichtsräumen mit Experimentierständen alle berührbaren fremden leitfähigen Teile mit Potentialausgleichsleitern untereinander und mit dem Schutzleiter der Stromversorgung verbunden werden. Der Querschnitt muss mindestens 4 mm^2 Cu betragen, damit eine ausreichende mechanische Festigkeit sichergestellt ist. Ein leitfähiger Fußboden ist in DIN VDE 0100-723:2005-06 nicht mehr vorgesehen, er ist jedoch zu empfehlen, wenn auf den Schutz gegen elektrischen Schlag wegen des Versuchsaufbaus verzichtet werden muss, dann gilt der leitfähige Fußboden als fremdes leitfähiges Teil und muss in den zusätzlichen Schutzpotentialausgleich einbezogen werden.

Anmerkung zum zusätzlichen Schutzpotentialausgleich: Der Autor Dipl.-Ing. *Herbert Schmolke* hat z. B. in der Schriftenreihe 35 „Potentialausgleich, Fundamenterder, Korrosionsgefährdung“ [1] und in der VDE-Schriftenreihe 45 „Elektroinstallation in Wohngebäuden“ [2] den zusätzlichen Schutzpotentialausgleich mit zwei Begriffen gut definiert, um die Bedeutung klar herauszustellen. Einmal geht es bei dem zusätzlichen Schutzpotentialausgleich um eine sog. **Ersatzmaßnahme**, die dann angewendet wird, wenn für die Schutzmaßnahme „Schutz durch automatische Abschaltung im Fehlerfall“ die Abschaltzeiten nach DIN VDE 0100-410:2018-10, Tabelle 41.1 nicht eingehalten werden können. Zum anderen kann es möglich sein, dass eine besondere Gefährdung vorausgesetzt werden muss, wie es z. B. bei der in diesem Buch beschriebenen Gruppe 700 von DIN VDE 0100 in einigen Teilen möglich ist, d. h., obwohl der Schutz durch automatische Abschaltung funktioniert, wird dennoch aufgrund des erhöhten Risikos der zusätzliche Schutzpotentialausgleich gefordert.

Dipl.-Ing. *Herbert Schmolke* wendet dann den Begriff **Ergänzungsmaßnahme** an. **Bild 723.1** macht die begriffliche Unterteilung deutlich.

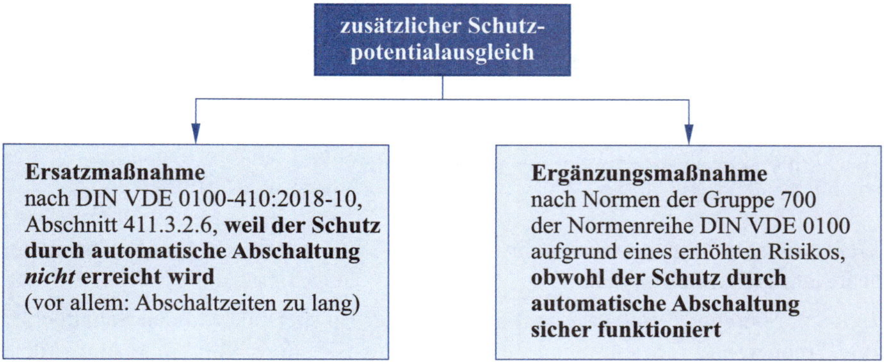

Bild 723.1 Darstellung der Unterteilung der verschiedenen Forderungen nach einem zusätzlichen Schutzpotentialausgleich (aus VDE-Schriftenreihe 45 [2])

Ausführliche Details zum zusätzlichen Schutzpotentialausgleich können dem Kapitel 26.5 der VDE-Schriftenreihe 45 [2] entnommen werden.

Zusätzlicher Schutz durch Fehlerstromschutzeinrichtungen (RCDs): Wenn zur Versorgung von Experimentiereinrichtungen ein TN- oder ein TT-System zur Anwendung kommt, müssen in diesen Stromkreisen eine oder mehrere Fehlerstromschutzeinrichtungen (RCDs) mit einem Bemessungsdifferenzstrom $I_{\Delta n} \leq 30$ mA (Typ B oder B+ nach DIN VDE 0664-100 (Entwurf); Typ A nur, wenn nicht mit glatten Gleichfehlerströmen zu rechnen ist) vorgesehen werden. Bei Anwendung eines IT-Systems muss die Isolationsüberwachungseinrichtung bei Unterschreitung des zulässigen Isolationswerts (mindestens 50 Ω/V) abschalten, und es darf auf Fehlerstromschutzeinrichtungen (RCDs) verzichtet werden. Je nach Art der durchzuführenden Experimente kann es wegen der Summe der Ableitströme sinnvoll sein, RCDs in Endstromkreisen oder für Gruppen von Experimentiereinrichtungen vorzusehen. Wenn für die Art der Versuche, z. B. Schleifenwiderstandsmessung, eine Stromversorgung ohne Fehlerstromschutzeinrichtung (RCD) notwendig ist, dann muss dieser Stromkreis so ausgeführt sein, dass das Zuschalten der Stromversorgung nur über eine Trenneinrichtung möglich ist, die gegen unbefugtes Einschalten gesichert werden kann.

Merke: Stromversorgung ohne Fehlerstromschutzeinrichtung (RCD) bei bestimmten Experimenten oder Messungen ist möglich, wenn:

- die Trennvorrichtung gegen unbefugtes Wiedereinschalten durch einen Schlüsselschalter gesichert ist,
- bei der Versorgung der Experimentiereinrichtung durch ein IT-System beim ersten Fehler eine Abschaltung durch eine Isolationsüberwachungseinrichtung mit einem Ansprechwert von $\leq 50\ \Omega$ erfolgt.

Kleinspannung: Vorzugsweise kann SELV oder PELV eingesetzt werden, soweit der beabsichtigte Zweck es zulässt.

Trennen, Schalten, Handlung im Notfall: An der Einspeisung müssen Schaltgeräte zum Trennen und Einrichtungen für die Not-Aus-Schaltung vorgesehenen werden. Experimentiereinrichtungen müssen durch eine Trenneinrichtung von allen aktiven Leitern (einschließlich des Neutralleiters) der Stromversorgung getrennt werden können, z. B. mit einer Fehlerstromschutzeinrichtung (RCD). Jede Experimentiereinrichtung muss mit einer Einrichtung für das Ausschalten im Notfall ausgerüstet werden, die alle Experimentiereinrichtungen von der Stromversorgung trennt. Zusätzlich ist mindestens an jedem Ausgang eine Ausschalteinrichtung vorzusehen. Wenn zum Ausschalten im Notfall ein Befehlsgerät Not-Aus (z. B. Pilztaster) zur Anwendung kommt, muss dieses Befehlsgerät auf eine oder mehrere Trenneinrichtungen wirken.

Merke: Wenn an den Experimentierplätzen mit elektrischer Energie ohne zwangsläufigen Schutz gegen direktes Berühren gearbeitet wird, dann handelt es sich per Definition um einen Experimentierstand im Sinne der DIN VDE 0100-723 und demzufolge muss in jedem Fall, auch wenn es sich um mehrere Stände in einem Raum handelt, eine Not-Aus-Einrichtung errichtet sein.

Alle Stromversorgungen außerhalb der Experimentiereinrichtungen, die für Experimente geeignet sind (Fehlerstromschutzeinrichtung RCD, Einrichtungen zum Ausschalten im Notfall), müssen z. B. wie folgt gekennzeichnet sein: „Für Experimentierzwecke geeignet!“

Literatur

[1] *Schmolke, H.*: Potentialausgleich, Fundamenterder, Korrosionsgefährdung. VDE-Schriftenreihe 35. Berlin · Offenbach: VDE VERLAG, 2013. – ISBN 978-3-8007-3545-7, ISSN 0506-6719

[2] *Schmolke, H.*: Elektroinstallation in Wohngebäuden. VDE-Schriftenreihe 45. Berlin · Offenbach: VDE VERLAG, 2018. – ISBN 978-3-8007-4641-5, ISSN 0506-6719

[3] *Rudnik, S.*; *Pelta, R.*: Der Lotse durch die DIN VDE 0100. VDE-Schriftenreihe 144. Berlin · Offenbach: VDE VERLAG, 2018. – ISBN 978-3-8007-4373-5, ISSN 0506-6719

[4] DIN VDE 0100-410 (**VDE 0100-410**):2018-10 Errichten von Niederspannungsanlagen – Teil 4-41: Schutzmaßnahmen – Schutz gegen elektrischen Schlag. Berlin · Offenbach: VDE VERLAG

[5] DIN VDE 0100-510 (**VDE 0100-510**):2014-10 Errichten von Niederspannungsanlagen – Teil 5-51: Auswahl und Errichtung elektrischer Betriebsmittel – Allgemeine Bestimmungen Berlin · Offenbach VDE VERLAG

[6] DIN VDE 0100-530 (**VDE 0100-530**):2018-06 Errichten von Niederspannungsanlagen – Teil 530: Auswahl und Errichtung elektrischer Betriebsmittel – Schalt- und Steuergeräte. Berlin · Offenbach: VDE VERLAG

[7] DIN VDE 0100-540 (**VDE 0100-540**):2012-06 Errichten von Niederspannungsanlagen – Teil 5-54: Auswahl und Errichtung elektrischer Betriebsmittel – Erdungsanlagen und Schutzleiter. Berlin · Offenbach: VDE VERLAG

[8] DIN VDE 0100-723 (**VDE 0100-723**):2005-06 Errichten von Niederspannungsanlagen – Anforderungen für Betriebsstätten, Räume und Anlagen besonderer Art – Teil 723: Unterrichtsräume mit Experimentiereinrichtungen. Berlin · Offenbach: VDE VERLAG

[9] DIN VDE 0105-100 (**VDE 0105-100**):2015-10 Betrieb von elektrischen Anlagen – Teil 1: Allgemeine Festlegungen. Berlin · Offenbach VDE VERLAG

DEUTSCHE NORM		Februar 2010
	DIN VDE 0100-729 (VDE 0100-729)	DIN
	Diese Norm ist zugleich eine **VDE-Bestimmung** im Sinne von VDE 0022. Sie ist nach Durchführung des vom VDE-Präsidium beschlossenen Genehmigungsverfahrens unter der oben angeführten Nummer in das VDE-Vorschriftenwerk aufgenommen und in der „etz Elektrotechnik + Automation" bekannt gegeben worden.	VDE

ICS 13.260; 91.140.50

Ersatz für
DIN VDE 0100-729
(VDE 0100-729):1986-11
Siehe jedoch Beginn der Gültigkeit

**Errichten von Niederspannungsanlagen –
Teil 7-729: Anforderungen für Betriebsstätten, Räume und Anlagen besonderer Art –
Bedienungsgänge und Wartungsgänge
(IEC 60364-7-729:2007, modifiziert);
Deutsche Übernahme HD 60364-7-729:2009**

Anwendungsbereich

Die Anforderungen der DIN VDE 0100-729 ergänzen, ändern oder ersetzen bestimmte allgemeine Anforderungen der anderen Teile der DIN VDE 0100. Sie behandeln den grundlegenden Schutz und weitere Gesichtspunkte in eingeschränkt zugänglichen Bereichen mit Schaltanlagen und Schaltgerätekombinationen und geben Anforderungen zu den Breiten der Gänge an, die in Richtung Flucht-, Rettungs- oder Verkehrsweg führen ohne selbst Flucht-, Rettungs- oder Verkehrsweg zu sein. Für Mindestbreiten für diese Wege gelten die staatlichen Arbeitsschutz- und Bauvorschriften.

Wichtiger Hinweis: Die Norm DIN VDE 0100-731 „Anforderungen für Betriebsstätten, Räume und Anlagen besonderer Art – Abgeschlossene elektrische Betriebsstätten" enthält Anforderungen zu den elektrischen Betriebsstätten und behandelt den grundlegenden Schutz und weitere Gesichtspunkte in eingeschränkt zugänglichen Bereichen mit Schaltanlagen und Schaltgerätekombinationen und gibt Anforderungen zu den Breiten der Gänge an. Daher sollte diese Norm als Ergänzung zu DIN VDE 0100-729 angesehen werden.

Eingliederung des Teils 729 in die Struktur der Normen der Reihe DIN VDE 0100

Gruppe 100 Anwendungsbereich, Allgemeine Grundsätze				
Gruppe 200 Begriffe				
Gruppe 400 Schutzmaßnahmen	Gruppe 500 Auswahl und Errichtung	Gruppe 600 Prüfungen		
Gruppe 700 Anforderungen für Betriebsstätten, Räume und Anlagen besonderer Art				
Teil 701 Räume mit Badewanne oder Dusche	Teil 702 Becken von Schwimmbädern, begehbaren Wasserbecken und Springbrunnen	Teil 703 Räume und Kabinen mit Saunaheizungen	Teil 704 Baustellen	Teil 705 Elektrische Anlagen von landwirtschaftlichen und gartenbaulichen Betriebsstätten
Teil 706 Leitfähige Bereiche mit begrenzter Bewegungsfreiheit	Teil 708 Caravanplätze, Campingplätze und ähnliche Bereiche	Teil 709 Marinas und ähnliche Bereiche	Teil 710 Medizinisch genutzte Bereiche	Teil 711 Ausstellungen, Shows und Stände
Teil 712 Solar-Photovoltaik-(PV-)Stromversorgungssysteme	Teil 713 Möbel und ähnliche Einrichtungsgegenstände	Teil 714 Beleuchtungsanlagen im Freien	Teil 715 Kleinspannungs-Beleuchtungsanlagen	Teil 717 Ortsveränderliche oder transportable Baueinheiten
Teil 718 Öffentliche Einrichtungen und Arbeitsstätten	Teil 721 Elektrische Anlagen von Caravans und Motorcaravans	Teil 722 Stromversorgung Elektrofahrzeuge	Teil 723 Unterrichtsräume mit Experimentiereinrichtungen	Teil 729 Bedienungsgänge und Wartungsgänge
Teil 730 Elektrischer Landanschluss für Fahrzeuge der Binnenschifffahrt	Teil 731 Abgeschlossene elektrische Betriebsstätten	Teil 737 Feuchte und nasse Bereiche und Räume und Anlagen im Freien	Teil 740 Vorübergehend errichtete elektrische Anlagen für Aufbauten, Vergnügungseinrichtungen und Buden auf Kirmesplätzen, Vergnügungsparks und für Zirkusse	Teil 753 Heizleitungen und umschlossene Heizsysteme
Gruppe 800 Energieeffizienz, Intelligente Niederspannungsanlagen				

Inhaltsverzeichnis der DIN VDE 0100-729

Wesentliche Änderungen in der Ausgabe 2010 gegenüber der Ausgabe 1986

- Die allgemeinen Anforderungen zur Auswahl und zur Aufstellung von Schaltanlagen und Verteilern sowie zum Transport, zur Aufstellung, zum Anschluss und zur Kennzeichnung sind nicht mehr enthalten, da sie in den Teilen 100 bis 600 der DIN VDE 0100 enthalten sind.
- Spezielle Anforderungen zur Prüfung über die allgemeinen Prüfanforderungen hinaus sind nicht mehr enthalten.

Termine

Anwendungsbeginn der DIN VDE 0100-729:2010-02 **ab: 1. Februar 2010**

Für am 1. Februar 2010 in Planung oder Bau befindliche Anlagen galt noch eine Übergangsfrist der DIN VDE 0100-729:1986-11 **bis: 1. Mai 2012**

Zum Inhalt der DIN VDE 0100-729:2010-02

Kurzübersicht zur schnellen Information

- In „Räumen besonderer Art – Bedienungsgänge und Wartungsgänge“ kann sich das Gefahrenpotenzial erhöhen, weil in elektrischen Betriebsstätten und in abgeschlossenen elektrischen Betriebsstätten nach DIN VDE 0100-731 auf einen vollständigen Basisschutz durch Abdeckungen oder Umhüllungen verzichtet werden darf und somit in solchen Anlagen ein ausreichender Schutz gegen direktes Berühren von ungeschützten aktiven Teilen sichergestellt werden muss, z. B. durch Mindestgangbreiten bzw. Mindestabmessungen von Bedienungs- und Wartungsgängen, die in DIN VDE 0100-729 geregelt sind.
- Bereiche mit eingeschränktem Zugang, in denen elektrische Anlagen und Betriebsmittel errichtet sind, dürfen nur von Elektrofachkräften oder elektrotechnisch unterwiesenen Personen betreten werden.
- An die Abmessungen der Bedienungs- und Wartungsgänge sind Mindestanforderungen gestellt, die in Abhängigkeit der Anordnung der aktiven Teile in der Anlage verschieden sind.
- Auch Anforderungen an die Räumung im Störungsfall sind enthalten.

Erläuterungen

Begriffe: Bedienungsgänge sind Räume oder Orte, die zum betriebsmäßigen *Bedienen* elektrischer Einrichtungen betreten werden müssen. Zum Bedienen zählen Tätigkeiten wie das Beobachten, das Schalten, das Einstellen, das Überwachen und das Steuern der Betriebsmittel. *Wartungsgänge:* Gänge, die der Instandhaltung (Wartung, Service) dienen, werden Wartungsgänge bzw. Instandhaltungsgänge genannt und sie werden genutzt für den Zugang zu elektrischen Betriebsmitteln für deren Instandhaltung. Für sie gelten grundsätzlich dieselben Anforderungen (DIN VDE 0100-729) wie für Bedienungsgänge. *Räume und Bereiche mit eingeschränkter Zugangsberechtigung:* zu ihnen haben nur Elektrofachkräfte und elektrotechnisch unterwiesene Personen einen Zugang, z. B. abgeschlossene elektrotechnische Betriebsstätten.

Bedienungsgänge müssen in Schaltanlagen entsprechende Mindestbreiten und -höhen erhalten, d. h., wenn Schaltanlagen und Verteiler aufgestellt werden, müssen diese Mindestmaße eingehalten und dürfen nicht unterschritten werden. Außerdem ist weiterhin zu beachten, dass diese Mindestmaße auch dann noch eingehalten werden können, wenn die Schranktüren und Schwenkrahmen vollständig geöffnet und Einschübe vollständig herausgezogen sind.

Bereiche mit eingeschränktem Zugang: DIN VDE 0100-729 behandelt den Schutz und weitere Gesichtspunkte in eingeschränkt zugänglichen Bereichen, in denen

Schaltanlagen und Schaltgerätekombinationen untergebracht sind, und regelt die Abmessungen der Bedienungs- und Wartungsgänge. An diese Bereiche und Räume mit eingeschränktem Zugang sind folgende Anforderungen gestellt:

- nur Zugang durch Elektrofachkräfte, elektrotechnisch unterwiesene Personen (elektrotechnische Laien nur in Begleitung),
- Zugang darf nur durch abschließbare Türen möglich sein, sodass der Zutritt unberechtigter Personen verhindert wird,
- die Türen müssen in Fluchtrichtung nach außen aufschlagen,
- die Türen müssen in Fluchtrichtung ohne Hilfsmittel, Werkzeug oder Schlüssel zu öffnen sein.

Bei den Bedienungs- und Wartungsgängen werden die Mindestabstände noch unterschieden nach „Anordnung der aktiven Teile“:

- Räume mit ungeschützten aktiven Teilen: „Anordnung der ungeschützten aktiven Teile“ nur auf **einer** oder auf **beiden Seiten** (**Tabelle 729.1**); Ziel ist es, einen ausreichenden Schutz durch Abstand herzustellen.
- Bereiche mit Abdeckungen oder Umhüllungen (nach DIN VDE 0100-410, Anhang A): die Abdeckungen und Umhüllungen mindestens in der Schutzart IP2X oder IPXXB und sichere Befestigung und Entfernung nur mit Schlüssel oder Werkzeug bzw. Abschaltung der Spannung (**Tabelle 729.2**).
- Bereiche mit Hindernissen (nach DIN VDE 0100-410, Anhang B): Hindernisse müssen das unbeabsichtigte Annähern und Berühren von aktiven Teilen verhindern und gegen unbeabsichtigtes Entfernen gesichert sein (Tabelle 729.2).

0100-729

Situation in Bedienungs- und Wartungsgängen; Anordnung der ungeschützten aktiven Teile	**Breite des Gangs in cm**	**Freier Durchgang[1] vor Bedienelementen in cm**	**Mindestabstand von Bedienelementen und aktiven Teilen auf der gegenüberliegenden Seite des Gangs in cm**	**Höhe von aktiven Teilen über dem Fußboden[2] in cm**
ungeschützte aktive Teile auf einer Seite	90	70	–	250
ungeschützte aktive Teile auf beiden Seiten	130	90	110	250

[1] freier Durchgang kann durch Bedienelemente um 20 cm eingeschränkt werden,
[2] gilt nur für Gänge, in denen Personen gehen oder stehen können

Tabelle 729.1 Mindestmaße für Breiten, Abstände und Höhen für Bedienungs- und Wartungsgänge in Abhängigkeit von der Anordnung der ungeschützten aktiven Teile

Bereiche mit eingeschränktem Zugang	**Breite der Gänge in cm**	**Höhe der Deckenverkleidung über dem Fußboden in cm**	**Höhe der aktiven Teile über dem Fußboden in cm**
zwischen Abdeckungen oder Umhüllungen und Schaltbedienelementen/und anderen Abdeckungen	60/70	200	250
zwischen Hindernissen und Schaltbedienelementen	70	200	250
[1] die Maße gelten, wenn alle Teile der Deckenverkleidung montiert sind, die Verkleidung geschlossen ist und sich vorhandene Leistungsschalter in Trennstellung befinden; [2] wird zusätzlicher Arbeitsraum benötigt, können größere Maße erforderlich werden			

Tabelle 729.2 Mindestmaße[1), 2)] für Breiten, Abstände und Höhen für Bedienungs- und Wartungsgänge in Bereichen mit eingeschränktem Basisschutz durch Abdeckungen oder Umhüllungen oder Hindernissen

Zugang zu Bedienungs- und Wartungsgängen: Die max. zulässigen Längen der Bedienungs- und Wartungsgänge sind in DIN VDE 0100-729 ebenfalls festgelegt. Sind sie nur von einer Seite aus zugänglich, so dürfen sie eine max. Länge von 10 m haben. Ein Zugang von beiden Seiten ist gefordert, wenn die Länge >10 m bis ≤ 20 m beträgt und empfohlen wird bereits ein zweiseitiger Zugang bei Bedienungs- und Wartungsgängen von > 6 m in Bereichen mit eingeschränktem Zugang.

Anforderungen an die Räumung: Im Anhang A der DIN VDE 0100-729 sind noch Anforderungen für den Fall der Räumung enthalten, denn damit eine schnelle und leichte Räumung im Störungsfall durchgeführt werden kann, müssen sich alle Türen in Bewegungsrichtung (Fluchtweg) schließen lassen. Die Türen aller Einrichtungen und schwenkbaren Baugruppen in den Schaltanlagen müssen sich um 90° öffnen lassen. Der Anhang A beinhaltet weiterhin Maße für die Mindestgangbreiten im Falle der Räumung, dabei werden in Abhängigkeit der verschiedenen Schalter und Bedienelemente und ihren Schaltzuständen Gangbreiten von 60 cm bis 50 cm gefordert. Die Mindestdurchgangsbreite für den Fluchtweg von 50 cm ist dringend einzuhalten.

Mindestmaße für die Außentüren: Die Türen zu den Bedienungs- und Wartungsgängen müssen sich nach außen öffnen lassen mit folgenden Mindestabmessungen: Breite 70 cm und Höhe 200 cm.

Zusätzliche Anforderungen: Bereiche mit eingeschränktem Zugang sollten eine natürliche oder maschinelle Lüftung haben oder mit einer Klimaanlage versorgt sein, damit eine für die Anlagen und Betriebsmittel geeignete Temperatur im Innern der Betriebsstätte erreicht werden kann und möglichst Staub verhindert wird. Außerdem werden ein fester und ebener Fußboden und eine angemessene Beleuchtung der Betriebsstätte gefordert.

Literatur

[1] DIN VDE 0100-410 (**VDE 0100-410**):2018-10 Errichten von Niederspannungsanlagen – Teil 4-41: Schutzmaßnahmen – Schutz gegen elektrischen Schlag. Berlin · Offenbach: VDE VERLAG

[2] DIN VDE 0100-510 (**VDE 0100-510**):2014-10 Errichten von Niederspannungsanlagen – Teil 5-51: Auswahl und Errichtung elektrischer Betriebsmittel – Allgemeine Bestimmungen Berlin · Offenbach VDE VERLAG

[3] DIN VDE 0100-530 (**VDE 0100-530**):2018-06 Errichten von Niederspannungsanlagen – Teil 530: Auswahl und Errichtung elektrischer Betriebsmittel – Schalt- und Steuergeräte. Berlin · Offenbach: VDE VERLAG

[4] DIN VDE 0100-540 (**VDE 0100-540**):2012-06 Errichten von Niederspannungsanlagen – Teil 5-54: Auswahl und Errichtung elektrischer Betriebsmittel – Erdungsanlagen und Schutzleiter. Berlin · Offenbach: VDE VERLAG

[5] DIN VDE 0100-729 (**VDE 0100-729**):2010-02 Errichten von Niederspannungsanlagen – Teil 7-729: Anforderungen für Betriebsstätten, Räume und Anlagen besonderer Art – Bedienungsgänge und Wartungsgänge. Berlin · Offenbach: VDE VERLAG

[6] DIN VDE 0100-731 (**VDE 0100-731**):2014-10 Errichten von Niederspannungsanlagen – Teil 7-731: Anforderungen für Betriebsstätten, Räume und Anlagen besonderer Art – Abgeschlossene elektrische Betriebsstätten. Berlin · Offenbach: VDE VERLAG

[7] Verordnungen über den Bau von Betriebsräumen für elektrische Anlagen (EltBauVO) der Bundesländer

[8] *Hörmann, W.*: Mindestgangbreiten von Fluchtwegen. Elektropraktiker 66 (2012) H. 9, S. 701–704. – ISSN 0013-5569

DEUTSCHE NORM Juni 2016

DIN VDE 0100-730 (VDE 0100-730)

DIN

Diese Norm ist zugleich eine **VDE-Bestimmung** im Sinne von VDE 0022. Sie ist nach Durchführung des vom VDE-Präsidium beschlossenen Genehmigungsverfahrens unter der oben angeführten Nummer in das VDE-Vorschriftenwerk aufgenommen und in der „etz Elektrotechnik + Automation“ bekannt gegeben worden.

VDE

ICS 91.140.50

Errichten von Niederspannungsanlagen –
Teil 7-730: Anforderungen für Betriebsstätten, Räume und Anlagen besonderer Art –
Elektrischer Landanschluss für Fahrzeuge der Binnenschifffahrt;
Deutsche Übernahme HD 60364-7-730:2015

Anwendungsbereich

Die Fahrzeuge der Binnenschifffahrt sind mit vielen elektrischen Betriebsmitteln ausgestattet. Diese elektrischen Verbrauchsmittel werden mit Nennwechselspannungen 230/400 V 50 Hz betrieben und während der Fahrt erfolgt die elektrische Versorgung durch Dieselmotoren als Stromerzeuger. Während der Liegezeiten an Land werden die Schiffe durch elektrische Landanschlüsse in Häfen und an Liegeplätzen mit elektrischer Energie versorgt. Teil 730 von DIN VDE 0100 beinhaltet die Anforderungen für elektrische Anlagen in Häfen oder an Liegeplätzen für Binnenschiffe für gewerbliche und Verwaltungszwecke. Sie gelten für ein- und dreiphasige Anlagen mit Nennwechselspannungen 230/400 V. Sie dienen also der sicheren Landversorgung der Boote während der Liegezeiten.

Die Anforderungen aus DIN VDE 0100-730 gelten nicht:

- für die ein- und dreiphasige Stromversorgung für Wassersportfahrzeuge (dafür ist DIN VDE 0100-709 anzuwenden),
- für die Errichtung von Bordnetzen von Binnenschiffen (dafür ist DIN EN 15869-3 anzuwenden).

Zusätzliche Anforderungen (außer elektrotechnische Anforderungen) sind in DIN EN 15869-1 und DIN EN 15869-2 enthalten.

Eingliederung des Teils 730 in die Struktur der Normen der Reihe DIN VDE 0100

Gruppe 100 Anwendungsbereich, Allgemeine Grundsätze				
Gruppe 200 Begriffe				
Gruppe 400 Schutzmaßnahmen	**Gruppe 500** Auswahl und Errichtung	**Gruppe 600** Prüfungen		
Gruppe 700 Anforderungen für Betriebsstätten, Räume und Anlagen besonderer Art				
Teil 701 Räume mit Badewanne oder Dusche	Teil 702 Becken von Schwimmbädern, begehbaren Wasserbecken und Springbrunnen	Teil 703 Räume und Kabinen mit Saunaheizungen	Teil 704 Baustellen	Teil 705 Elektrische Anlagen von landwirtschaftlichen und gartenbaulichen Betriebsstätten
Teil 706 Leitfähige Bereiche mit begrenzter Bewegungsfreiheit	Teil 708 Caravanplätze, Campingplätze und ähnliche Bereiche	Teil 709 Marinas und ähnliche Bereiche	Teil 710 Medizinisch genutzte Bereiche	Teil 711 Ausstellungen, Shows und Stände
Teil 712 Solar-Photovoltaik-(PV-)Stromversorgungssysteme	Teil 713 Möbel und ähnliche Einrichtungsgegenstände	Teil 714 Beleuchtungsanlagen im Freien	Teil 715 Kleinspannungs-Beleuchtungsanlagen	Teil 717 Ortsveränderliche oder transportable Baueinheiten
Teil 718 Öffentliche Einrichtungen und Arbeitsstätten	Teil 721 Elektrische Anlagen von Caravans und Motorcaravans	Teil 722 Stromversorgung Elektrofahrzeuge	Teil 723 Unterrichtsräume mit Experimentiereinrichtungen	Teil 729 Bedienungsgänge und Wartungsgänge
Teil 730 Elektrischer Landanschluss für Fahrzeuge der Binnenschifffahrt	Teil 731 Abgeschlossene elektrische Betriebsstätten	Teil 737 Feuchte und nasse Bereiche und Räume und Anlagen im Freien	Teil 740 Vorübergehend errichtete elektrische Anlagen für Aufbauten, Vergnügungseinrichtungen und Buden auf Kirmesplätzen, Vergnügungsparks und für Zirkusse	Teil 753 Heizleitungen und umschlossene Heizsysteme
Gruppe 800 Energieeffizienz, Intelligente Niederspannungsanlagen				

Inhaltsverzeichnis der DIN VDE 0100-730

Wesentliche Änderungen der Ausgabe 2016 gegenüber früheren Ausgaben

Es gab keine frühere Ausgabe der DIN VDE 0100-730, sondern mit DIN VDE 0100-730 werden die sicherheitstechnischen elektrischen Errichtungsanforderungen aus DIN EN 15869-2 „Fahrzeuge der Binnenschifffahrt" in die Normenreihe DIN VDE 0100 überführt.

Termine

Anwendungsbeginn der DIN VDE 0100-730:2016-06	**30. Juni 2016**
Übergangsfrist für Anforderungen in anderen Dokumenten:	**spätestens 30. Juni 2018**

Zum Inhalt der DIN VDE 0100-730:2016-06

Kurzübersicht zur schnellen Information

- In „Räumen besonderer Art – Elektrischer Landanschluss für Fahrzeuge der Binnenschifffahrt“ kann sich das Gefahrenpotenzial erhöhen, weil es sich um wechselndes Bedienpersonal handelt, d. h. die Besatzung des Binnenschiffs sollte die Anschlüsse nach Möglichkeit ohne Hinzuziehen von Landpersonal herstellen und lösen können. Außerdem nutzen ständig wechselnde Personen von verschiedenen Schiffen die Anschlüsse, sodass es wichtig ist, dass es sich europaweit um einheitliche elektrische Anlagen und Betriebsmittel handelt.
- Stromversorgung: Nennspannung dreiphasig AC 400 V, 50 Hz
- Galvanische Trennung zur Verhinderung galvanischer Ströme: Trenntransformator nach DIN EN 61558-2-4 (**VDE 0570-2-4**)
- Schutz gegen elektrischen Schlag: Folgende Schutzvorkehrungen nach DIN VDE 0100-410 dürfen nicht verwendet werden: Hindernisse, Anordnung außerhalb des Handbereichs und nicht leitende Umgebung.
- Schutzart: IP44
- Für Liegeplätze, Häfen und Schwimmstege gelten besondere Anforderungen an Kabel- und Leitungsanlagen.
- Fehlerstromschutzeinrichtungen (RCDs): Steckdosen bis zu 63 A RCD 30 mA; über 63 A RCD 300 mA; alle aktiven Leiter müssen geschaltet werden.
- Schutz bei Überstrom: jede einzelne Steckdose durch Überstromschutzeinrichtung schützen.
- Verteiler: mindestens eine Einrichtung zum Trennen/zum Schalten aller aktiven Leiter.
- Steckdosen: gesonderte Anforderungen (Erläuterungen)

Erläuterungen

Begriff Binnenschiff: Ein Binnenschiff ist im Gegensatz zu Seeschiffen mit anderen konstruktionsbedingten Anforderungen konzipiert, weil an die Stabilität, an die Navigation oder die Rettungsgeräte geringere Anforderungen gestellt werden können. Andererseits sind in der Binnenschifffahrt viele unterschiedliche Schiffstypen, je nach Verwendungszweck des Schiffs, zu berücksichtigen. Die Tauglichkeit bzw. Verstellbarkeit des Fahrstands für die Durchfahrtshöhen von Brücken und die Tiefgänge der Schiffe müssen beachtet werden. Unter Schiffe für Verwaltungszwecke fallen Schiffe z. B. für die Wasserstraßenüberwachung oder Boote der Schifffahrtspolizei.

Stromversorgung: Die Nennspannung für die Versorgung der Binnenschiffe von Land aus muss dreiphasig AC 400 V, 50 Hz sein.

Galvanische Trennung: Um galvanische (ohmsche) Beeinflussungen zwischen dem Schiffskörper und metallenen Teilen an Land zu verhindern, können landseitig Trenntransformatoren verwendet werden. Gefordert sind dann Transformatoren nach DIN EN 61558-2-4 (**VDE 0570-2-4**) „Besondere Anforderungen und Prüfungen an Trenntransformatoren und Netzgeräte, die Trenntransformatoren enthalten". Teil 2-4 dieser Norm gilt für ortsfeste oder ortsveränderliche, luftgekühlte, einphasige oder mehrphasige Trenntransformatoren mit einer Bemessungseingangsspannung von max. 1 000 V Wechselspannung und einer Bemessungsausgangsleistung von max. 40 kVA (Mehrphasentransformator). Damit die galvanische Trennung wirksam ist, dürfen aktive Teile des Stromkreises mit Schutztrennung an keiner Stelle mit einem anderen Stromkreis, mit Erde, einem Schutzleiter oder Schutzpotentialausgleichsleiter verbunden sein. In DIN VDE 0100-730 ist gefordert, dass der Schutzleiter zum Trenntransformator nicht mit der Erdungsklemme der Steckdose verbunden sein darf, die die Versorgung des Binnenschiffs übernimmt.

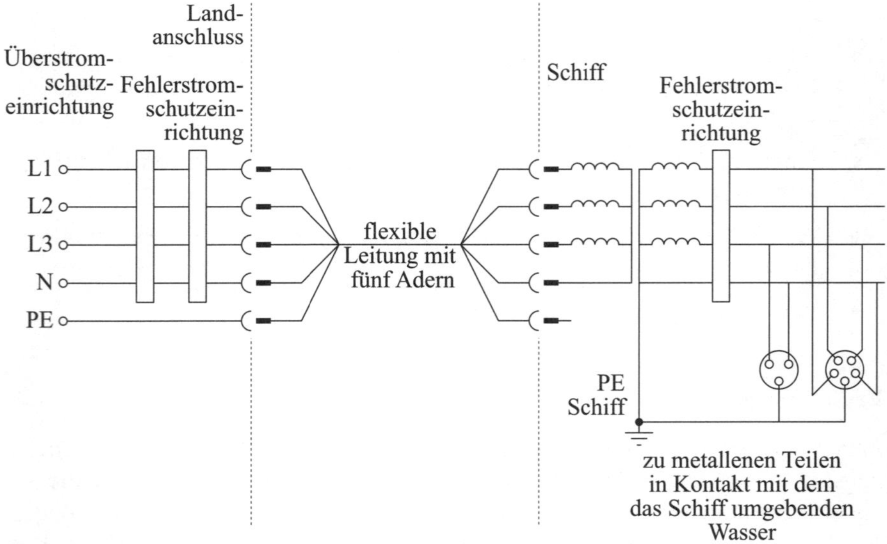

Bild 730.1 Direkte Verbindungen zu einer dreipoligen Hauptstromversorgung über einen Trenntransformator auf dem Schiff (DIN VDE 0100-730:2016-06, Bild 730A.4)

0100-730

Schutz gegen elektrischen Schlag: ***nicht*** *erlaubt sind:*

Basisschutz/Schutz gegen direktes Berühren	Fehlerschutz/Schutz bei indirektem Berühren
• Hindernisse, • Anordnung außerhalb des Handbereichs	• nicht leitende Umgebung

Schutzart: Die verwendeten Betriebsmittel müssen mindestens der Schutzart IP44 entsprechen.

Fehlerstromschutzeinrichtungen (RCDs): Für den Schutz des Landanschlusses und um die flexiblen Leitungen zu schützen, sind Steckdosen mit einem Bemessungsstrom von bis zu 63 A durch eine Fehlerstromschutzeinrichtung (RCD) mit einem Bemessungsdifferenzstrom nicht größer als 30 mA zu errichten. Es muss sichergestellt sein, dass alle aktiven Leiter, auch der Neutralleiter, abgeschaltet werden. Wichtig ist zu beachten, dass jede einzelne Steckdose durch RCD geschützt werden muss. Werden Steckdosen mit einem Bemessungsstrom über 63 A verwendet, so können sie durch eine Fehlerstromschutzeinrichtung (RCD) mit einem Bemessungsdifferenzstrom von 300 mA geschützt werden.

Schutz bei Überstrom: Überschreitet der Strom während einer bestimmten Zeit einen festgelegten Wert, müssen die elektrischen Anlagen durch Überstromeinrichtungen geschützt werden. Im Niederspannungsbereich kommen für diese Anwendung verschiedene Ausführungen zum Einsatz. In der DIN VDE 0100-730 ist festgelegt, dass jede einzelne Steckdose durch eine solche Überstromschutzeinrichtung zu schützen ist.

Trennvorrichtung in Verteilern: In jedem Verteiler muss nach Teil 730 mindestens eine Trenneinrichtung vorhanden sein, die in der Lage ist, alle aktiven Leiter, auch den Neutralleiter, zu trennen.

Kabel- und Leitungsanlagen: Für die Auswahl und die Errichtung elektrischer Betriebsmittel wird im Teil 730 auf verschiedene Arten von Kabel- und Leitungsanlagen hingewiesen, dabei werden Unterschiede gemacht zwischen Liegeplätzen, Häfen und Schwimmstegen.

a) Es dürfen für *Verteilungsstromkreise von Liegeplätzen und Häfen* die nachfolgenden Kabel und Leitungen verwendet werden, jedoch auch andere Kabel und Leitungen sowie Materialien, wenn sie mindestens genauso geeignet sind wie die aufgezählten:

– unterirdisch verlegte Kabel und Leitungen[1)],
– oberirdisch verlegte Kabel und Leitungen[2)],
– Kabel und Leitungen mit Kupferleitern und thermoplastischer oder elastomerischer Isolierung; bei dem Kabel- und Leitungssystem muss konstruktiv berücksichtigt sein, dass bei dem System äußere Einflüsse durch Bewegung, Stöße, Korrosion und nicht „normale“ Umgebungstemperatur auftreten,
– mineralisolierte Kabel und Leitungen mit PVC-Schutzabdeckung,
– armierte Kabel und Leitungen mit einer Abdeckung aus thermoplastischem oder elastomerischem Material.

b) Für *Verteilungsstromkreise von Schwimmstegen* dürfen wie bei a) auch andere Kabel und Leitungen verwendet werden, wenn sie mindestens genauso geeignet sind wie die aufgelisteten:
   – Kabel und Leitungen mit Kupferleitern und thermoplastischer oder elastomerischer Isolierung; bei dem Kabel- und Leitungssystem muss konstruktiv berücksichtigt sein, dass bei dem System äußere Einflüsse durch Bewegung, Stöße, Korrosion und nicht „normale“ Umgebungstemperatur auftreten,
   – armierte Kabel und Leitungen mit einer Abdeckung aus thermoplastischem oder elastomerischem Material.

Kabel und Kabelführungssysteme müssen so ausgewählt und errichtet werden, dass

- mechanische Beschädigungen durch Gezeiten oder andere Bewegungen nicht möglich sind,
- Wasser durch Gefälle und/oder über Öffnungen herauslaufen kann.

Anforderungen an Steckdosen:

- Anbringung der Steckdosen in der Höhe: mindestens 100 cm über dem höchsten Wasserstand; Reduzierung der Höhe nur in Fällen von Schwimmpontons und Gängen von 30 cm, aber dann mit zusätzlichen Gegenmaßnahmen für Spritzwasser,
- Steckdosen möglichst nahe am Liegeplatz, der versorgt wird durch die Steckdose,

[1)] Anmerkung: unterirdisch verlegte Kabel und Leitungen: in ausreichender Tiefe (60 cm gilt als minimal) und zusätzlicher mechanischer Schutz, damit durch Bewegungen der Fahrzeuge Beschädigungen vermieden werden;

[2)] Anmerkung: oberirdisch verlegte Kabel und Leitungen: a) über Wasserwegen auf keinen Fall Verlegung, b) Masten so anordnen, dass sie durch Fahrzeugbewegungen nicht beschädigt werden können, c) mindestens 6 m über dem Boden auf dem Fahrzeuge bewegt werden und 3,5 m über dem Boden in allen anderen Bereichen

- in einem Gehäuse (nach DIN EN 15869-2) dürfen nicht mehr als vier Steckdosen zusammengefasst sein,
- jede Steckdose darf nur jeweils einen Stromkreis eines Schiffs versorgen,
- Steckdosen müssen mit der Normenreihe DIN EN 60309 (**VDE 0623**) „Stecker, Steckdosen und Kupplungen für industrielle Anwendungen" übereinstimmen, und zwar mit Teil 1: für allgemeine Anforderungen; Teil 4: für abschaltbare Steckdosen und Kupplungen mit oder ohne Verriegelung; und wenn die Austauschbarkeit von Stift- und Buchsen-Steckvorrichtungen erforderlich ist, dann Teil 2: für Anforderungen an die Hauptmaße zur Austauschbarkeit.

Literatur

[1] DIN VDE 0100-410 (**VDE 0100-410**):2018-10 Errichten von Niederspannungsanlagen – Teil 4-41: Schutzmaßnahmen – Schutz gegen elektrischen Schlag. Berlin · Offenbach: VDE VERLAG

[2] DIN VDE 0100-430 (**VDE 0100-430**):2010-10 Errichten von Niederspannungsanlagen – Teil 4-43: Schutzmaßnahmen – Schutz bei Überstrom. Berlin · Offenbach: VDE VERLAG

[3] DIN VDE 0100-540 (**VDE 0100-540**):2012-06 Errichten von Niederspannungsanlagen – Teil 5-54: Auswahl und Errichtung elektrischer Betriebsmittel – Erdungsanlagen und Schutzleiter. Berlin · Offenbach: VDE VERLAG

[4] DIN VDE 0100-708 (**VDE 0100-708**):2010-02 Errichten von Niederspannungsanlagen – Teil 7-708: Anforderungen für Betriebsstätten, Räume und Anlagen besonderer Art – Caravanplätze, Campingplätze und ähnliche Bereiche. Berlin · Offenbach: VDE VERLAG

[5] DIN VDE 0100-709 (**VDE 0100-709**):2013-10 Errichten von Niederspannungsanlagen – Teil 7-709: Anforderungen für Betriebsstätten, Räume und Anlagen besonderer Art – Marinas und ähnliche Bereiche. Berlin · Offenbach: VDE VERLAG

[6] DIN VDE 0100-730 (**VDE 0100-730**):2016-06 Errichten von Niederspannungsanlagen – Teil 7-730: Anforderungen für Betriebsstätten, Räume und Anlagen besonderer Art – Elektrischer Landanschluss für Fahrzeuge der Binnenschifffahrt. Berlin · Offenbach: VDE VERLAG

[7] DIN EN 60529 (**VDE 0470-1**):2014-09 Schutzarten durch Gehäuse (IP-Code). Berlin · Offenbach: VDE VERLAG

[8] DIN EN 50102 (**VDE 0470-100**):1997-09 Schutzarten durch Gehäuse für elektrische Betriebsmittel (Ausrüstung) gegen äußere mechanische Beanspruchungen (IK-Code). Berlin · Offenbach: VDE VERLAG

[9] DIN EN 60309-2 (**VDE 0623-2**):2013-01 Stecker, Steckdosen und Kupplungen für industrielle Anwendungen – Teil 2: Anforderungen und Hauptmaße für die Austauschbarkeit von Stift- und Buchsensteckvorrichtungen. Berlin · Offenbach: VDE VERLAG

[10] *Rudnik, S.*; *Pelta, R.*: Der Lotse durch die DIN VDE 0100. VDE-Schriftenreihe 144. Berlin · Offenbach: VDE VERLAG, 2018. – ISBN 978-3-8007-4373-5, ISSN 0506-6719

DEUTSCHE NORM Oktober 2014

DIN VDE 0100-731 (VDE 0100-731)

DIN

Diese Norm ist zugleich eine **VDE-Bestimmung** im Sinne von VDE 0022. Sie ist nach Durchführung des vom VDE-Präsidium beschlossenen Genehmigungsverfahrens unter der oben angeführten Nummer in das VDE-Vorschriftenwerk aufgenommen und in der „etz Elektrotechnik + Automation" bekannt gegeben worden.

VDE

ICS 91.140.50

Ersatz für
DIN VDE 0100-731
(VDE 0100-731):1986-02
Siehe Anwendungsbeginn

Errichten von Niederspannungsanlagen –
Teil 7-731: Anforderungen für Betriebsstätten,
Räume und Anlagen besonderer Art –
Abgeschlossene elektrische Betriebsstätten

Anwendungsbereich

Die Anforderungen der DIN VDE 0100-731 ergänzen, ändern oder ersetzen bestimmte allgemeine Anforderungen der anderen Teile der DIN VDE 0100. Sie behandeln den grundlegenden Schutz und weitere Gesichtspunkte in eingeschränkt zugänglichen Bereichen mit Schaltanlagen und Schaltgerätekombinationen und geben Anforderungen zu den Breiten der Gänge an, die in Richtung zum Flucht-, Rettungs- oder Verkehrsweg führen ohne selbst Flucht-, Rettungs- oder Verkehrsweg zu sein. Für Mindestbreiten für diese Wege gelten die staatlichen Arbeitsschutz- und Bauvorschriften. Bei Räumen mit Niederspannungs- und Hochspannungsanlagen gilt vorrangig DIN EN 61936-1 (**VDE 0101-1**) und für fabrikfertige Stationen DIN EN 62271-202 (**VDE 0671-202**). Außerdem gelten die Anforderungen der Landesverordnungen über den Bau von Betriebsräumen für elektrische Anlagen (EltBauVO).

Wichtiger Hinweis: Die Norm DIN VDE 0100-729 „Anforderungen für Betriebsstätten, Räume und Anlagen besonderer Art – Bedienungsgänge und Wartungsgänge" enthält Anforderungen zu den Breiten der Gänge und sollte als Ergänzung zu DIN VDE 0100-731 angesehen werden.

Eingliederung des Teils 731 in die Struktur der Normen der Reihe DIN VDE 0100

Gruppe 100
Anwendungsbereich, Allgemeine Grundsätze

Gruppe 200
Begriffe

Gruppe 400 Schutzmaßnahmen	Gruppe 500 Auswahl und Errichtung	Gruppe 600 Prüfungen

Gruppe 700
Anforderungen für Betriebsstätten, Räume und Anlagen besonderer Art

Teil 701 Räume mit Badewanne oder Dusche	Teil 702 Becken von Schwimmbädern, begehbaren Wasserbecken und Springbrunnen	Teil 703 Räume und Kabinen mit Saunaheizungen	Teil 704 Baustellen	Teil 705 Elektrische Anlagen von landwirtschaftlichen und gartenbaulichen Betriebsstätten
Teil 706 Leitfähige Bereiche mit begrenzter Bewegungsfreiheit	Teil 708 Caravanplätze, Campingplätze und ähnliche Bereiche	Teil 709 Marinas und ähnliche Bereiche	Teil 710 Medizinisch genutzte Bereiche	Teil 711 Ausstellungen, Shows und Stände
Teil 712 Solar-Photovoltaik-(PV-)Stromversorgungssysteme	Teil 713 Möbel und ähnliche Einrichtungsgegenstände	Teil 714 Beleuchtungsanlagen im Freien	Teil 715 Kleinspannungs-Beleuchtungsanlagen	Teil 717 Ortsveränderliche oder transportable Baueinheiten
Teil 718 Öffentliche Einrichtungen und Arbeitsstätten	Teil 721 Elektrische Anlagen von Caravans und Motorcaravans	Teil 722 Stromversorgung Elektrofahrzeuge	Teil 723 Unterrichtsräume mit Experimentiereinrichtungen	Teil 729 Bedienungsgänge und Wartungsgänge
Teil 730 Elektrischer Landanschluss für Fahrzeuge der Binnenschifffahrt	Teil 731 Abgeschlossene elektrische Betriebsstätten	Teil 737 Feuchte und nasse Bereiche und Räume und Anlagen im Freien	Teil 740 Vorübergehend errichtete elektrische Anlagen für Aufbauten, Vergnügungseinrichtungen und Buden auf Kirmesplätzen, Vergnügungsparks und für Zirkusse	Teil 753 Heizleitungen und umschlossene Heizsysteme

Gruppe 800
Energieeffizienz, Intelligente Niederspannungsanlagen

Inhaltsverzeichnis der DIN VDE 0100-731

Wesentliche Änderungen in der Ausgabe 2014 gegenüber der Ausgabe 1986

- Anforderungen für die gemeinsame Installation von Hochspannungs- und Niederspannungsanlagen,
- Anforderungen zum Schutz bei Lichtbögen, für Kabel- und Leitungsanlagen, an die Zugänglichkeit und an die Dokumentation,
- Angleichung des formalen Aufbaus der Gruppen 100 bis 600 und Aktualisierung der Verweisungen.

Termine

Der Anwendungsbeginn für diese Norm ist der	**1. Oktober 2014**
Für DIN VDE 0100-731:1986-02 bestand eine Übergangsfrist	**bis: 30. September 2015**

Zum Inhalt der DIN VDE 0100-731:2014-10

Kurzübersicht zur schnellen Information

- In „Räumen besonderer Art – Abgeschlossene elektrische Betriebsstätten" erhöht sich das Gefahrenpotenzial bei elektrischen Anlagen und Betriebsmitteln dadurch, dass im Gegensatz zu anderen elektrischen Anlagen ein eingeschränkter Schutz gegen direktes Berühren erlaubt ist. Außerdem können sich Gefährdungen durch Bedienen oder Schalten der Anlagen in den Betriebsstätten ergeben.
- Diese Betriebsstätten müssen immer verschlossen gehalten werden und dürfen nur von Elektrofachkräften und elektrisch unterwiesenen Personen betreten werden.
- Für den Schutz gegen elektrischen Schlag gelten erleichternde Bedingungen.
- Als Basisschutz ist Schutz durch Hindernisse oder Anordnung außerhalb des Handbereichs ausreichend.
- Besondere Anforderungen, wenn sich Niederspannungs- und Hochspannungsanlagen in einer Betriebsstätte befinden.
- Anforderungen an die Zugänglichkeit, an Türen und Fenster und Gänge sind geregelt, genaue Festlegungen zu Bedienungs- und Wartungsgängen in DIN VDE 0100-729.

Erläuterungen

Begriffe: Elektrische Betriebsstätten: Es handelt sich um Räume oder Orte, die *im Wesentlichen* zum Betrieb elektrischer Anlagen (Beispiele: Verteilungsanlagen in abgetrennten Räumen, abgetrennte Prüffelder oder Laboratorien, Schalträume) dienen und *abgeschlossene elektrische Betriebsstätten ausschließlich* zum Betrieb elektrischer Anlagen (Beispiele: Schaltfelder, Ortsnetzstationen, Verteilerstationen, Transformatorenzellen). Die Betriebsstätten sind in der Regel nur von Elektrofachkräften oder elektrotechnisch unterwiesenen Personen zu betreten, elektrotechnische Laien haben keinen Zutritt. Bei abgeschlossenen elektrischen Betriebsstätten ist es notwendig, wie der Begriff schon erläutert, die Räume unter Verschluss zu halten. Sogar Rettungskräfte z. B. der Feuerwehr oder andere Rettungsdienste haben nur Zugang, wenn Mitarbeiter der Betreiber dieser Betriebsstätten den Zugang öffnen.

Gefährdungspotenziale: Nach DIN VDE 0100-410 ist für elektrische Anlagen der Schutz gegen direktes Berühren aktiver Teile durch Isolierungen oder durch Abdeckungen und Umhüllungen als Mindestschutz vorgesehen. In abgeschlossenen elektrischen Betriebsstätten wird von diesem Mindestschutz abgesehen, d. h. es ist durchaus nur ein teilweiser Berührungsschutz zulässig, und zwar gilt es als ausreichend, *Schutz durch Hindernisse* oder *durch Anordnung des Handbereichs* zu verwenden. Dadurch erhöhen sich allerdings die Gefährdungen in den Betriebsstätten und daher sind in abgeschlossenen Betriebsstätten nur Elektrofachkräfte bzw. elektrotechnisch unterwiesene Personen zugelassen. In diesen Betriebsstätten sind Bedienvorgänge, Arbeits- und Schalthandlungen oftmals notwendig, diese können jedoch bei fehlerhaften Vorgängen zu zusätzlichen Gefährdungen führen. Hinweis aus DIN VDE 0105-100 und den Unfallverhütungsvorschriften (DGUV-Vorschriften): Kurzschlusslichtbögen stellen eine Personengefährdung dar, daher dürfen beim Schalten von Trennschaltern nur Personen in der elektrischen Betriebsstätte anwesend sein, die die Schalthandlung ausführen.

Merke: Elektrotechnische Laien dürfen sich in elektrischen Betriebsstätten nicht aufhalten bzw. sie nicht betreten. Wenn es aus dringenden Gründen dennoch erforderlich ist, müssen sie sich von Elektrofachkräften oder elektrotechnisch unterwiesenen Personen des Betreibers dieser Betriebsstätte begleiten lassen.

Schutz gegen elektrischen Schlag: Es gelten erleichternde Festlegungen gegenüber den allgemeinen Anforderungen nach DIN VDE 0100-410 zum Schutz gegen gefährliche Körperströme, da die abgeschlossenen elektrischen Betriebsstätten nur von Elektrofachkräften und/oder von elektrotechnisch unterwiesenen Personen betreten werden dürfen und Sachkenntnisse bei dieser Personengruppe vorausgesetzt werden.

Schutz gegen direktes Berühren (Basisschutz): Maßnahmen, gleich welcher Art, gegen direktes Berühren müssen erst bei Nennspannungen über 50 V Wechselspannung bzw. 120 V Gleichspannung ergriffen werden.

Schutzmaßnahmen durch *Isolierung*, *Umhüllung* oder *Abdeckung* der aktiven Teile sind *nicht* notwendig. Schutz durch *Hindernisse* oder *Anordnung außerhalb des Handbereichs* ist ausreichend, wenn die Anforderungen nach **Tabelle 731.1** erfüllt werden. Im *Handbereich* dürfen keine gleichzeitig berührbaren Teile gefährlichen unterschiedlichen Potentials abgreifbar sein. *Betätigungselemente* müssen so angeordnet sein, dass die Anforderungen aus DIN EN 50274 (**VDE 0660-514**) erfüllt sind.

Der Schutz durch Anordnung außerhalb des Handbereichs ist nur dafür vorgesehen, ein unbeabsichtigtes Berühren aktiver Teile zu verhindern. Die Grenzen des Handbereichs (siehe **Bild 731.1**) sind zu beachten, wenn der Schutz gegen gefährliche Berührungsströme durch Abstand sichergestellt werden soll. Dabei handelt es sich immer nur um einen teilweisen Schutz gegen direktes Berühren aktiver Teile, den Basisschutz nach DIN VDE 0100-410, Anhang B, der deshalb nur ausschließlich in elektrischen Betriebsstätten und in abgeschlossenen elektrischen Betriebsstätten angewendet werden darf.

Schutzmaßnahme	Anforderung
Hindernisse	• zuverlässige Befestigung, • widerstandsfähig gegen Verformung[1)], • nicht leitfähige Werkstoffe dürfen ohne Schlüssel oder Werkzeug nicht entfernbar sein, • Hindernisse mindestens mit einem Abstand von ≥ 500 mm zu aktiven Teilen, • Schutzleisten, Geländer, Ketten, Seile; Mindesthöhe von der Zugangsebene aus: 1 100 mm bis 1 300 mm
Anordnung außerhalb des Handbereichs	• berührbare aktive Teile müssen außerhalb des Handbereichs angeordnet sein oder sich hinter einem Hindernis befinden (mindestens Schutzart IP2X), • Handbereich ist der Bereich, dessen Grenzen mit der Hand ohne Hilfsmittel von der Standfläche aus erreicht werden können, • im Handbereich können sich aktive Teile gleichen Potentials befinden, wenn sie von aktiven oder fremden leitfähigen Teilen anderen Potentials mindestens 2,5 m entfernt sind
1) darf bei einer Belastung von 500 N nicht mehr als 20 mm an Hindernissen durchbiegen	

Tabelle 731.1 Anforderungen beim Schutz durch Hindernisse oder Anordnung außerhalb des Handbereichs

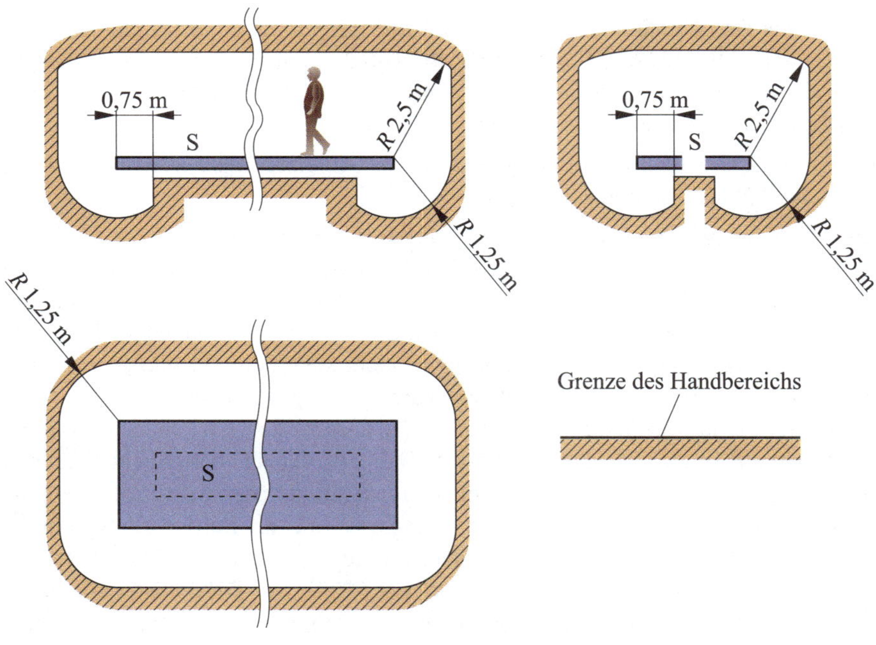

Bild 731.1 Maße des Handbereichs (Quelle: in Anlehnung an DIN VDE 0100-410:2018-10, Bild B.1 und DIN VDE 0100-100:2009-06, Bild B.1)

0100-731

Schutz bei indirektem Berühren (Fehlerschutz): Bei über 50 V Wechselspannung oder 120 V Gleichspannung sind Maßnahmen nach DIN VDE 0100-410 anzuwenden. Erleichterung: Sind aus technischen Gründen diese Maßnahmen (aus Teil 410) nicht möglich, so müssen diese Betriebsmittel gesondert gekennzeichnet sein. Sind Betriebsmittel nur im spannungsfreien Zustand zugänglich, so dürfen diese Maßnahmen entfallen.

Kombination von Hochspannungs- und Niederspannungsanlagen in einer abgeschlossenen elektrischen Betriebsstätte: Werden Anlagen verschiedener Spannungsebenen (Hoch- und Niederspannung) zusammen in einer Betriebsstätte errichtet, so muss bei einem gemeinsamen Kabelboden das Hineingreifen von der Niederspannungsseite in den Hochspannungsbereich durch einen Schutz verhindert werden. Sind beide Spannungsebenen in der Betriebsstätte enthalten, so gelten vorrangig die Anforderungen aus DIN EN 61936-1 (**VDE 0101-1**).

Schutz bei Störlichtbögen: Bei der Errichtung von abgeschlossenen elektrischen Betriebsstätten muss darauf geachtet werden, dass Personen durch evtl. auftretende Störlichtbögen nicht gefährdet werden, z. B. dürfen Abdeckungen von Kabelböden durch Druckbeanspruchungen nicht zur Gefahr werden, insofern, dass sie als fliegendes Teil Verletzungen von Personen verursachen oder Fluchtwege versperren. Besteht die Betriebsstätte aus einer fabrikfertigen Station, so müssen die Anforderungen nach DIN EN 62271-202 (**VDE 0671-202**) berücksichtigt werden und es muss sichergestellt sein, dass durch den Druck keine Gebäudeteile wegfliegen bzw. sich Türen oder Fenster öffnen können.

Ströme in Schutzleitern: Zur Reduzierung von Ableitströmen ist Anhang D aus DIN VDE 0298-4 zu berücksichtigen.

Abgrenzung zu anderen Bereichen, Zugänglichkeit, Gänge, Türen und Fenster, Kennzeichnung: Abgrenzungen von elektrischen Betriebsstätten gegen andere Bereiche müssen mindestens 180 mm hoch sein und Gitter dürfen eine Maschenweite von höchstens 40 mm haben. Besondere Maßnahmen sind zur Abgrenzung elektrischer Prüfplätze, Prüf- und Versuchsfelder sowie nicht stationärer Prüfanlagen zu beachten. Zugang *nur* durch verschließbare Türen oder verschließbare Abdeckungen. Anforderungen an Türen: sie müssen nach außen aufschlagen, ein Panikschloss muss den Zutritt unbefugter Personen verhindern und in der Anlage befindliche Personen müssen jederzeit ungehindert den Raum verlassen können. Anforderungen an Fenster: sie müssen gegen Einstieg gesichert sein; Ausnahme: die Betriebsstätte befindet sich in einem gesicherten Betriebsbereich. Es müssen alle elektrischen Betriebsmittel mittels Anordnungsplänen nach DIN EN 61082-1 (**VDE 0040-1**) erkennbar sein. Für die Abmessungen und Anordnungen der Bedienungs- und Wartungsgänge in abgeschlossenen elektrischen Betriebsstätten gelten die Anforderungen der DIN VDE 0100-729.

Kabel und Leitungen: Es gelten nach DIN VDE 0100-731 zusätzliche Anforderungen. Von außen eingeführte Kabel und Leitungen müssen so befestigt werden, dass Schub- und Zugbelastungen und auch ungeschütztes Verlegen über scharfe Kanten vermieden werden. Außerdem ist auf die Biegeradien zu achten (DIN EN 50565-1 (**VDE 0298-565-1**)). Die Einführungsöffnungen in die abgeschlossenen elektrischen Betriebsstätten müssen so verschlossen werden, dass die vorgesehene Schutzart der Betriebsstätte erhalten bleibt.

Steckdosen für Servicezwecke müssen unabhängig von den Beleuchtungsstromkreisen versorgt werden. (Ausnahme: durch den Ausfall der Beleuchtung entstehen keine zusätzlichen Gefahren.)

Wichtiger Hinweis: Die Norm DIN VDE 0100-729 „Anforderungen für Betriebsstätten, Räume und Anlagen besonderer Art – Bedienungsgänge und Wartungsgänge" enthält Anforderungen zu den Breiten der Gänge und sollte als Ergänzung zu DIN VDE 0100-731 angesehen werden.

Literatur

[1] DIN VDE 0100-410 (**VDE 0100-410**):2018-10 Errichten von Niederspannungsanlagen – Teil 4-41: Schutzmaßnahmen – Schutz gegen elektrischen Schlag. Berlin · Offenbach: VDE VERLAG

[2] DIN VDE 0100-510 (**VDE 0100-510**):2014-10 Errichten von Niederspannungsanlagen – Teil 5-51: Auswahl und Errichtung elektrischer Betriebsmittel – Allgemeine Bestimmungen Berlin · Offenbach VDE VERLAG

[3] DIN VDE 0100-530 (**VDE 0100-530**):2018-06 Errichten von Niederspannungsanlagen – Teil 530: Auswahl und Errichtung elektrischer Betriebsmittel – Schalt- und Steuergeräte. Berlin · Offenbach: VDE VERLAG

[4] DIN VDE 0100-540 (**VDE 0100-540**):2012-06 Errichten von Niederspannungsanlagen – Teil 5-54: Auswahl und Errichtung elektrischer Betriebsmittel – Erdungsanlagen und Schutzleiter. Berlin · Offenbach: VDE VERLAG

[5] DIN VDE 0100-729 (**VDE 0100-729**):2010-02 Errichten von Niederspannungsanlagen – Teil 7-729: Anforderungen für Betriebsstätten, Räume und Anlagen besonderer Art – Bedienungsgänge und Wartungsgänge. Berlin · Offenbach: VDE VERLAG

[6] DIN VDE 0100-731 (**VDE 0100-731**):2014-10 Errichten von Niederspannungsanlagen – Teil 7-731: Anforderungen für Betriebsstätten, Räume und Anlagen besonderer Art – Abgeschlossene elektrische Betriebsstätten. Berlin · Offenbach: VDE VERLAG

[7] *Rudnik, S.*; *Pelta, R.*: Der Lotse durch die DIN VDE 0100. VDE-Schriftenreihe 144. Berlin · Offenbach: VDE VERLAG, 2018. – ISBN 978-3-8007-4373-5, ISSN 0506-6719

DEUTSCHE NORM Januar 2002

	Errichten von Niederspannungsanlagen Feuchte und nasse Bereiche und Räume und Anlagen im Freien	**DIN** VDE 0100-737
VDE	Diese Norm ist zugleich eine **VDE-Bestimmung** im Sinne von VDE 0022. Sie ist nach Durchführung des vom VDE-Vorstand beschlossenen Genehmigungsverfahrens unter nebenstehenden Nummern in das VDE-Vorschriftenwerk aufgenommen und in der etz Elektrotechnische Zeitschrift bekannt gegeben worden.	Klassifikation **VDE 0100** Teil 737

Für den Anwendungsbereich dieser Norm bestehen keine entsprechenden regionalen oder internationalen Normen.

ICS 29.260.10; 29.260.99

Erection of low-voltage installations –
Humid and wet areas and locations, outdoor installations

Mise en œuvre des installations à basse tension –
Zones humides et mouillées et locaux et installations à l'extérieur

Mit
DIN VDE 0100-470
(VDE 0100 Teil 470):1996-02
und
DIN VDE 0100-714
(VDE 0100 Teil 714):2002-01
Ersatz für
DIN VDE 0100-737
(VDE 0100 Teil 737):1990-11
Siehe Beginn der Gültigkeit

Anwendungsbereich

Die Anforderungen der DIN VDE 0100-737 gelten für die Auswahl und Errichtung elektrischer Betriebsmittel für

- feuchte und nasse Bereiche,
- feuchte und nasse Räume,
- Anlagen im Freien.

Teil 737 der DIN VDE 0100 gilt nicht für *Beleuchtungsanlagen im Freien*. Diese Anforderungen müssen der DIN VDE 0100-714 entnommen werden.

Teil 737 von DIN VDE 0100 gilt nur in Verbindung mit den entsprechenden Normen der Reihe DIN VDE 0100 sowie den nicht ersetzten Paragrafen von DIN VDE 0100:1973-05 mit Änderung DIN VDE 100g:1976-07.

Eingliederung des Teils 737 in die Struktur der Normen der Reihe DIN VDE 0100

Gruppe 100 Anwendungsbereich, Allgemeine Grundsätze		
Gruppe 200 Begriffe		
Gruppe 400 Schutzmaßnahmen	Gruppe 500 Auswahl und Errichtung	Gruppe 600 Prüfungen
Gruppe 700 Anforderungen für Betriebsstätten, Räume und Anlagen besonderer Art		

Teil 701 Räume mit Badewanne oder Dusche	Teil 702 Becken von Schwimmbädern, begehbaren Wasserbecken und Springbrunnen	Teil 703 Räume und Kabinen mit Saunaheizungen	Teil 704 Baustellen	Teil 705 Elektrische Anlagen von landwirtschaftlichen und gartenbaulichen Betriebsstätten
Teil 706 Leitfähige Bereiche mit begrenzter Bewegungsfreiheit	Teil 708 Caravanplätze, Campingplätze und ähnliche Bereiche	Teil 709 Marinas und ähnliche Bereiche	Teil 710 Medizinisch genutzte Bereiche	Teil 711 Ausstellungen, Shows und Stände
Teil 712 Solar-Photovoltaik-(PV-)Stromversorgungssysteme	Teil 713 Möbel und ähnliche Einrichtungsgegenstände	Teil 714 Beleuchtungsanlagen im Freien	Teil 715 Kleinspannungs-Beleuchtungsanlagen	Teil 717 Ortsveränderliche oder transportable Baueinheiten
Teil 718 Öffentliche Einrichtungen und Arbeitsstätten	Teil 721 Elektrische Anlagen von Caravans und Motorcaravans	Teil 722 Stromversorgung Elektrofahrzeuge	Teil 723 Unterrichtsräume mit Experimentiereinrichtungen	Teil 729 Bedienungsgänge und Wartungsgänge
Teil 730 Elektrischer Landanschluss für Fahrzeuge der Binnenschifffahrt	Teil 731 Abgeschlossene elektrische Betriebsstätten	Teil 737 Feuchte und nasse Bereiche und Räume und Anlagen im Freien	Teil 740 Vorübergehend errichtete elektrische Anlagen für Aufbauten, Vergnügungseinrichtungen und Buden auf Kirmesplätzen, Vergnügungsparks und für Zirkusse	Teil 753 Heizleitungen und umschlossene Heizsysteme

Gruppe 800 Energieeffizienz, Intelligente Niederspannungsanlagen

Inhaltsverzeichnis der DIN VDE 0100-737

Wesentliche Änderungen in der Ausgabe 2002 gegenüber der Ausgabe 1990

- In dem Anwendungsbereich sind die Anforderungen an bestimmte feste *Beleuchtungsanlagen im Freien* ausgenommen, diese sind in DIN VDE 0100-714 geregelt.
- Aus dem Anwendungsbereich sind entnommen: Anforderungen an Stromkreise mit Nennspannungen über 50 V Wechselspannung, durch die im Freien angeordnete Steckdosen versorgt werden (siehe DIN VDE 0100-470:2007-06).
- Der Schutz von Stromkreisen mit Steckdosen, die im Freien angeordnet sind oder die Betriebsmittel im Freien versorgen, ist auch in DIN VDE 0100-470:2007-06 geregelt.

Termine

Der Anwendungsbeginn für diese Norm ist der	**1. Januar 2002**
Für DIN VDE 0100-737:1990-11 bestand eine Übergangsfrist	**bis: 1. August 2002**

Zum Inhalt der DIN VDE 0100-737:2002-01

Kurzübersicht zur schnellen Information

- In „Räumen besonderer Art – Feuchte und nasse Bereiche und Räume und Anlagen im Freien“ erhöht sich das Gefahrenpotenzial bei elektrischen Anlagen und Betriebsmitteln dadurch, dass die Sicherheit durch Feuchtigkeit, Kondenswasser, chemische oder ähnliche Einflüsse beeinträchtigt werden kann.
- In der Norm ist bewusst nach Räumen und Bereichen unterschieden.
- Für Anlagen im Freien wird noch unterschieden nach geschützten und ungeschützten Anlagen.
- Schutz durch automatische Abschaltung der Stromversorgung für Steckdosen im Freien und Steckdosen, deren gelegentliche Versorgung von tragbaren Betriebsmitteln erwartet wird.

Erläuterungen

Begriffe: feuchte Räume oder Bereiche: Die Sicherheit der elektrischen Betriebsmittel ist in diesen Räumen oder Bereichen durch Feuchtigkeit, Kondenswasser oder andere klimatische Einflüsse beeinträchtigt. *Nasse Räume oder Bereiche* gelten dann als nass, wenn der Fußboden und/oder die Wände aus hygienischen Gründen regelmäßig mit Wasser abgespritzt werden müssen. Die Bereiche sind zusätzlich zu den Räumen angesprochen, weil es denkbar ist, dass ein Teil des Raums als trocken betrachtet werden kann, ein anderer Bereich jedoch als nass im Sinne der Norm DIN VDE 0100-200 gewertet werden muss und somit dort in diesem Bereich die erhöhten Anforderungen der DIN VDE 0100-737 gelten, z. B. in Großküchen, Spül- und Waschküchen, Räumen mit Kondenswasserbildung, Nasswerkstätten, Bade- und Waschanstalten, galvanischen Betrieben und Räumen, die zu Reinigungszwecken abgespritzt werden. *Anlagen im Freien:* Elektrische Anlagen und Betriebsmittel, die nicht in Gebäuden installiert oder aufgestellt sind, sondern sich außerhalb der Gebäude befinden. Es kann sich auch um einen Teil bzw. Teile der elektrischen Anlage handeln. Für diesen Teil sind dann die erhöhten Anforderungen zu berücksichtigen. Zusätzliche Unterscheidung:

geschützte Anlagen im Freien	**Ungeschützte Anlagen im Freien**
Die Anlagen und Betriebsmittel sind überdacht, z. B. Toreinfahrten, Bahnsteige, Tankstellen.	Die Anlagen und Betriebsmittel sind nicht überdacht, z. B. Rampen oder im freien Gelände.

Allgemeine Anforderungen: Auswahl der elektrischen Betriebsmittel unter Berücksichtigung der äußeren Einflüsse, dabei ist die Wirksamkeit der Schutzarten sicherzustellen, anschließend muss ein ordnungsgemäßer Betrieb möglich sein. Betriebsmittel, die den erhöhten Anforderungen innerhalb feuchter und nasser Räume und Bereiche nicht entsprechen, dürfen dennoch verwendet werden, wenn sie durch geeignete zusätzliche Maßnahmen geschützt werden. Dieser Schutz darf dann allerdings die Betriebsmittel in ihrem einwandfreien Betrieb nicht beeinträchtigen.

Schutzarten für Betriebsmittel:

Art der Anlage	**Schutzart nach DIN EN 60529 (VDE 0470-1)**	**Erläuterung**
Anlage in feuchten und nassen Räumen	IPX1	mindestens tropfwassergeschützt
geschützte Anlage im Freien	IPX1	mindestens tropfwassergeschützt
ungeschützte Anlage im Freien	IPX3	mindestens sprühwassergeschützt
Anlagen in Bereichen mit Strahlwasser	IPX4/IPX5	strahlwassergeschützt, ggf. mit zusätzlichem Schutz

Schutz gegen elektrischen Schlag: Neben den in elektrischen Anlagen üblichen Schutzmaßnahmen gegen direktes Berühren (Basisschutz) und indirektes Berühren (Fehlerschutz) wird in Stromkreisen mit Bemessungsspannungen über 50 V Wechselspannung und mit Steckdosen bis 20 A Bemessungsstrom der Zusatzschutz mit Fehlerstromschutzeinrichtung (RCD) mit einem Bemessungsdifferenzstrom $I_{\Delta n} \leq 30$ mA gefordert, wenn die Steckdosen für die Benutzung durch Laien bzw. zur allgemeinen Verwendung bestimmt sind. Der Zusatzschutz kann im gewerblichen Bereich entfallen, wenn die Steckdosen ausschließlich für Elektrofachkräfte oder elektrotechnisch unterwiesene Personen zugänglich sind oder die elektrischen Anlagen regelmäßig überprüft werden, wie dies z. B. in der Unfallverhütungsvorschrift DGUV-Vorschrift 3 gefordert wird. Der Zusatzschutz wird vor allem in Verbindung mit Wohngebäuden für Einphasenwechselstromkreise mit 16-A-Steckdosen zum Anschluss von elektrischen Betriebsmitteln verlangt, die im Freien betrieben werden. Dadurch sollen mögliche Gefahrenpotenziale bei der Verwendung elektrischer
0100-737 Betriebsmittel im Freien (z. B. Rasenmäher, Heckenschere) gemindert werden. Ferner wird der Zusatzschutz für Endstromkreise im Außenbereich mit einem Bemessungsstrom bis 32 A verlangt, wenn tragbare Betriebsmittel angeschlossen werden. In solchen Fällen wird der Einsatz von netzspannungsunabhängigen Fehlerstromschutzeinrichtungen (RCDs) mit eingebautem Überstromschutz (LS/RCD-Schalter) für jeden Endstromkreis empfohlen.

DEUTSCHE NORM Oktober 2007

DIN VDE 0100-740
(VDE 0100-740)

DIN

Diese Norm ist zugleich eine **VDE-Bestimmung** im Sinne von VDE 0022. Sie ist nach Durchführung des vom VDE-Präsidium beschlossenen Genehmigungsverfahrens unter der oben angeführten Nummer in das VDE-Vorschriftenwerk aufgenommen und in der „etz Elektrotechnik + Automation“ bekannt gegeben worden.

VDE

ICS 91.140.50

Ersatz für
DIN VDE 0100-722
(VDE 0100-722):1984-05
Teilweiser Ersatz für
VDE 0100g:1976-07
Siehe jedoch Beginn der Gültigkeit

Errichten von Niederspannungsanlagen –
Teil 7-740: Anforderungen für Betriebsstätten, Räume und Anlagen besonderer Art –
Vorübergehend errichtete elektrische Anlagen für Aufbauten, Vergnügungseinrichtungen und Buden auf Kirmesplätzen, Vergnügungsparks und für Zirkusse
(IEC 60364-7-740:2000, modifiziert);
Deutsche Übernahme HD 60364-7-740:2006

Anwendungsbereich

Die Anforderungen des Teils 740 der DIN VDE 0100 beziehen sich auf vorübergehend errichtete bewegliche oder transportable Anlagen. Der Teil legt Mindestanforderungen für die elektrischen Anlagen fest, um eine sichere Gestaltung, Errichtung und Bedienung der Anlagen, elektrischer Maschinen und Aufbauten zu gewährleisten. Dabei handelt es sich um Maschinen und Aufbauten, die dafür vorgesehen sind, wiederholt auf Kirmesplätzen, in Vergnügungsparks, Zirkussen oder anderen ähnlichen Orten vorübergehend errichtet zu werden. Trotz der wiederholten Aufstellung darf die Sicherheit nicht verloren gehen. Es werden Anforderungen für die elektrischen Anlagen von Aufbauten oder Maschinen (auch Fliegende Bauten genannt) festgelegt, die entweder integriertes Teil sind oder die gesamte Einrichtung darstellen. Teil 740 gilt ab Speisepunkt bis zum Beginn der Fliegenden Bauten.

Die fest errichteten elektrischen Anlagen gehören nicht zum Anwendungsbereich der DIN VDE 0100-740. Außerdem ist dieser Teil für elektrische Betriebsmittel von Maschinen nicht anzuwenden, sondern dafür gilt DIN EN 60204-1 (**VDE 0113-1**).

Elektromechanische Anforderungen an Elektroskooter sind durch DIN EN 13814 abgedeckt und Wohnwagen nach Schaustellerart gelten als Caravans oder Motorcaravans, die Anforderungen sind nach DIN VDE 0100-721 zu erfüllen.

Wichtiger Hinweis: Die DIN VDE 0100-711 „Räume und Anlagen besonderer Art – Ausstellungen, Shows und Stände“ kann in der Praxis mit der DIN VDE 0100-740 zu Überschneidungen führen.

Merke: Bei der DIN VDE 0100-711 und DIN VDE 0100-740 handelt es sich per Definition um unterschiedliche Räume und Anlagen besonderer Art und damit auch um unterschiedliche Anforderungen an die elektrischen Anlagen und Betriebsmittel, worauf die Elektrofachkraft achten muss.

Eingliederung des Teils 740 in die Struktur der Normen der Reihe DIN VDE 0100

Gruppe 100
Anwendungsbereich, Allgemeine Grundsätze

Gruppe 200
Begriffe

Gruppe 400 Schutzmaßnahmen	Gruppe 500 Auswahl und Errichtung	Gruppe 600 Prüfungen

Gruppe 700
Anforderungen für Betriebsstätten, Räume und Anlagen besonderer Art

Teil 701 Räume mit Badewanne oder Dusche	Teil 702 Becken von Schwimmbädern, begehbaren Wasserbecken und Springbrunnen	Teil 703 Räume und Kabinen mit Saunaheizungen	Teil 704 Baustellen	Teil 705 Elektrische Anlagen von landwirtschaftlichen und gartenbaulichen Betriebsstätten
Teil 706 Leitfähige Bereiche mit begrenzter Bewegungsfreiheit	Teil 708 Caravanplätze, Campingplätze und ähnliche Bereiche	Teil 709 Marinas und ähnliche Bereiche	Teil 710 Medizinisch genutzte Bereiche	Teil 711 Ausstellungen, Shows und Stände
Teil 712 Solar-Photovoltaik-(PV-)Stromversorgungssysteme	Teil 713 Möbel und ähnliche Einrichtungsgegenstände	Teil 714 Beleuchtungsanlagen im Freien	Teil 715 Kleinspannungs-Beleuchtungsanlagen	Teil 717 Ortsveränderliche oder transportable Baueinheiten
Teil 718 Öffentliche Einrichtungen und Arbeitsstätten	Teil 721 Elektrische Anlagen von Caravans und Motorcaravans	Teil 722 Stromversorgung Elektrofahrzeuge	Teil 723 Unterrichtsräume mit Experimentiereinrichtungen	Teil 729 Bedienungsgänge und Wartungsgänge
Teil 730 Elektrischer Landanschluss für Fahrzeuge der Binnenschifffahrt	Teil 731 Abgeschlossene elektrische Betriebsstätten	Teil 737 Feuchte und nasse Bereiche und Räume und Anlagen im Freien	Teil 740 Vorübergehend errichtete elektrische Anlagen für Aufbauten, Vergnügungseinrichtungen und Buden auf Kirmesplätzen, Vergnügungsparks und für Zirkusse	Teil 753 Heizleitungen und umschlossene Heizsysteme

Gruppe 800
Energieeffizienz, Intelligente Niederspannungsanlagen

Inhaltsverzeichnis der DIN VDE 0100-740

Anhang ZA Beispiele für elektrische Anlagen (informativ)

Anhang ZB A-Abweichungen (informativ)

Anhang ZC Besondere nationale Bedingungen (normativ)

Wesentliche Änderungen in der Ausgabe 2007 gegenüber 1976 und 1984

- Neuer Titel, die Struktur der DIN VDE 0100 ist übernommen.
- Aufnahme und Erläuterung neuer Begriffe.
- Bei verschiedenen Stromquellen dürfen die Außenleiter und Neutralleiter nicht miteinander verbunden sein.
- Festlegung der max. Stromversorgungsnennspannung.
- Der Aufbau einer Stromversorgung als Beispiel ist im Anhang ZA enthalten.
- Aussagen zur Stromversorgung aus Steckdosen mit einer Betriebsspannung von 230 V sind nicht gemacht worden.
- Endstromkreise für Licht und Steckdosen bis 32 A müssen mit Fehlerstromschutzeinrichtungen (RCDs) mit Bemessungsdifferenzstrom nicht größer als 30 mA geschützt werden. Dabei gibt es eine Ausnahme: Beleuchtungsstromkreise außerhalb des Handbereichs.
- Aussagen zu Stromkreisen für die Notbeleuchtung und zu elektrischen Verbindungen sowie ergänzende Aussagen zu Lichterketten und Leuchten und zu Steckdosen und Steckern; Aussagen über Prüfung der elektrischen Anlage.
- Im TN-System darf hinter dem Speisepunkt der Anlage kein PEN-Leiter verwendet werden.
- Im Bereich von Tieren: zusätzlicher Schutzpotentialausgleich.
- Die Schutzmaßnahmen Schutz durch leitende Räume und Schutz durch erdfreien örtlichen Potentialausgleich dürfen nicht angewendet werden; auch der Schutz gegen direktes Berühren durch Hindernisse ist nicht erlaubt. Dabei gibt es eine Ausnahme: Autoskooter.
- Die elektrische Anlage muss am Anfang durch eine Fehlerstromschutzeinrichtung (RCD) $\leq$ 300 mA zeitverzögert geschützt werden.
- Motoren (automatisch und ferngesteuert) müssen mit rücksetzbaren Schutzeinrichtungen geschützt sein.
- Unterbringung von Schalt- und Steuergeräten.
- Kennzeichnung von in Erde verlegten Kabeln und Leitungen.
- Wegfall von Erläuterungen zu Elektroskootern im Gegensatz zu VDE 0100g § 57.

Termine

Der Anwendungsbeginn für diese Norm
DIN VDE 0100-740:2007-10 ist der **1. Oktober 2007**

Daneben durften die Ausgaben VDE 0100g:1976-07 und
DIN VDE 0100-722:1984-05 noch angewendet werden **bis: 1. Oktober 2008**

Zum Inhalt der DIN VDE 0100-740:2007-10

Kurzübersicht zur schnellen Information

- In „Räumen besonderer Art – Vorübergehend errichtete elektrische Anlagen für Aufbauten, Vergnügungseinrichtungen und Buden auf Kirmesplätzen, Vergnügungsparks und für Zirkusse (Fliegende Bauten)“ erhöht sich das Gefahrenpotenzial bei elektrischen Anlagen und Betriebsmitteln dadurch, dass es sich häufig nur um vorübergehend errichtete Anlagen handelt und die Kabel und Leitungen meistens im Freien verlegt werden und den Witterungsbedingungen und mechanischen Beanspruchungen ausgesetzt sind.
- Versorgungsspannung Einphasenwechselstrom bis zu 230 V, Drehstrom bis zu 400 V, Gleichstrom bis zu 500 V.
- Einsatz von TT-Systemen, TN-Systeme nur als TN-S-System zulässig, IT-Systeme nur unter bestimmten Voraussetzungen.
- Die erhöhten Anforderungen gelten immer, sie sind nicht abhängig von der Größe der Veranstaltung, sondern müssen auch bei kleineren Veranstaltungen, wie Straßen- oder Nachbarschaftsfesten, berücksichtigt werden.
- Schutzart: mindestens IP44.
- Automatische Abschaltung: im TT- und TN-System ist für Endstromkreise (siehe Erläuterungen) RCD 30 mA einzusetzen; auch am Speisepunkt muss RCD 300 mA vorgesehen werden zum Schutz der verlegten Leitungen vom Speisepunkt bis zu den einzelnen Aufbauten.
- Achtung beim Einsatz von RCDs, der Typ ist wichtig.
- Zusätzlicher Schutzpotentialausgleich ist an einigen Stellen dringend erforderlich.
- Jede elektrische Anlage eines Aufbaus, einer Bude oder Stands auf Kirmesplätzen muss eine eigene Einrichtung zum Trennen und Schalten und zum Schutz bei Überstrom haben.
- Vorzugsweise Kabeltypen: NYY oder H07RN-F; Bemessungsspannung 450/750 V; innerhalb von Vergnügungseinrichtungen NYM oder H05RN-F bei Bemessungsspannung 300/500 V.
- Automatische Abschaltung: Zusatzschutz RCD 30 mA; am Speisepunkt RCD 300 mA.
- Steckdosen: Schutzkontaktsteckdosen und Industriesteckvorrichtungen erlaubt.

- Beleuchtungsanlagen, siehe Erläuterungen und weitere Teile der DIN VDE 0100.
- Ersatzstromversorgungsanlagen können eingesetzt werden, aber zusätzliche Erdungsanlagen berücksichtigen.

Wichtiger Hinweis: Bei den erhöhten Anforderungen aus DIN VDE 0100-740 kann es zu *Überschneidungen* mit den Anforderungen aus DIN VDE 0100-711 kommen, daher sollte die Elektrofachkraft genauestens die Anforderungen aus den beiden Teilen prüfen und mit der zu errichtenden Anlage in der Praxis vergleichen, damit genau die richtigen Anforderungen vor Ort zur Anwendung kommen.

Erläuterungen

Begriffe: Kirmesplatz: Ein Platz, ein Bereich, der vorübergehend für Freizeitvergnügen errichtet wird und in dem mehrere Buden, Stände für die verschiedensten Zwecke (Schießbuden, Fahrgeschäfte, Verkaufsstände) errichtet werden. *Bude:* Eine stationäre Einheit, die vorübergehend errichtet ist zur Unterbringung verschiedenster Gegenstände für Aktivitäten der Besucher oder für Vorführzwecke (z. B. Boxbude oder Losbude). *Stand:* Ein Aufbau, der vorübergehend errichtet ist und zum Ausstellen, Vermarkten, Verkauf oder zur Unterhaltung genutzt wird. *Vergnügungseinrichtungen* sind für die Unterhaltung der Öffentlichkeit vorgesehen, z. B. Stände, Fahrgeschäfte, Showbühnen, Zelte. *Vorübergehend errichtete elektrische Anlage:* Eine elektrische Anlage, die zu einer Vergnügungseinrichtung gehört und vorübergehend mit dieser Einrichtung auf- und abgebaut wird.

Gefahrenpotenziale: Es handelt sich bei den elektrischen Anlagen und Betriebsmitteln in der Regel um vorübergehend errichtete Anlagen und dies ist eine wichtige Gefahrenquelle, denn Auf- und Abbauten der Fliegenden Bauten und der wiederholten Zerlegung in einzelne Teile an verschiedenen Orten können sehr schnell Schäden an den Anlagen verursachen. Eine weitere Gefahrenquelle stellen die vorübergehend errichteten elektrischen Anlagen im Freien dar, denn z. B. sind die zum Anschluss der Einrichtungen erforderlichen Kabel und Leitungen den Witterungsbedingungen und erhöhten mechanischen Beanspruchungen ausgesetzt.

Stromversorgung: Die Nennversorgungsspannung darf AC 230/400 V oder DC 440 V bei elektrischen Anlagen in Buden, Ständen und Vergnügungseinrichtungen nicht überschreiten. Werden die Anlagen aus dem öffentlichen Netz versorgt, ist eine

Abstimmung mit dem Netzbetreiber unbedingt erforderlich und seine Anweisungen müssen befolgt werden. Die Vergnügungseinrichtungen können aus verschiedenen Stromquellen versorgt werden, wichtig ist allerdings, dass hinter dem Speisepunkt für die vorübergehenden elektrischen Anlagen die Außen- und Neutralleiter der verschiedenen Stromquellen nicht miteinander verbunden werden dürfen. Sind umschaltbare Stromquellen vorhanden, wie einerseits die Versorgung aus dem öffentlichen Stromnetz und andererseits aus einem Ersatzstromerzeuger, so muss der Neutralleiter mit umgeschaltet werden (DIN VDE 0100-551).

Schutzmaßnahmen: Es können TN- und TT-Systeme und IT-Systeme (diese jedoch nur unter bestimmten Voraussetzungen, siehe *automatische Abschaltung*) verwendet werden. Wird ein TN-System verwendet, muss es als TN-S-System hinter dem Speisepunkt errichtet werden. TN-S-System (fünf Leiter: L1, L2, L3, N, PE): Bei den TN-S-Systemen wird im gesamten System der Neutral- und der Schutzleiter getrennt verlegt, also ist der PEN nicht zulässig.

Zusätzlicher Schutzpotentialausgleich: Fremde leitfähige Teile müssen mit allen Körpern der Betriebsmittel verbunden werden in den Bereichen, die für Tiere vorgesehen sind.

Anmerkung zum zusätzlichen Schutzpotentialausgleich: Der Autor Dipl.-Ing. *Herbert Schmolke* hat z. B. in der Schriftenreihe 35 „Potentialausgleich, Fundamenterder, Korrosionsgefährdung“ [1] und in der VDE-Schriftenreihe 45 „Elektroinstallation in Wohngebäuden“ [2] den zusätzlichen Schutzpotentialausgleich mit zwei Begriffen gut definiert, um die Bedeutung klar herauszustellen. Einmal geht es bei dem zusätzlichen Schutzpotentialausgleich um eine sog. **Ersatzmaßnahme**, die dann angewendet wird, wenn für die Schutzmaßnahme „Schutz durch automatische Abschaltung im Fehlerfall“ die Abschaltzeiten nach DIN VDE 0100-410:2018-10, Tabelle 41.1 nicht eingehalten werden können. Zum anderen kann es möglich sein, dass eine besondere Gefährdung vorausgesetzt werden muss, wie es z. B. bei der in diesem Buch beschriebenen Gruppe 700 von DIN VDE 0100 in einigen Teilen möglich ist, d. h., obwohl der Schutz durch automatische Abschaltung funktioniert, wird dennoch aufgrund des erhöhten Risikos der zusätzliche Schutzpotentialausgleich gefordert. Dipl.-Ing. *Herbert Schmolke* wendet dann den Begriff **Ergänzungsmaßnahme** an. **Bild 740.1** macht die begriffliche Unterteilung deutlich.

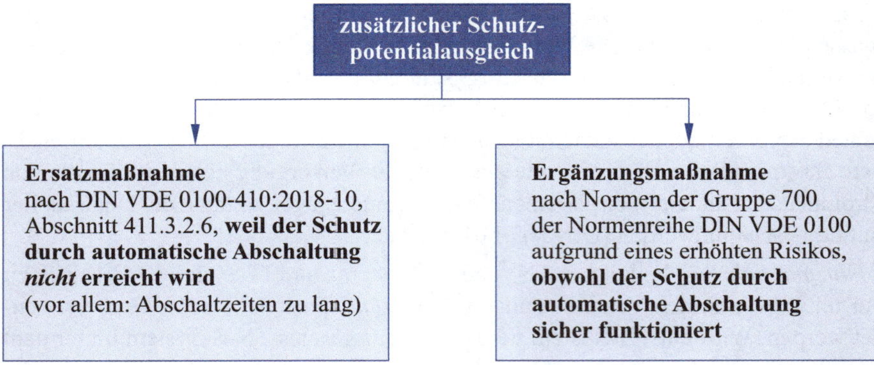

Bild 740.1 Darstellung der Unterteilung der verschiedenen Forderungen nach einem zusätzlichen Schutzpotentialausgleich (aus VDE-Schriftenreihe 45 [2])

Ausführliche Details zum zusätzlichen Schutzpotentialausgleich können dem Kapitel 26.5 der VDE-Schriftenreihe 45 [2] entnommen werden.

Einrichtungen zum Trennen: Jede vorübergehend errichtete elektrische Anlage für Vergnügungseinrichtungen und jeder Verteilerstromkreis, der eine Anlage im Außenbereich versorgt, muss eine eigene Trennvorrichtung aufweisen, die zum Trennen, Schalten und zum Schutz bei Überstrom genutzt werden kann. Diese Trenneinrichtungen (alle aktiven Leiter) müssen leicht zugänglich und erkennbar sein und in Übereinstimmung mit DIN VDE 0100-530 ausgewählt werden.

Schutz gegen elektrischen Schlag: ***nicht***[1] *erlaubt sind:*

Basisschutz/Schutz gegen direktes Berühren	Fehlerschutz/Schutz bei indirektem Berühren
• Hindernisse	• nicht leitende Umgebung, • durch erdfreien örtlichen Schutzpotentialausgleich

Automatische Abschaltung: In TN- und TT-Systemen ist für folgende Endstromkreise ein Zusatzschutz mit einer Fehlerstromschutzeinrichtung (RCD) mit einem Bemessungsdifferenzstrom $I_{\Delta n} \leq 30$ mA erforderlich:

- Steckdosen bis 32 A Bemessungsstrom.
- Ortsveränderliche Betriebsmittel, die über flexible Kabel und Leitungen mit einer Strombelastbarkeit bis 32 A angeschlossen sind.

[1] Anordnung außerhalb des Handbereichs ist für elektrische Autoskooter akzeptabel

- Beleuchtungseinrichtungen (als Ausnahme: solche Leuchten, die nicht über übliche Steckdosen versorgt werden und die außerhalb des Handbereichs in einer Höhe von mehr als 2,5 m installiert sind).

Diese Anforderungen gelten nicht für Stromkreise mit Schutz durch Kleinspannungen SELV oder PELV oder für Stromkreise mit Schutz durch Schutztrennung.

IT-Systeme dürfen dort nicht verwendet werden, wo ein anderes System zur Verfügung steht. Jedoch sind IT-Systeme für DC-Anwendungen zulässig, wenn die Aufrechterhaltung der Stromversorgung beim Auftreten eines ersten Fehlers sichergestellt werden muss.

Bei Verwendung des Schutzes durch automatische Abschaltung der Stromversorgung ist es wichtig zu berücksichtigen, dass am Anfang (Speisepunkt) der elektrischen Anlage für die vorübergehend errichtete Anlage eine Fehlerstromschutzeinrichtung (RCD) mit einem Bemessungsdifferenzstrom nicht größer als 300 mA vorzusehen ist. Diese RCDs müssen zeitverzögert oder (nach DIN EN 61008-1 (**VDE 0664-10**)) S-Typen sein, damit eine Selektivität zu den RCDs in den Endstromkreisen gegeben ist. Werden Betriebsmittel eingesetzt, die im Fehlerfall glatte Gleichstromfehlerströme hervorrufen, müssen allstromsensitive Fehlerstromschutzeinrichtungen (RCDs), Typ B oder B+ eingesetzt werden.

Steckdosen: Eine angemessene Anzahl von Steckdosen muss montiert sein, um den Anforderungen der Benutzer gefahrlos gerecht zu werden, damit die Verwendung von Mehrfachsteckdosen und Verlängerungsleitungen, die oft das Risiko der Gefahrenerhöhung mit sich bringen, gemindert wird. Für Buden und Stände wird empfohlen, eine Steckdose je qm Grundfläche oder je laufendem Meter Wand zu errichten.

Für Einphasenstromkreise sind Schutzkontaktsteckdosen und Industriesteckvorrichtungen zulässig. Steckdosen, die Beleuchtungsanlagen versorgen, die außerhalb des Handbereichs angeordnet und nicht durch Fehlerstromschutzeinrichtungen (RCDs) 30 mA geschützt sind, müssen besonders gekennzeichnet werden, damit sie nicht verwechselt und irrtümlich anders genutzt werden können.

Kabel und Leitungen: Die verwendeten Kabel und Leitungen müssen für eine Bemessungsspannung 450/750 V ausgelegt sein (Ausnahme: Kabel und Leitungen innerhalb von Vergnügungseinrichtungen: 300/500 V). Als Kabeltypen können NYY oder H07RN-F eingesetzt werden (Ausnahme: Kabel und Leitungen in Vergnügungseinrichtungen: Typ NYM oder H05RN-F). Wenn die Gefahr einer mechanischen Beschädigung der Kabel und Leitungen besteht, müssen sie bewehrt oder mindestens gegen mittlere Beanspruchungen geschützt sein. Wenn sie in Erde verlegt sind, müssen Kabel und Leitungen durch das Verlegen in Installationsrohren (nach DIN EN 61386-1 (**VDE 0605-1**)) zusätzlich abgedeckt sein. Die Trassen der erdverlegten Kabel müssen gekennzeichnet werden, um Beschädigungen zu verhindern, weil bei vorübergehend errichteten Anlagen das Einschlagen von Pfählen o. Ä. möglich ist. Flexible Leitungen, die der Öffentlichkeit zugänglich sind, sollten mit ausreichendem mechanischen Schutz versehen werden, wobei ein übergeworfener Teppichrest keinen ausreichenden Schutz darstellt. Der Leitungstyp NYM darf nicht als Verlängerungsleitung verwendet werden.

Steckverbindungen in Kabeln und Leitungen sind nur zulässig, wenn es für den Anschluss an einen Stromkreis nicht anders möglich ist. Dann können dazu Steckvorrichtungen, Installationssteckverbinder oder Verbindungen in einem Gehäuse vorgenommen werden, wobei das Gehäuse mindestens der Schutzart IPX4 bzw. IPXXD entsprechen muss.

Beleuchtungsanlagen: Es muss darauf geachtet werden, dass für die Errichtung von Beleuchtungsanlagen auch die allgemeinen Anforderungen aus DIN VDE 0100-559 gelten, für Außenbeleuchtungen auch DIN VDE 0100-714 und für Kleinspannungsbeleuchtungsanlagen die DIN VDE 0100-715 berücksichtigt werden muss. Werden Leuchten auf normal- und schwerentflammbaren Baustoffen oder direkt auf Möbeln montiert, so gelten die Anforderungen aus DIN VDE 0100-713. Außenbeleuchtungen müssen mindestens der Schutzart IP33 entsprechen. Alle anderen Leuchten und Lichterketten müssen eine ausreichende Schutzart aufweisen und sicher befestigt sein. Dies gilt insbesondere dann, wenn die Leuchten im Handbereich in einer Höhe von weniger als 2,5 m angebracht oder leicht zugänglich sind. Lampenfassungen für Durchdringungsanschlusstechnik dürfen nicht verwendet werden, es sei denn, Leitungen und Lampenhalter passen zueinander (flache Lichtkettenleitungen Typ H05RNH2-F) und die Lampenfassungen sind nicht mehr entfernbar, sobald sie an der Leitung befestigt sind. Eine Montage von Kupplungen oder eine Nutzung der Leitung für andere Zwecke ist nicht gestattet. Die Längen der Lichterkette sind nicht begrenzt, jedoch muss auf jeden Fall der Überlast- und Kurzschlussschutz sichergestellt sein. Für die LED-Technik gelten die gleichen Anforderungen. Montierte Leuchten mit Lampen in z. B. Schießbuden müssen vor Geschossen ausreichend geschützt sein. *Scheinwerfer:* Flexible Scheinwerfer müssen so befestigt werden, dass die Leuchten unzugänglich und ihre Versorgungsleitungen gegen mechanische Beschädigung geschützt sind. Anlagen mit jeglicher Art von Leuchtröhrenschriften oder Leuchten als Illuminationseinheit auf einem Stand, einer Bude oder einer Vergnügungseinrichtung mit Nennversorgungsspannung höher als AC 230/400 V müssen:

- Als Leuchten, Leuchtzeichen oder Leuchtröhrenschriften außerhalb des Handbereichs errichtet sein.
- Zur Versorgung derartiger Leuchtschriften, Leuchten oder Ausstellungsgegenstände ist ein separater Stromkreis zu verwenden, der durch einen Not-Aus-Schalter geschaltet werden muss; der Schalter muss leicht erkennbar, zugänglich und in

Übereinstimmung mit den Anforderungen der örtlichen Behörde gekennzeichnet sein; eine manuell rückstellbare Schutzeinrichtung muss den Sekundärstromkreis von jedem Transformator oder Konverter schützen.

Sicherheitstransformatoren müssen mit DIN EN 61558-2-6 (**VDE 0570-2-6**) übereinstimmen, eine manuell rückstellbare Schutzeinrichtung muss den Sekundärkreis schützen, sie dürfen nur außerhalb des Handbereichs angeordnet werden, müssen eine entsprechend gute Belüftung haben und der Zugang muss den Elektrofachkräften möglich sein.

Brandschutz für Leuchten und Scheinwerfer: Zum Schutz gegen thermische Auswirkungen und weil das Brandrisiko bei der Verwendung von Leuchten und Scheinwerfern erhöht ist, müssen Leuchten und Scheinwerfer so befestigt und geschützt sein, dass die abstrahlende Wärme nicht zur Entzündung eines in der Nähe befindlichen Materials führen kann.

Elektromotoren: Ein Motor, der automatisch oder ferngesteuert ist und nicht dauernd überwacht wird, muss mit einer manuell rückstellbaren Schutzeinrichtung gegen hohe Temperaturen und gegen Überlastung geschützt sein.

Ersatzstromversorgungsanlagen: Wenn die Versorgung aus dem öffentlichen Netz nicht möglich ist, kann eine Ersatzstromversorgungsanlage für die elektrischen Anlagen der Vergnügungseinrichtungen bereitgestellt werden. Gefahren durch unachtsame Berührung von heißen Oberflächen oder gefährlichen Teilen müssen verhindert werden. Bei Anwendung eines TN- oder TT- oder IT-Systems ist dafür eine Erdungsanlage zu errichten, die in Übereinstimmung mit DIN VDE 0100-540 ist. Der Neutralleiter des Sternpunkts der Ersatzstromversorgungsanlage muss mit dem Körper der Ersatzstromversorgungsanlage verbunden werden (Ausnahme: IT-System).

Prüfungen: Die vorübergehend errichteten elektrischen Anlagen von Vergnügungseinrichtungen, Buden, Ständen und für Zirkusse müssen nach jedem Zusammenbau zwischen dem Speisepunkt und jedem elektrischen Betriebsmittel geprüft werden. Das Prüfen umfasst das Besichtigen, Erproben und Messen und muss von einer Elektrofachkraft oder einer elektrotechnisch unterwiesenen Person durchgeführt werden (Ausnahme: das Innere der elektrischen Anlagen und Verdrahtungen von z. B. Autoskootern und ähnlichen Anlagen).

Anforderungen kurzgefasst	
	Anforderungen
Stromversorgung	AC 230/400 V und DC 440 V
Netzsystem	TN-, TT- und IT-Systeme möglich. IT-System nur mit besonderen Voraussetzungen; TN-System nur als TN-S-System zulässig, kein PEN-Leiter
Schutzart	alle Betriebsmittel mindestens Schutzart IP44, Außenbeleuchtung mindestens IP33
Trennen und Schalten	Trennvorrichtungen müssen alle aktiven Leiter schalten, leicht zugänglich sein, nach DIN VDE 0100-530; auch für Überstrom nutzen
Steuer- und Schutzeinrichtungen	in geschlossenen Verteilern, Zugang nur durch Elektrofachkräfte
Beleuchtungen	Leuchten sicher befestigen, Handbereich unterhalb 2,5 m über dem Standort besonders beachten; zusätzliche Normen berücksichtigen: DIN VDE 0100-559, DIN VDE 0100-714, DIN VDE 0100-715, DIN 57100-724 (**VDE 0100-724**); Hochspannungsleuchten außerhalb des Handbereichs, für den Stromkreis Not-Aus-Schalter vorsehen; Lampenfassungen für Durchdringungstechniken besonders beachten
Steckdosen	ausreichende Anzahl von Steckdosen errichten; Empfohlen: eine Steckdose je Quadratmeter Grundfläche oder je laufendem Meter Wand; Schutzkontaktsteckdosen und Industriesteckvorrichtungen sind zulässig
Steckverbindungen	Steckvorrichtungen, Installationssteckverbinder oder Gehäuse, in denen die Verbindung hergestellt wird
Motoren	schützen gegen Überlastung und Übertemperaturen durch manuell rückstellbare Schutzeinrichtungen
Ersatzstromversorgungsanlagen	zusätzliche Erdungsanlage errichten
Kabel und Leitungen	Typen[1)] NYY oder H07RN-F mit Bemessungsspannung[2)] 450/750 V; bewehrte Kabel und Leitungen, wenn mechanischer Schutz erforderlich; bei Verlegung im Erdreich zusätzlicher Schutz durch Installationsrohre; Trassen kennzeichnen; flexible Leitungen: ausreichenden mechanischen Schutz vorsehen; Leitungstyp NYM darf nicht als Verlängerungsleitung verwendet werden
automatische Abschaltung	TN-, TT-Systeme: Endstromkreise Zusatzschutz RCD 30 mA; möglichst kein IT-System einsetzen, ansonsten besondere Anforderungen; am Speisepunkt der Anlage für vorübergehend errichtete Anlagen: RCD 300 mA, Selektivität der RCDs beachten
Schutzpotentialausgleich	fremde leitfähige Teile müssen mit allen Körpern der Betriebsmittel verbunden werden
Brandschutz	Scheinwerfer, Heizgeräte angemessen überwachen, befestigen und schützen; Abstand zu brennbaren Materialien
Anmerkungen: [1)] Ausnahme innerhalb von Vergnügungseinrichtungen: NYM oder H05RN-F, [2)] Ausnahme innerhalb von Vergnügungseinrichtungen 300/500 V	

Tabelle 740.1 Anforderungen aus DIN VDE 0100-740

Literatur

[1] *Schmolke, H.*: Potentialausgleich, Fundamenterder, Korrosionsgefährdung. VDE-Schriftenreihe 35. Berlin · Offenbach: VDE VERLAG, 2013. – ISBN 978-3-8007-3545-7, ISSN 0506-6719

[2] *Schmolke, H.*: Elektroinstallation in Wohngebäuden. VDE-Schriftenreihe 45. Berlin · Offenbach: VDE VERLAG, 2018. – ISBN 978-3-8007-4641-5, ISSN 0506-6719

[3] *Rudnik, S.*; *Pelta, R.*: Der Lotse durch die DIN VDE 0100. VDE-Schriftenreihe 144. Berlin · Offenbach: VDE VERLAG, 2018. – ISBN 978-3-8007-4373-5, ISSN 0506-6719

[4] *Cichowski, R. R.*: Kenngrößen für die Elektrofachkraft. VDE-Schriftenreihe 59. Berlin · Offenbach: VDE VERLAG, 2017. – ISBN 978-3-8007-4438-1, ISSN 0506-6719

[5] DIN VDE 0100-410 (**VDE 0100-410**):2018-10 Errichten von Niederspannungsanlagen – Teil 4-41: Schutzmaßnahmen – Schutz gegen elektrischen Schlag. Berlin · Offenbach: VDE VERLAG

[6] DIN VDE 0100-430 (**VDE 0100-430**):2010-10 Errichten von Niederspannungsanlagen – Teil 4-43: Schutzmaßnahmen – Schutz bei Überstrom. Berlin · Offenbach: VDE VERLAG

[7] DIN VDE 0100-540 (**VDE 0100-540**):2012-06 Errichten von Niederspannungsanlagen – Teil 5-54: Auswahl und Errichtung elektrischer Betriebsmittel – Erdungsanlagen und Schutzleiter. Berlin · Offenbach: VDE VERLAG

[8] DIN VDE 0100-559 (**VDE 0100-559**):2014-02 Errichten von Niederspannungsanlagen – Teil 5-559: Auswahl und Errichtung elektrischer Betriebsmittel – Leuchten und Beleuchtungsanlagen. Berlin · Offenbach: VDE VERLAG

[9] DIN VDE 0100-711 (**VDE 0100-711**):2003-11 Errichten von Niederspannungsanlagen – Anforderungen für Betriebsstätten, Räume und Anlagen besonderer Art – Teil 711: Ausstellungen, Shows und Stände. Berlin · Offenbach: VDE VERLAG

[10] DIN VDE 0100-714 (**VDE 0100-714**):2014-02 Errichten von Niederspannungsanlagen – Teil 7-714: Anforderungen für Betriebsstätten, Räume und Anlagen besonderer Art – Beleuchtungsanlagen im Freien. Berlin · Offenbach: VDE VERLAG

[11] DIN VDE 0100-740 (**VDE 0100-740**):2007-10 Errichten von Niederspannungsanlagen – Teil 7-740: Anforderungen für Betriebsstätten, Räume und Anlagen besonderer Art – Vorübergehend errichtete elektrische Anlagen für Aufbauten, Vergnügungseinrichtungen und Buden auf Kirmesplätzen, Vergnügungsparks und für Zirkusse. Berlin · Offenbach: VDE VERLAG

[12] DIN EN 50107-1 (**VDE 0128-1**):2003-06 Leuchtröhrengeräte und Leuchtröhrenanlagen mit einer Leerlaufspannung über 1 kV, aber nicht über 10 kV – Teil 1: Allgemeine Anforderungen. Berlin · Offenbach: VDE VERLAG

[13] DIN EN 61347-1 (**VDE 0712-30**):2016-05 Geräte für Lampen – Teil 1: Allgemeine und Sicherheitsanforderungen. Berlin · Offenbach: VDE VERLAG

Weitere Informationen enthält das Buch

Cichowski, R. R.: Kenngrößen für die Elektrofachkraft
(VDE-Schriftenreihe 59, ISBN 978-3-8007-4438-1)

0100-740

DEUTSCHE NORM Oktober 2015

DIN VDE 0100-753 (VDE 0100-753)

DIN

Diese Norm ist zugleich eine **VDE-Bestimmung** im Sinne von VDE 0022. Sie ist nach Durchführung des vom VDE-Präsidium beschlossenen Genehmigungsverfahrens unter der oben angeführten Nummer in das VDE-Vorschriftenwerk aufgenommen und in der „etz Elektrotechnik + Automation" bekannt gegeben worden.

VDE

ICS 97.100.10

Ersatz für
DIN VDE 0100-753
(VDE 0100-753):2003-06
Siehe Anwendungsbeginn

Errichten von Niederspannungsanlagen –
Teil 7-753: Anforderungen für Betriebsstätten, Räume und Anlagen besonderer Art –
Heizleitungen und umschlossene Heizsysteme
(IEC 60364-7-753:2014);
Deutsche Übernahme HD 60364-7-753:2014 + AC:2014

Anwendungsbereich

Die Anforderungen des Teils 753 gelten für Heizleitungen und umschlossene elektrische Heizsysteme zur Erwärmung von Oberflächen, wie Wände, Decken, Dächer, Dachrinnen, Treppen, Rohrleitungen, Fahrbahnen, Rasenflächen und Abwasserrohre, d. h. die erhöhten Anforderungen sind in Innenraumsystemen und für Systeme des Außenbereichs zu verwenden.

Sie gelten dann nicht, wenn es sich um industrielle und gewerbliche Anwendungen handelt.

Eingliederung des Teils 753 in die Struktur der Normen der Reihe DIN VDE 0100

Gruppe 100
Anwendungsbereich, Allgemeine Grundsätze

Gruppe 200
Begriffe

Gruppe 400	Gruppe 500	Gruppe 600
Schutzmaßnahmen	Auswahl und Errichtung	Prüfungen

Gruppe 700
Anforderungen für Betriebsstätten, Räume und Anlagen besonderer Art

Teil 701 Räume mit Badewanne oder Dusche	Teil 702 Becken von Schwimmbädern, begehbaren Wasserbecken und Springbrunnen	Teil 703 Räume und Kabinen mit Saunaheizungen	Teil 704 Baustellen	Teil 705 Elektrische Anlagen von landwirtschaftlichen und gartenbaulichen Betriebsstätten
Teil 706 Leitfähige Bereiche mit begrenzter Bewegungsfreiheit	Teil 708 Caravanplätze, Campingplätze und ähnliche Bereiche	Teil 709 Marinas und ähnliche Bereiche	Teil 710 Medizinisch genutzte Bereiche	Teil 711 Ausstellungen, Shows und Stände
Teil 712 Solar-Photovoltaik-(PV-)Stromversorgungssysteme	Teil 713 Möbel und ähnliche Einrichtungsgegenstände	Teil 714 Beleuchtungsanlagen im Freien	Teil 715 Kleinspannungs-Beleuchtungsanlagen	Teil 717 Ortsveränderliche oder transportable Baueinheiten
Teil 718 Öffentliche Einrichtungen und Arbeitsstätten	Teil 721 Elektrische Anlagen von Caravans und Motorcaravans	Teil 722 Stromversorgung Elektrofahrzeuge	Teil 723 Unterrichtsräume mit Experimentiereinrichtungen	Teil 729 Bedienungsgänge und Wartungsgänge
Teil 730 Elektrischer Landanschluss für Fahrzeuge der Binnenschifffahrt	Teil 731 Abgeschlossene elektrische Betriebsstätten	Teil 737 Feuchte und nasse Bereiche und Räume und Anlagen im Freien	Teil 740 Vorübergehend errichtete elektrische Anlagen für Aufbauten, Vergnügungseinrichtungen und Buden auf Kirmesplätzen, Vergnügungsparks und für Zirkusse	Teil 753 Heizleitungen und umschlossene Heizsysteme

Gruppe 800
Energieeffizienz, Intelligente Niederspannungsanlagen

Inhaltsverzeichnis der DIN VDE 0100-753

Wesentliche Änderungen in der Ausgabe 2015 gegenüber 2003

- geänderter Titel „Heizleitungen und umschlossene Heizsysteme“,
- erweiterter Anwendungsbereich (siehe Anwendungsbereich),
- zusätzliche Anforderungen für Wandheizsysteme aufgenommen,
- Forderung eines leitfähigen Gitters bei Heizsystemen,
- Forderung nach der Auswahl und Errichtung von elektrischen Heizsystemen, die keine schädlichen Auswirkungen auf elektrische und nicht elektrische Installationen haben,
- Schutz gegen Verbrennungen beinhaltet eine Begrenzung von Oberflächentemperaturen,
- Angleichung des formalen Aufbaus an die Teile 100 bis 600 von DIN VDE 0100.

Termine

Der Anwendungsbeginn für diese Norm DIN VDE 0100-753:2015-10 ist der	**1. Oktober 2015**
Für DIN VDE 0100-753:2003-06 besteht eine Übergangsfrist	**bis: 11. Juni 2017**

Zum Inhalt der DIN VDE 0100-753:2015-10

Kurzübersicht zur schnellen Information

- Heizleitungen und umschlossene Heizsysteme zur Erwärmung von Oberflächen, wie Wände, Decken, Fußböden, Treppen, Fahrbahnen und ähnliche Bereiche,
- zunächst Definition von Begriffen,
- Schutz gegen elektrischen Schlag: nicht alle Schutzmaßnahmen sind erlaubt,
- automatische Abschaltung: RCDs; Einbau von geerdetem, leitfähigem Schutz,
- Schutztrennung für Wandheizsysteme nicht erlaubt,
- Maßnahmen gegen thermische Auswirkungen,
- Festlegungen für die Auswahl der Betriebsmittel, Vermeidung gegenseitiger Beeinflussung, Dokumentation.

Erläuterungen

Begriffe: Fußboden-Speicherheizung: Für diese Heizung wird eine Aufladezeit zeitlich begrenzt und die elektrische Energie in Wärme umgewandelt, die dann mit einer zeitlichen Verzögerung über die Oberfläche des Fußbodens an den zu beheizenden Raum abgegeben wird. *Direktheizung:* Aus der elektrischen Energie wird Wärme erzeugt, die jedoch direkt oder nun mit einer möglichst kurzen Zeitverzögerung an den zu beheizenden Raum abgegeben wird. *Fußboden-Ergänzungsheizung:* Zweck dieser Heizung ist die Ergänzung einer Fußboden-Speicherheizung, damit der Nachteil dieser Speicherheizung (zeitlich träges System) positiv durch die Ergänzungsheizung beeinflusst wird. Diese Ergänzung ist ebenfalls in die Konstruktion des Fußbodens integriert, jedoch befindet sie sich meist an den Außenwänden der Räume und liegt unmittelbar unter dem Oberbelag der Fußbodenkonstruktion, damit sie schnell und flexibel für Wärme in dem Raum sorgen kann. *Heizungsfreie Fläche:* Das ist der Bereich einer Fläche, der bewusst von Teilen des Heizsystem freigelassen wird. *Heizleitung:* Die Leitung, die ihre Wärme für Heizzwecke abgibt, sie kann mit oder ohne Schirm oder Metallmantel konstruiert worden sein. *Flächenheizelement:* Es handelt sich um beschichtete Isolationsmatten mit elektrischem Widerstandsmaterial, die entweder flächenförmig konstruiert sind oder aus einem Grundmaterial bestehen, auf dem elektrisch isolierte Heizleiter befestigt sind. *Kaltleitung:* Darunter ist die Anschlussleitung der elektrischen Anlage zur Heizeinheit zu verstehen. *Heizeinheit:* Eine Heizleitung oder ein Flächenheizelement mit den fest verbundenen Kaltleitungen zur Anschlussstelle der elektrischen Anlage. *Heizleitung, die selbsttätig die Temperatur begrenzt:* Heizleitung, die keine höhere Temperatur als 70 °C erreichen kann und die keine Kaltleitungen benötigt, dies muss nach DIN EN 60079-7 (**VDE 0170-6**) überprüft werden.

Schutz gegen elektrischen Schlag: ***nicht*** *erlaubt sind:*

Basisschutz/Schutz gegen direktes Berühren	Fehlerschutz/Schutz bei indirektem Berühren
• Hindernisse, • Anordnung außerhalb des Handbereichs	• nicht leitende Umgebung, • durch erdfreien örtlichen Schutzpotentialausgleich, • durch Schutztrennung von mehr als einem Verbrauchsmittel

Automatische Abschaltung: Die Forderung eines leitfähigen Gitters bei Heizsystemen, die herstellerseitig keinen Körper aufweisen, ist neu, d. h., wenn Heizeinheiten verwendet werden, die fabrikseitig ohne einen geerdeten leitfähigen Schutz geliefert werden, dann muss bei der Errichtung eine leitfähige Abdeckung, ein Gitter mit z. B. einer Maschenweite nicht größer als 30 mm, bei Decken- und Fußbodenheizungen und bei Wandheizungen 3 mm Maschenweite, eingebaut werden. Das Gitter muss mit dem Schutzleiter der Anlage verbunden werden. Bei der Auswahl der Fehlerstromschutzeinrichtungen (RCDs) und bei der Unterteilung der elektrischen Stromkreise muss Sorgfalt dahingehend ausgeübt werden, dass bei Erdfehlerströmen im fehlerfreien Betrieb der Heizelemente eine Auslösung der Schutzeinrichtung unwahrscheinlich ist.

Schutztrennung: Die Anwendung der Schutztrennung ist für Wandheizsysteme nicht erlaubt.

Zusätzlicher Schutz: Stromkreise für die Versorgung von Heizeinheiten müssen mit einem zusätzlichen Schutz durch Fehlerstromschutzeinrichtungen (RCDs) mit einem Bemessungsdifferenzstrom $\leq$ 30 mA geschützt werden, wobei zeitverzögerte RCDs nicht erlaubt sind.

Schutz gegen thermische Auswirkungen: An der Oberfläche der Fußböden dürfen keine zu hohen Temperaturen durch die Heizsysteme entstehen, d. h., wenn eine Berührung mit der menschlichen Haut oder schon mit den Schuhwerken bei Fußböden möglich wird, so muss die Oberflächentemperatur begrenzt werden. Insbesondere dann, wenn abnormale Temperaturen zu gefährlichen Situationen führen können. In DIN VDE 0100-753 ist eine Forderung gegen Überhitzung von Wandflächenheizungen vorgesehen. Danach müssen die Heizeinheiten abgedeckt werden, entweder mit einem Metallmantel, einer metallenen Umhüllung oder einem Metallgitter, die Abdeckung muss mit dem Schutzleiter des Versorgungsstromkreises verbunden werden. Diese Maßnahme dient als Vorbeugung für den Fall, dass ein Kurzschluss zwischen den aktiven Leitern durch Beschädigung einer Heizeinheit entsteht (die Anforderung gilt nicht für Stromkreise mit der Schutzmaßnahme Kleinspannung SELV).

Auswahl der Betriebsmittel: Werden Kaltleitungen im Bereich der Heizflächen verlegt, müssen bei der Auswahl der Leitungen die erhöhten Temperaturen in der Umgebung der Heizflächen berücksichtigt werden. Außerdem ist es notwendig, heizungsfreie Flächen innerhalb des jeweiligen Raums, der beheizt wird, zu berücksichtigen, da in dem Raum freie Flächen für die Ausstattung (Möbel) vorhanden sein müssen. Zusätzlich muss es möglich sein, eine Gefahr der Beschädigung der Heizsysteme durch Bohren oder Befestigen von Elementen in diesem Raum auszuschließen. Eine gegenseitige Beeinflussung zwischen Heizsystemen und anderen nicht elektrischen Installationen muss durch entsprechende Auswahl der Betriebsmittel vermieden werden.

Kennzeichnung: Eine Dokumentation ist dringend erforderlich für jedes Heizsystem, sie muss dauerhaft lesbar am Verteiler aufbewahrt werden mit folgenden Informationen (nach DIN VDE 0100-753):

- Hersteller und Bauart der Heizeinheiten – Zahl der errichteten Heizeinheiten,
- Länge/Fläche der Heizeinheiten – Bemessungsleistung,
- Oberflächenleistungsdichte – Anordnung der Einheiten, Skizze, Zeichnung oder Bild,
- Lage/Tiefe der Einheiten – Lage der Verbindungsdosen,
- Leiter, Abschirmungen – beheizte Fläche,
- Bemessungsspannung, Bemessungswiderstand – Bemessungsstrom der Überstromschutzeinrichtung,
- Bemessungswiderstand der Heizeinheit – Bemessungsdifferenzstrom der RCD,
- Isolationswiderstand der Heizungsinstallation – die Ableitkapazität,
- Produktinformationen über zulässige Stoffe in der Umgebung der Heizsysteme mit Anweisungen für die Errichtung.

Der Anhang A der DIN VDE 0100-753 enthält Informationen für den Bauherrn und den Benutzer der Heizungsanlage.

Literatur

[1] DIN VDE 0100 (**VDE 0100**) (alle Teile) Errichten von Niederspannungsanlagen. Berlin · Offenbach: VDE VERLAG

[2] DIN EN 60335-2-96 (**VDE 0700-96**):2009-06 Sicherheit elektrischer Geräte für den Hausgebrauch und ähnliche Zwecke – Teil 2-96: Besondere Anforderungen an Flächenheizelemente. Berlin · Offenbach: VDE VERLAG

[3] DIN VDE 0100-410 (**VDE 0100-410**):2018-10 Errichten von Niederspannungsanlagen – Teil 4-41: Schutzmaßnahmen – Schutz gegen elektrischen Schlag. Berlin · Offenbach: VDE VERLAG

[4] DIN VDE 0100-420 (**VDE 0100-420**):2016-02 Errichten von Niederspannungsanlagen – Teil 4-42: Schutzmaßnahmen – Schutz gegen thermische Auswirkungen. Berlin · Offenbach: VDE VERLAG

[5] *Cichowski, R. R.* (Hrsg.): Kabelhandbuch. Berlin · Offenbach: VDE VERLAG, 2017. – ISBN 978-3-8022-1147-8

0100-753